全国涉农高校的书记校长和专家代表：

　　你们好！来信收悉。新中国成立 70 年来，全国涉农高校牢记办学使命，精心培育英才，加强科研创新，为"三农"事业发展作出了积极贡献。

　　中国现代化离不开农业农村现代化，农业农村现代化关键在科技、在人才。新时代，农村是充满希望的田野，是干事创业的广阔舞台，我国高等农林教育大有可为。希望你们继续以立德树人为根本，以强农兴农为己任，拿出更多科技成果，培养更多知农爱农新型人才，为推进农业农村现代化、确保国家粮食安全、提高亿万农民生活水平和思想道德素质、促进山水林田湖草系统治理，为打赢脱贫攻坚战、推进乡村全面振兴不断作出新的更大的贡献。

习近平

2019 年 9 月 5 日

编写组成员

王秀清	隋　熠	李　军	谢彦明
赵竹村	王　勇	桂银生	韩晓燕
李冬梅	张远帆	郭晓旭	陈卫国
安文军	杨家福	赵瑞娇	

念兹在兹

中国农大强农兴农的
十个篇章

本书编写组◎编著

人民出版社

序

公元2019年，新中国迎来70华诞。70年，在几千年的中国历史长河中，只不过是光阴一瞬，但却创造了足以载入人类史册的伟大成就。中国实现了由满目疮痍、积贫积弱到全面小康、全面发展的伟大历史转变，实现了从站起来到富起来、强起来的伟大历史转变。中国已成为世界第二大经济体、制造业第一大国、货物贸易第一大国、商品消费第二大国、外资流入第二大国，外汇储备连续多年位居世界第一，中华民族伟大复兴的历史进程已不可阻挡。

历史的发展并非一帆风顺。忆往昔，中国曾是世界的中心，盛世汉唐万国来朝的景象依然在目，多民族的融合发展促进了社会的行稳致远，即使是鸦片战争前，中国的国内生产总值（GDP）仍占全球的三分之一；中国也曾闭关锁国、落后挨打，新中国成立前的百年难堪回首，内忧外患严重摧残着千年文明古国。但中华民族的韧性是世人难以想象的，在恶劣的环境下，中国人民坚定信念，奋勇前行，在废墟中崛起。英国著名科学家李约瑟震惊于古代中国为何在16世纪中期逐渐走向衰落，曾经提出了一个学术界称之为"李约瑟之谜"的谜题。在新中国创造一个又一个辉煌，又站在世界瞩目的舞台中心的时候，有学者在追问，为什么是中国？为什么中国能做到？为什么只有中国能做到？也许这又将是需要持续破解的历史之谜。

回首往事，我们常常思考，是什么推动了中华民族的前行。自然，有智慧勤劳的中国人民的奉献精神，有革故鼎新、自强不息的创造精神。但我们想，也许是人民的那份对祖国饱含深情的爱国情怀，才是推动这个国

1

家前行的根本。"先天下之忧而忧，后天下之乐而乐"，范仲淹抒发的是古人忧国忧民的情怀。"为天地立心，为生民立命，为往圣继绝学，为万世开太平"，张载的"横渠四句"激荡着的是救世济民的心声。正是这样的精神支撑了中华文明绵延不绝。

"寄意寒星荃不察，我以我血荐轩辕。"从清末的京师大学堂农科大学到新中国的中国农业大学，从"团结起来，振兴中华"到"实现中华民族伟大复兴的中国梦"，作为中国现代农业高等教育起源地的大学，百余年中，中国农业大学薪火相传、俯瞰神州、弦歌不辍、作育菁莪、陶铸群英，在屈辱中求自强，在艰难中求自立，在复兴中求报国。数代农大人饱含"解民生之多艰，育天下之英才"之情怀，情系乡土，忧患苍生，始终以实现中国人千百年来的温饱和富庶之梦为己任，与祖国和人民保持着最紧密的血肉联系。

历史，是过去的沉淀，是时间的精华，是人类永远无法抹去的记忆。为了真正懂得中国农业大学，需要我们捧读厚重的百年校史，在校史学习中去认识农大人曾经的创业艰辛与辉煌成就。唯有如此，才能认清我们肩上的责任和使命，并在未来的人生中续写中国农大的新篇章。清光绪三十一年（1905年），作为京师大学堂八个分科大学之一的农科大学开始筹建，这是中国农大的最早源头。京师大学堂改称北京大学后的1914年，农科大学改组为国立北京农业专门学校，成为当时北京著名的国立八校之一。此后，农大不仅在传承文明、弘扬学术方面成就斐然、影响深广，而且哺育了一批优秀的爱国者、革命者，他们在爱国民主运动和中国共产党领导的革命事业中，坚持以国家利益为重，为民族昌盛而奋斗，甚至不惜为祖国献出宝贵的生命。同时，中国农大还培养造就了一大批教师、学者和专家，他们脚踏实地、埋头苦干，为祖国文化教育和科学事业的发展，付出了辛勤的劳动。

"高山仰止，景行行止。"新中国成立后，在党的领导下，农大人石以砥焉、化钝为利，用不胜枚举的重大科技贡献，彰显出满腔的爱国之情、报国之志、强国之心。中国农大开启了新中国农业高等教育先河，戴芳澜、俞大绂、林传光、沈其益、周明牂、陆近仁、李连捷、黄瑞纶、娄成后、熊大仕等一大批学术大师，带领农大人积极投身于新中国教书育人和科学研究的伟大事业中;中国农大带着周恩来总理的嘱托来到河北曲周,无论严寒酷暑,一头扎进盐碱地,呕心沥血创造了改土治碱成果,为扭转国家南粮北运作出了重要贡献;中国农大在艰苦的环境中开拓玉米、小麦育种之路,通过"农大108"、高油玉米、种衣剂、增产菌、吨良田等技术创新,为促进我国大范围粮食增产作出了划时代贡献;中国农大筑牢动物食品防疫体系,"杂种遗传力"理论、细毛羊育种、节粮型小型褐壳蛋鸡、猪健康养殖营养调控等为动物遗传育种、疾病防治、动物克隆提供了技术保障,为丰富百姓的饮食提供了坚实的科技支撑;中国农大创设农业工程高等教育,在技术装备和农业装备等领域开展的一系列科学研究,为现代农业发展提供技术、装备支持,促进了国家农业机械化水平的跨越式提升;中国农大积极开展国家食品安全攻坚,立志用科学技术强国富民,努力改变中国农村、农业、食品产业的落后状况;中国农大积极推进农业绿色发展,破解了国家农业资源高效利用难题,以石羊河实验站、科技小院为代表,在生态农业、节水减排等方面的科研成就,促进农业资源高效利用;中国农大建言献策,助力国家精准扶贫和乡村振兴,多篇研究报告得到党和国家领导人的高度重视,多项政策建议被采纳,充分体现出农大智慧;中国农大探索和揭示植物生命未解之谜,在生物、物理、数学、化学等学科领域取得重大进展,多篇论文发表在国际顶尖学术期刊上,有力提高了国家创新能力和国家核心竞争力;中国农大心系国家前途和民族未来,为国家培养和输送了近15万优秀农业人才。这些学子们怀揣满腔的爱国热情和社会责任感,投身到祖国建设的滚滚浪潮中,在祖国大地上矗立起知识分子的时代丰碑。

秉笔春秋,温润而泽。回顾农大历史上的那些人、那些事,展现出的是中国农大与新中国农业发展并肩前行的光辉岁月。编写组的同志们满怀对母校的热爱和对前辈的敬意,用丰富的史实和自己独特的视角,为我们撷取了70年奋斗历程中的闪光片段和动人时刻。虽难免挂一漏万,见仁见智,但足以令人心潮澎湃,激动不已。此书是集体劳动的成果,是集体智慧的结晶。在本书的编写过程中,得到各学院、多部门以及专家、教师的大力支持,他们或提供资料,或在工作上提供方便,或对编写工作提出宝贵的建议。

念兹在兹,朝乾夕惕。《尚书·大禹谟》有云:"帝念哉!念兹在兹,释兹在兹。"意为一直勤奋努力。70年的历史证明，中国农大没有辜负党和人民的厚望，一代又一代农大人在国家建设和农业发展中勤奋耕耘、砥砺前行，谱写了一曲曲科学报国的盛大乐章。故以本书表达中国农大对国家命运的关注、对农业发展的渴望，对揭示真理的追求、对教书育人的执着。同时，希望本书所记之人、所述之事、所载之精神，成为激励我们建设世界一流大学的强大动力！

七秩华诞，举国欢庆。谨以此书作为我们给新中国生辰的献礼！祝祖国国泰民安、繁荣昌盛。中国农大将以更加广阔的视野、更加开放的姿态、更加执着的努力，加快世界一流大学的建设，再创无愧于时代的新辉煌。

中国农业大学党委书记：　　　　　　　中国农业大学校长：

2019 年 8 月 28 日

前　言

农为邦本，本固邦宁。

在世界的东方，有一片古老的土地，这就是我们伟大的祖国。她幅员辽阔，当乌苏里江畔太阳升起时，新疆的帕米尔高原仍是满天星斗；当黑龙江瑞雪纷飞的隆冬时节，南海诸岛却是一片盛夏景象。她历史悠久、生生不息。在新石器时期，中国就是世界农业的重要发源地之一，星罗棋布的农业村落渐由内聚与融合，孕育出灿烂辉煌的华夏文明。周秦以降，铁制农具之普及，轮作间套作技术之采用，土地单产与利用率大幅提高，中国的传统农业遥遥领先于世界。12—14世纪，欧洲小麦平均亩产量大约是种子用量的4倍，而据云梦秦简，中国在秦朝时的亩产量就已是播种量的十倍或几十倍。另据《氾胜之书》和《齐民要术》记载，中国在公元6世纪的时候该比值达几十倍乃至上百倍。粮食单产的巨大差距，印证了中国在农业劳动生产率方面长期居于世界领先地位。在工业革命发生前，由于缺乏现代农业机械工具，一个农业劳动者可以驾驭的土地面积在国家之间是没有太大差别的，劳动生产率的提高就只能依靠提高土地生产率来实现，较高的单产就意味着较高的劳动生产率。因此，中国在1820年时仍能依靠传统农业养活世界37%的人口、创造世界33%的国内生产总值。

然而，200年前发生的工业革命，改变了整个世界的面貌和全人类的命运。从西欧开始，传统农业国陆续开启了向现代工业国的农业转型，这一转型过程历经四个阶段。第一为"莫舍尔阶段"，即初始准备阶段。第二为"约翰斯顿—梅勒阶段"，即农业通过提供食物与环境、赚取外汇、为工业品提供市场、向非农部门提供土地、劳动力和资本等生产要素等多种方式支持工业化发展。处于这两个阶段的低收入国家必然会遭遇食物问题，不得不采取以农补工的政策，农民要承受农业转型带来的诸多痛苦。第三为"舒尔茨—拉坦阶段"，较为完整的国民经济体系业已建立，农业为工业化发展提供资本积累业已完成。处于这一阶段的中高收入国家，需要根据资源禀赋变化进行农业调整，运用工业化成果加快提高农业自身劳动生产率以缩小农工差别和城乡差别。第四为"约翰逊阶段"，即高度工业化国家或发达国家的农业，城乡收入差别基本消失，农业与非农业劳动生产率趋于一致。进一步开发农业多种功能，充分挖掘农业在打造美好生态环境、形成良好生活方式和建立大健康产业体系等方面的价值来实现需求增长停滞下的农业发展尤为重要。

中国的农业转型是在饱受列强欺凌之后慢慢开始的，不仅起步晚而且困难重重。一个长期领先的农业强国陡然变成落后之工业弱国，惨遭列强蹂躏、满目疮痍。1842—1938年，中国累计为各项不平等条约支付白银达4.97万吨，接近于18世纪100年间中国通过丝绸茶叶瓷器贸易而换来的白银流入总量。国破家亡之际，无数仁人志士为了中华民族的崛起而前赴后继、视死如归。以救天下于水火为己任的中国共产党终成建国伟业，实现了民族独立和政治独立，中国人民从此站起来了，开启了民族复兴的新征程。然而，新中国的工业化是在一穷二白基础上开始的，不得不更倚重于农业和农民的牺牲奉献。西欧国家工业化的起步得益于重要的资本原始积累，即哥伦布美洲大发现之后通过殖民地掠夺以及跨大西洋贸易所赚取的巨额财富。中国虽然在参与全球贸易中也赚取了白银，但是在近代割地赔款中早已经被损耗殆尽，有限的黄金白银储备又被蒋介石带往台湾。无奈之下，农业税（1949—2005年）、统购统销（1952—1984年）和双轨制（1985—1991年）成为新中国依靠低价收购农产品来为工业化发展汲取资本积累的主要机制。20世纪60年代至70年代中期，由于长期低价收购，农业生产严重受损，粮食问题非常严重。1978年开始的改革，农业为之一振，温饱问题渐渐得以解决。全国居民人均食物摄入能量由70年代不足1900千卡迅速提高到80年代初期的2200千卡和80年代中期的2400千卡。1994年分税制改革之后，依靠低价征购农村集体土地的方式，独特的土地制度继续发挥了为工业化发展汲取资本积累的作用，农业和农民为工业化发展所作牺牲贡献累计达数万亿元之巨。2004 年中国农业终于进入依靠支持政策来缩小城乡差别和农工差别的第三阶段。2035 年将如期实现基本现代化，其后将进入第四阶段。英国于 19 世纪 70 年代，美国于 20 世纪 50 年代，法德两国于 20 世纪 60 年代，日本于 20 世纪 70 年代就已经进入第四阶段。目前，中国的农业劳动生产率仅仅为发达国家平均水平的十分之一，如何从传统农业强国变成现代农业强国，任重而道远。

念兹在兹，朝乾夕惕。

中国共产党领导人深知农业、农村和农民问题关系政权稳定与国家现代化，也清楚地知道"三农"问题的解决除了依靠党组织领导和亿万农民共同努力之外，还必须依靠强有力的人才与科技支撑。因此，在新中国成立前夕就开始筹谋将解放区华北大学农学院、清华大学农学院和北京大学农学院整合起来，组建北京农业大学。这所新中国成立的第一所国立大学没有辜负党和人民的厚望，一代又一代农大人在国家建设和农业发展的重要关头念兹在兹，朝乾夕惕，谱写了一曲曲科学报国的新乐章。在她身上，无一时不体现着中国知识分子怀揣对国家民族光明前途的虔诚期望，无一刻不充满着对教书育人的拳拳之心，无一刻不彰显着爱国奋斗科学报国的满腔热情。

20 世纪 50 年代初期，在校务委员会主任乐天宇、副主任俞大绂和汤佩松的领导下，以戴芳澜、俞大绂、林传光、沈其益、周明牂、陆近仁、李连捷、黄瑞纶、娄成后和熊大仕等一级教授为代表的 200 余位教师建立了农学、园艺学、植物病理学、昆虫学、土壤学、农业化学、畜牧学、兽医学、森林学、农业经济学和农业机械学等 11 个系，奠定了新中国农业高等教育体系的学科基础。在党和国家领导人关怀下建立起来的中国农大，师资力量雄厚，拥有一大批国内外驰名的大师。这些大师将爱国精神转化为建设新中国、实现中华民族伟大复兴的动力，孜孜不倦开展探索工作。李连捷两次进藏，率领工作组考察青藏高原独特的地理环境和农牧业生产，为开拓世界屋脊的农牧业立下了汗马功劳，用智慧和汗水唤醒了西藏这块沉睡多年的土地。朝鲜战争爆发后，兽医系 48 名师生组成志愿兽医队开赴朝鲜前线。他们冒着敌人的枪林弹雨，圆满完成了祖国交给的任务。与此同时，裘维藩教授分析从朝鲜战场和东北地区收集的美国飞机上投下的植物材料，得到美国使用细菌武器的大量证据。1959—1961年的自然灾害暴露了新中国农业生产基础的脆弱，急需各方努力来提高农业生产能力。1963—1965年蔡旭以小麦育种和综合田间管理技术指导农民，赢得了北京市100万亩小麦亩产达150公斤的大会战，为缓解当时半饥饿问题作出了历史性贡献。黄瑞伦主持研制的灭蚕蝇1号和3号则为我国柞蚕事业的恢复和发展作出了重要贡献。

20世纪70年代至90年代是我国工业化蓬勃发展的关键时期，急需解决食物问题的制约，任何能够促进粮食增产的措施都弥足珍贵。就这样，石元春、辛德惠、林培、毛达如、雷浣群、黄仁安、陶益寿等一批老一辈农大科学家，带着周恩来总理的嘱托来到河北曲周，开始了改土治碱的历史创举。那时学校刚刚从延安迁回北京，教师住在实验室和教室里，家没安顿好，孩子没人照顾，有的老师还患上了克山病。但在责任面前，农大人义无反顾，一头扎进盐碱地。46年来，农大师生时刻以听从党的召唤、把党和人民的事业摆在最高位置，以破解农业科技难题、推动农业科技进步为己任。他们像农民一样一身泥、一身汗地在盐碱滩摸爬滚打，艰苦扎实做研究。他们遵循客观规律，潜心实验，在进行大量的科研调查和数据分析的基础上，制订综合治理方案，成功将以曲周县为中心的72万亩盐碱滩变为米粮川，为扭转国家南粮北运作出了重要贡献。如今的曲周大地是整齐划一的农田、宽阔平坦的马路、葱茏繁茂的树林，展现出了一幅农业强、农村美、农民富的动人景象。

与此同时，面向全国农业主战场，育种专家李竞雄先生和蔡旭先生等老一辈科学家带领农大师生，在艰苦的环境中开拓新中国玉米、小麦育种的道路，为国家培养出数十个玉米和小麦新品种。他们坚持实地考察，下雨时打伞下地，经常早晨一身露水，中午一身汗水，始终不渝走出了一条为农业生产服务的成功之路。在这条路上，洒满了他们艰辛的汗水，那滴滴汗水化为一块块铺路石子，为后来者铺平了前进的道路。李竞雄的学生戴景瑞院士在国内率先实现玉米双交种三系配套并应用于生产。许启凤选育的优质高产杂交玉米品种"农大108"，以其高产、耐高温高湿和抗病性强等优势成为粮食作物中年种植面积最大的品种。宋同明的高油玉米，李金玉的种衣剂，陈延熙的增产菌，尚鹤言的手动低容量喷雾技术，王树安和兰林旺的吨良田，为促进我国大范围粮食增产和农民增收作出了划时代贡献。

进入 20 世纪 90 年代，随着温饱问题解决之后我国农产品市场的全面放开，城乡居民对动物产品和加工食品的需求日趋强烈，动物科学、动物医学和食品科学迎来了新的机遇和挑战。秉承汤逸人细毛羊育种、熊大仕动物寄生虫病防治、吴仲贤统计遗传学等领域的攻坚克难精神，吴常信的节粮型小型褐壳蛋鸡，张沅的中国荷斯坦牛基因组选择分子育种，李德发的猪健康养殖营养调控技术，呙玉明的肉鸡健康养殖营养调控技术，李胜利的奶牛精准饲养技术，谯仕彦的促进畜禽内源氨基酸合成之添加剂，都是相关领域内跨时代的伟大创举。于船率先将激光技术用于动物医学领域，运用生物物理学的方法研究经络和穴位的特征，奠定了激光针灸学的基础；蒋金书在球虫、微孢子虫防治研究中，研制出"球痢灵"等药剂，迄今仍在禽畜疾病防治中发挥着重要作用；沈建忠的动物性食品中药物残留及化学污染物监测关键技术，为提高畜禽养殖效率并确保动物食品安全作出了积极贡献。

民以食为天。既品尝到美味营养的食品，又有绿色、卫生、健康的特性融入其中，这是每个人所向往的。沿着周山涛、刘一和与蔡同一所开创的道路，胡小松的苹果贮藏保鲜与加工关键技术、倪元颖的浓缩苹果汁大容量罐群低温无菌贮存方法、任发政的青藏高原牦牛乳深加工关键技术、江正强的半纤维素酶为相关食品产业的飞速发展提供了坚实的技术支持。李里特的低聚木糖和罗云波的化学品与包装安全检测方法更是打破了多年来的国际垄断，实现了技术突破。在食品科学领域，农大人立志用科学技术强国富民，为食品产业发展作出了不可磨灭的巨大贡献，给"舌尖上的中国"带来全新的体验。

2004 年以后，随着中国经济走过"刘易斯拐点"，农业劳动力机会成本急速提升，中国农业终于进入一个充分依靠工业化成果来全面提升农业劳动生产率以缩小城乡差别和农工差别的新阶段。曾德超的旋转翻垡犁、汪懋华的二级分布式孵化厅控制系统以及精细农业、余群的农机 1 号拖拉机、许一飞的行走式节水灌溉技术、谷诐白的全方位土壤深松机曾经为 20 世纪我国农业机械化发展作出了开创性贡献。进入新世纪，高焕文、李洪文的旱地保护性耕作技术与装备，韩鲁佳的新型秸秆揉切机，彭彦坤的生鲜肉品质无损高通量实时光学检测关键技术，开启了运用农业工程学成果来改造农业系统的新局面。

绿色发展是现代农业发展的内在要求，是生态文明建设的重要组成部分。改革开放以来，我国粮食连年丰收，农产品供给充裕，农业发展不断迈上新台阶，但农业发展面临的资源压力日益加大，农业到了加快转型升级、实现绿色发展的新阶段。20世纪90年代开始，康绍忠扎根石羊河，创建石羊河流域农业与生态节水实验站。他在这里潜心开展植物高效用水机制、水资源持续利用、水环境整治等技术的研究工作，传承着"不畏艰辛、乐于奉献、吃苦耐劳、艰苦奋斗"的石羊河精神。经过多年的流域重点治理，实现了青土湖重现碧波，地下水位回升，复现了石羊河流域"水草茂盛、碧波荡漾、野鸭成群、百鸟飞翔"的壮美景观。张福锁借助"科技小院"模式指导农民完善土壤作物系统，走上减肥增效的绿色发展之路，将论文写在祖国大地上，发表在国际顶尖学术期刊上。俞红强的北京红月季，高俊平、洪波的抗逆性小菊花育种与鲜切花高质高效保鲜技术更是为创造优美的生活环境提供了有力的技术支持。

七十年来，在直接服务国家建设的同时，农大人始终没有忘记现代大学的另一重要使命，即不断地进行基础科学的探索，通过科学发现和知识创新来为应用科学与技术进步提供坚实的支撑。在研究条件十分简陋的条件下，娄成后的植物细胞间信息传递与物质运输，阎隆飞的高等植物细胞骨架，曾士迈的小麦条锈病流行规律，李季伦的赤霉素、玉米赤霉烯酮、克山病因和阿维菌素，陈文新的中华根瘤菌研究依然走在世界前沿。进入新世纪，在强大国力的支持下，基础研究条件大幅度改善。以武维华的植物钾营养性状分子调控机制、李宁的动物克隆、夏国良的卵母细胞成熟机制、于政权的炎症性肠病调控机制等等为代表的一大批基础科学成果爆发性地发表在国际顶尖学术期刊上，为迅速缩小与世界一流学科的差距作出了积极贡献。

七十年来，农大人始终保持着对国家命运、农业命运和农民命运的高度关心与责任自觉，一代又一代的农大师生坚持不懈地深入农村开展第一手调研活动，将解决建议提供给相关政府部门，多项农业政策出台的背后都有农大人的身影。"文革"期间，王毓瑚顶住压力偷偷注释王祯农书，总结传统农业的宝贵经验。改革开放后，张仲威运用"三划一同"理论指导地方农业发展，开辟了一条燕山之路。安希伋致力于重建与国际农经济界学术交流，刘宗鹤以精湛的统计学技能指导了第一次全国农业普查。柯炳生有关世界贸易组织背景下中国农业发展战略、何秀荣有关农业现代化国际经验的研究成果在学界产生重大影响并先后应邀在中央政治局集体学习时作相关报告。任大鹏为每一部与农业相关法律的立法都倾注了心血。作为我国期货市场的奠基者，常清为我国能源安全战略的实现提供了具体操作策略。中国农村政策研究中心在安徽省肥东县进行的试点为此后全国开展的农村土地承包经营权确权工作提供了宝贵经验和实施策略。李小云亲自创办的小云助贫中心不仅解决了勐腊县的深度贫困，也为全国打赢扶贫攻坚战提供了综合治理公益模式。叶敬忠对留守妇女儿童问题的长期关注更是彰显了农大社会学者的良知与人文精神。

七十年来，中国农业大学始终秉持育人为本之大学理念，为祖国培养了约15万名建设者。他们在校期间勤奋努力、茁壮成长，毕业后砥砺强国之志、实践报国之行，将满怀忠诚、毕生所学倾注到实现伟大梦想的坚实步伐中。他们中有的从事教学与科研工作，成为科学家，带领着一代又一代后继者永攀科学与技术高峰；有的成为企业家，用实干与创新实现产业报国的夙愿；有的成为公务员，成为各级政府领导，用责任与担当为国家经济建设和社会发展保驾护航；有的成为农业技术推广员，用知识与技能帮助农民实现小康之梦；而更多的普普通通工作者用团结与朴实感染着身边的每一个人。无论职业，无论高低，一批批农大毕业生以一种无形而又强大的力量支持着自己参与祖国建设，用青春和热血为国家书写了一个又一个辉煌。

博学笃志，切问近思。

回望过去，农大师生怀揣赤子之心、砥砺爱国行动，为新中国翻天覆地的变化作出重要贡献。七十年风雨同舟，七十年砥砺前行，七十年灿烂辉煌，描绘的是一段艰辛曲折、可歌可泣的历程，歌颂的是一幕壮美的历史征程，振奋的是一颗颗华夏儿女的赤子之心！七十年里，虽然学校几经风雨、几番变迁、几度沧桑，但是总有一种巨大的力量，形同金线穿珠，一直存在其中，这就是"农大精神"。这种精神是一棵大树，她的根系扎根于中国农大光荣而辉煌的历史，她的枝叶伸展于社会现实的方方面面；这种精神融于每一个农大人的血液中，体现在每一个农大人的行动中。她的名称因时而异，可以是20世纪80年代的"学农、爱农、献身于农"，可以是新世纪"团结、朴实、求是、创新"之校风和"解民生之多艰、育天下之英才"之校训，可以是"责任、奉献、科学、为民"之曲周精神。无论如何变化，其精神实质是永恒的。不变的是对祖国、对农业、对农村、对农民的那份挚爱，不变的是不畏艰险追求真理、脚踏实地报效祖国的那种品格。

习近平总书记指出，"没有农业现代化，国家现代化是不完整也是不可能的"。随着我国农业发展进入第三阶段乃至最终进入第四阶段，迅速提高农业劳动生产率以缩小农工差别、加快乡村振兴以缩小城乡差别的任务十分艰巨，必须依靠科技创新来实现，这对中国农大提出了更高的要求。我们相信，有了农大精神的支持，农大人一定能够不辱使命，在建设现代化农业强国的道路创造一个又一个奇迹。

目　录

第一章　人民农大　开基立业

　　1949 年 9 月 21 日，那是一个令人难忘的星期三。这一天，中国人民政治协商会议第一届全体会议在北平中南海怀仁堂隆重开幕。伴随着震撼人心的礼炮声，毛泽东同志迈向讲台，发表了《中国人民站起来了》这篇至今仍然激荡人心的著名讲话。他说："我们有一个共同的感觉，这就是我们的工作将写在人类的历史上，它将表明：占人类总数四分之一的中国人从此站立起来了。"会场上掌声雷动，人们难以抑制心潮澎湃，刹那间热泪夺眶而出。梁希、乐天宇、蔡邦华、沈其益等 4 位农大人见证了那激动人心的时刻。

图 1-1　1949 年 9 月 21—30 日　出席新中国第一届政协会议的中华全国第一届
自然科学工作者代表大会筹备委员会全体代表
（第一排左四为梁希、第二排左三为沈其益、第二排左五为乐天宇、第三排左五为蔡邦华）

1

这一刻，标志着中国人民受压迫受欺辱的半封建半殖民地时代的终结。中国走上了社会主义道路，实现了中国历史上最深刻最伟大的社会变革。这

图1-2 京师大学堂农科大学校门

一刻，是中国人民前途命运的一个根本转折，也是中国高等教育事业和中国农业大学发展的一个根本转折。这一刻，一所肇始于京师大学堂农科大学、从清末民国仁人志士为"三农"奋斗的艰苦中走来、从党领导的陕甘宁边区延安走来的"农大"，开启了与共和国同行70年的伟大征程，掀开了为新中国建设敢于担当、勇于拼搏的崭新篇章。

第一节　迎接解放，走向新的历程

1949年9月29日，高教会颁布高教秘字一六○一号令："北大、清华将农学院并入农业大学，兹决定筹备成立独立性的农业大学，并决定由北京大学、清华大学及华北大学三校农学院，合并组成，希即通知你校农学院，造具物资、人员、设备等各种清册（每种三份）于10月5日前报会，以便进行筹备事宜。此令。此件并抄呈华北人民政府鉴核、华北大学查照。"华北高等教育委员会决定将北京大学、清华大学、华北大学三校农学院合并组建新的农业大学。从此，在风雨如磐的旧中国历经沧桑的农业大学，迎着中国共产党的阳光雨露，走上了新的历程。

一、从军管到校务委员会

这是一个历史性时刻。70 年前的 1 月 31 日，中国人民解放军正式接管北平城防务，古都北平宣告和平解放。滚滚铁流、猎猎旌旗，中国共产党人用著名的"北平方式"化干戈为玉帛，保全了这座 3000 年古城珍贵的历史建筑，也保证了 200 余万老百姓的幸福安宁。和平取代战争，人民得以安定，这就是近百年以来无数志士仁人为之奋斗的目标与理想，这个理想在中国共产党的努力下实现了。此时的北平虽寒风凛冽，但红旗引导下的解放军走过前门箭楼，走过东交民巷，现场百姓顿时雀跃欢呼，清华大学、北京大学校园里也沸腾了。

在欢庆解放的日子里，颠沛流离中饱经磨难的学校师生急切盼望早日复课。事实上，早在 1949 年 1 月 14 日，北平军管会主任、市长叶剑英就宴请了时任国立北京大学农学院院长的俞大绂及全体师生员工。农学院师生听取了军管会负责人的形势报告，学习党的文教政策，讨论了今后农业教育改革等问题。随后，农学院师生告别良乡，迎着新中国的胜利曙光北上，回到罗道庄（玉渊潭附近）。此时，清华大学农学院、北京大学农学院都获得了解放，是北平各大学最早获得解放的学院。这些学校陆续开始复课。当同学们回到阔别已久的校园，坐在教室里安静地听课，在实验室里精心地做实验，在图书馆里发奋地读书，大家心潮起伏，这一切是多么来之不易！

（一）有计划地"接"

1948 年 12 月 18 日，军管会发出了布告"查北京大学农学院为中国北方高等学府之一。……应本我党我军既定爱护与重视文化教育的方针，严加保护，不准滋扰，尚望学校当局及全体学生，照常进行教育，安心求学，维持学校秩序"。北平军管会在接管高校的问题上比较慎重，在接管高校之前做了充分的准备工作，设置了相应的接管机构，开展了详细的调查研究、宣传动员和接管干部的培训工作，并明确了保护校园和维护校园稳定的政策。周密的准备工作保证了对北平各个高校的顺利接管。

1948 年 12 月底，西苑以及清华园一带已成解放区，北平城的解放已近在咫尺。12 月 25 日，北平军管会派陈凤桐、张宗麟同志来到清华大学农学院，向师生们宣传党的政策，受到师生们的热烈欢迎。汤佩松在回忆录中叙述这一重大历史转折时刻时说："这时的清华大学农学院的一切教学工作都逐渐停顿了。我自己因是农学院院长，在1948年12月底前，几乎天天都到清华大学校本部开校务会议，商讨学校的安全和教师及学生的生活与学业问题。在这些重要决策会议的全过程中，我得到的深刻印象是大势已定，人心所向的时代潮流是不可逆转的。……绝大多数教职员工，当然更不用说青年学生们，都是生活在极端困难的条件下，坚决而沉着地等待着曙光的来临，安静不乱地迎接即将到来的光明时刻。"

1949年1月10日下午2时，清华大学全校教职员两千余人齐集大礼堂。北平军管会文化委员会主任钱俊瑞宣布："今天清华大学从反动派手里解放出来，变成人民的大学，是清华历史上的新纪元。从今以后，它将永远是一个中国人民的大学了。"在全中国的解放进程中，清华大学是第一个被解放和接管的"国立大学"。2月28日下午2时，钱俊瑞等10人又来到北京大学民主广场，宣布正式接管北京大学。从此，北京大学成为一所新时期的大学。正式接管，这是划时代新纪元的开始，从此以后，北京大学、清华大学及其农学院全体师生员工在中国共产党的领导下走上了为人民服务的道路。接管在完成了"接"的工作以后，就是更为艰巨、复杂的"管"的工作了。

（二）有步骤地"管"

早在1948年6月20日，中共中央宣传部作出了《关于对中原新解放区知识分子方针的指示》，指出对于当地学校教育，应采取严格的保护政策，命令"我军所到之处，不许侵犯学校的财产、图书、仪器及各种设备。……在敌我往来的不巩固的地区，对于原有学校，一概维持原状。在较巩固的地区，应帮助一切原有的学校使之开学，在原有学校的基础之上，加以必要与可能的改良"。此时的中央已产生对包括清华大学、北京大学在内的高校进行合并的考虑。

1949年9月16日，华北高等教育委员会决定将北京大学、清华大学及华北大学三校农学院合并组建成独立性的农业大学。同时，任命钱俊瑞、张冲、乐天宇、俞大绂、汤佩松及原三所大学农学院教授、讲师、助教、学生等代表共十七人为筹备委员会委员，钱俊瑞为主任委员，乐天宇、俞大绂、汤佩松、黄瑞纶等七人为常务委员。筹委会成立之后，三校农学院即着手恢复学校正常工作和搬迁工作。师生们组织起来打扫教室和实验室，修复、整理被破坏的校园，把贵重的实验仪器和设备从校外搬回学校，把仪器设备启封复原，着手整理封存图书。到11月初，三校农学院的47位教授、96位讲助、51位职员、194位工友以及1188名学生共聚罗道庄。

1949年10月1日，新中国第一面五星红旗在天安门广场升起。

12月12日，中央人民政府教育部颁布《高一字第215号令》，正式任

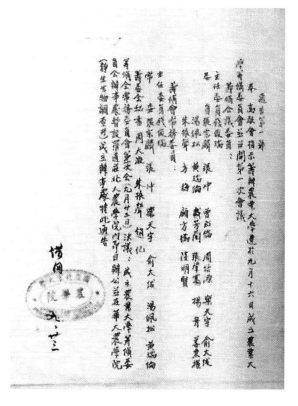

图1-3　农业大学筹委会成立文件

命了农业大学的领导成员以及领导机构。以乐天宇为校务委员会主任委员，俞大绂、汤佩松为副主任委员，沈其益为教务长，熊大仕为秘书长。三校农学院合并的决定，体现了党和国家对农业科学的重视。对新的领导班子来说，他们知道自己肩上的担子很重。

12月17日下午3时，在罗道庄礼堂举行大会，农业大学校务委员会宣布就职，新中国的农业大学在这一天诞生了。此时此刻，在乐天宇、俞大绂、汤佩松等同志的心头，除了满怀中国人民从此站起来了的豪情，又不约而同地多了一幅沉甸甸的担子，也就是毛泽东同志在中国人民政治协商会议第一次全体会议上所强调的："我们的革命工作还没有完结……全国规模的经济建设工作已摆在我们面前。"

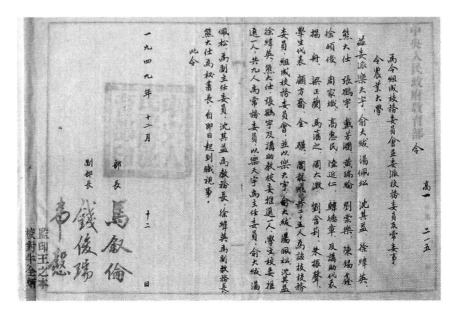

图1-4 教育部关于农业大学校务委员组成令

二、从"筑巢引凤栖"到"花开蝶自来"

新成立的北京农业大学融汇了北京大学、清华大学、华北大学三所著名大学农学院优秀而独特的历史传统。这所人民的农大，既有北京大学、清华大学历史悠久而优秀的传统，又有由延安一路走来创造的解放区农学院独有的办学传统。为着新中国"三农"事业发展，渊源各异的办学传统融汇构建成为诸多优秀传统于一身的新农大。

（一）群贤毕至，少长咸集

1948年9月23日，在解放战争的炮火纷飞中，国民党南京政府中央研究院破天荒地召开第一次院士会议，蒋介石亲自出面为院士们举行招待宴会。一时间，南京总统府夜里灯火通明，觥筹交错。殊不知，此时一场特殊的"人才争夺战"拉开了序幕。国民党策划把北平大专院校，特别是一些著名大学，在"保护文化""爱护师生"的名义下迁到南方，并在报纸上鼓吹南迁，进行舆论准备。年底，寒风呼啸，炮声隆隆，人民解放军风驰电掣般地开到北平城下。此前几天，国民党教育部突然从南京派来一位要员，在北京大学红楼召集了一个教职员大会，言说战局紧张，奉告愿为党国效力的志士仁人赶快离开北京。可是，谁还愿再跟随腐败不堪的政权共事呢？！教授们表示"决不迁校"。南京国民政府教育部把"各院校馆所负责人""因政治关系必离者""中央研究院院士""在学术上有贡献者"四类人员列入南迁名单，并派飞机来北平接人。结果，除了几个人之外，其他教授和教职员都留下共同迎接了北平的解放。

（二）群英荟萃，建树卓著

1956年，国家对技术职务任命制度进行探索性的改革，在高校系统中被称为"学术地位的最高标尺"的"一级教授"由此诞生。"一级教授"中的"一级"，除了工资标准提高外，更是学术地位和成就的象征，因此一级教授的产生有严格的筛选过程。首先由高等教育部统一组织，提出各学科的候选名单，然后下发到各地方党委，由党委组织部门进行调研和征询意见，包括同行鉴定、群众反映、政治面貌考察等。同时地方党委也可以在调研的基础上对名单加以增补或调整，并报国家审批，如有意见分歧，再进行权衡和协调。最后由国家统一任命。

事实上，一级教授提名的标准是"在教学工作和科学研究工作中有突出的成就和贡献，达到或接近世界科学的先进水平。能够指导重大的科学研究工作"或者"在科学水平上，曾经达到或接近过世界水平，在培养科学技术与教学干部工作上或对我国经济建设有卓越贡献的，在全国教育界负有极高威望的老教师"。一级教授的评定，影响深远、意义重大。它的实行，在当时知识分子尤其是高级知识分子中引起了巨大反响，激发了他们的工作热情。他们纷纷制订计划，投身国家建设，积极"向科学进军"。

经过严格筛选，到1956年6月，高教部初步拟定全国一级教授总人数为186人，9月份又减少到118人。此后又增加了相当数量医学类和行政人员性质的一级教授，最终确定全国一级教授总人数234人，其中从事教学工作的教师有186人。在这186人中，北京农业大学拥有戴芳澜、俞大绂、林传光、沈其益、周明牂、陆近仁、李连捷、黄瑞纶、娄成后、熊大仕等10人，人数位居全国高等学校第二名，仅次于北京大学，比清华大学还要多1人。

此外，学校拥有蔡旭、李竞雄、沈隽、裘维蕃、叶和才、彭克明、孙渠、吴仲贤、汤逸人、张鹤宇、应廉耕先生等11名二级教授。拥有余泽兰、

图 1-5 2015 年，颜耀祖教授主创完成的 10 位一级教授的画像

崔步瀛、胡秉方、王洪章、杨昌业、王毓瑚、韩德章等 7 名三级教授。总体来看，农大一、二、三级教授的人数之多，名列全国高等学校前茅。

正因如此，1956 年 10 月 5 日，在中央出台《关于重点高等学校和专家工作范围的决议》中，北京农业大学与北京大学、清华大学、中国人民大学、哈尔滨工业大学、北京医学院等 5 所高校一起被确定为全国性重点大学。该决议提出高等重点学校的任务是"培养质量较高的各种高级建设及科研人才"，并"取得经验，由高等教育部及时总结推广，以带动其他学校共同前进"。这是新中国确定的第一批全国性重点高校，农大开始崭露头角！此后，国家又几次确定重点大学名单。从"211 工程"到"985 工程"，从"2011 计划"到"双一流"建设高校，中国农业大学一直名列其中。

新中国成立后的几十年里，这支教师队伍始终是农大办学的重要支柱，是担当校系以及各重要学科的带头人、领军人物。在新中国面对西方国家的政治、经济、军事、文化封锁的严峻形势下，这批人才呕心沥血，桃李满枝，培养出一批批农业栋梁之材；这批人意气风发，豪情满怀，走在学术的最前端，以一个个优质创新不断把农大发展推上一个个新台阶；这批人一次次攻关，一次次新品问世，都饱含了他们为国奉献的热情；这批人坚守着那一方乐土，为祖国的农业发展问题，继续跋涉，永不停歇。

第二节　新中国农业高等教育的奠基者

一所学校，可以拥有多少个中国第一？新中国成立伊始，农大人身怀满腔报国之情，积极投身于社会主义建设的伟大事业之中，开了新中国农业高等教育的先河：率先建立了新中国第一个农业微生物学专业，创立了新中国第一个土壤学系，开设了新中国第一个农药学专业，组建了新中国第一个专门以庭园、园林设计为主要培养目标的造园专业，建立了新中国农林院校中第一个农业机械化系，是新中国最早成立农业经济系的院校之一。拥有如此多的第一，她却沉稳低调，一路向前。

一、实现一流农业大学的学科专业奠基

中国农业大学的建校时间被定为 1905 年，这是清朝政府成立京师大学堂农科大学的时间。中国自古以来以农立国，农业滋润着中华文化，养育了中华民族。在漫长的历史进程中，农业经受兴衰，不断前进，创造了灿烂辉煌的历史，为世界物质文明和精神文明的进步作出了不可磨灭的伟大贡献。有农业，就有农业教育。在古代，从神农氏"始教耕稼"、后稷"教民稼穑"开始，各代逐步演变发展，形成了中国古代农业教育的丰富内涵和特有方法。

鸦片战争改变了古老中国的历史命运。在西方列强坚船利炮冲击下，中国农业渐行衰败。在西学东渐的影响下，一批志士贤达睁眼看世界，在他们看到西方的军事、科技领先于中国的同时，也感觉到了西方农学体系的先进。无论是洋务派，还是维新派，都把振兴农业作为富国的根本。清政府在兴办新式学堂的时候，也注意到农工等实业教育。1901 年，张之洞、

刘坤一联名上书清廷："今日欲图本富，首在修农政，欲修农政，必先兴农学。"从1905年开始，清政府陆续制定和颁布了一系列关于发展农业教育的规章和政策。中国农业大学的历史源头也在于此。

图1-6　学务大臣《奏请建设分科大学片》，提出建设大学堂分科大学方案

自1905年以来，农大师生始终站在爱国与革命的前列，为中国革命事业献出了宝贵的生命，展现出农大人智慧和农大人担当。1949年成立的北京农业大学会合了三个大学农学院整体的教学体系与设置，不断优化学科专业设置，奠定了志在一流的学科专业奠基。

（一）学科最全的农业高等学府

1949年12月27日，学校召开第二次校务委员会，集中讨论学校校名。多数教师赞成为"北京农业大学"，学生中多数同意为"中央农业大学"。会议决定将两个校名一并提请教育部采纳核准。1950年4月8日，中央人民政府教育部正式批复命名为北京农业大学。

合校之前，北京大学农学院拥有10个系，清华大学农学院拥有4个系、3个研究所，华北大学农学院拥有10个系、1个研

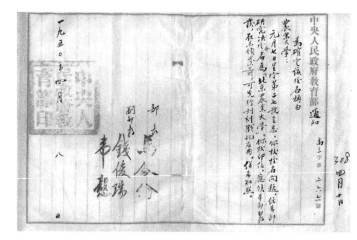

图1-7　教育部关于确定北京农业大学校名的通知

10

究室。组合而成新的北京农业大学后，整合为 11 个系，是当时全国农业科系最多最齐全的高等农业学府。这 11 个系分别是：

农学系：由北京大学、清华大学、华北大学三个农学院农艺系合并而成，是全国高等农业院校最早进行教学改革的重点系之一。

园艺学系：初设果树、蔬菜、储藏加工三组，后增设造园组。

植物病理学系：由清华大学、北京大学、华北大学三校的植病系合并组成，教师队伍十分强大，拥有戴芳澜、俞大绂等 5 名教授。

昆虫学系：由清华大学、北京大学、华北大学三校昆虫系合并建立，是当时全国唯一的昆虫学系。

土壤学系：是当时全国农业院校唯一的土壤系。

农业化学系：始建于 1910 年京师大学堂农科农业化学门，合并后教师队伍力量雄厚，拥有黄瑞纶、娄成后等 8 名教授。

畜牧学系：由北京大学、清华大学、华北大学三校农学院畜牧（组）合并而成。

兽医学系：由 1946 年北京大学农学院兽医系调整而来。

森林学系：始建于 1914 年北京农业专门学校林学科，设造林、森林经理、森林利用三组，拥有罗道庄、南口等多处实习林场。

农业经济学系：始建于 1927 年国立北京农业大学农经系。

农业机械学系：为华北大学农学院农机系而来。

1951 年 3 月，北京农业大学增设兽医人员训练班。7 月，又增设了农业保险专修科。1952 年 10 月北京机械化农业学院（后改为北京农业机械化学院、北京农业工程大学，1995 年与北京农业大学合并组建中国农业大学）成立。学校汇聚了曾德超、陈立、王朝杰等从事农业机械、拖拉机方面研究的一批知名专家。这样多学科专业的设置，使得各系有着雄厚的教师队伍，再加上先进的设备基础，为建设一所新型农业大学奠定了坚实基础。

（二）从"以苏为师"到"以苏为鉴"

20 世纪 50 年代，中国掀起了以苏为师，向苏联学习的热潮。在走上苏联式的社会主义道路的同时，中央对全国旧有高等学校的院系进行调整。根据历史记载和亲历者的回忆，当时中央曾专门请苏联教育专家来介绍苏联大学的改革经验，目的就是将原先西方的办学模式改为苏联大学体制。这场教育体制改革涉及全国四分之三的高校，农大即在其中。调整后的北京农业大学，与其他被调整的大学一起形成 20 世纪后半叶中国高等教育系统的基本格局。

1952 年 7 月，教育部召开全国农学院院长会议，马叙伦部长在开幕词中说："目前我们全国农业学院的情况是远远不能满足国家建设上的要求的，截至现在，全国有高等农业学校 43 所……这些学校的分布是极不平衡的，例如华东有 14 所，而东北只有 3 所；有的城市有两个农学院，有的几省还没有一个农业专科学校。"全国高等学校被喻为"暴风骤雨式"的大规模的院系调整由此拉开了序幕。根据全国农学院院长会议决定，北京农业大学将原有的 11 个系调整为 6 个系、9 个专业。

7 月 21 日，学校召开校委会，孙晓村校长传达了会议决定与精神，并立即着手或调整方案。此次调整后的系与专业为：

农学系（设农学专业）

园艺系（设果树蔬菜、造园两个专业）

植物保护系（设植物保护专业）

土壤农化系（设土壤肥料、农业化学两个专业）

畜牧兽医系（设畜牧、兽医两个专业）

农业经济系（设农业经济专业）

此次调整是中国农业高等教育发展史和农大发展史的大事。特别是森林系、农业机械系两个系独立建立北京林学院和北京机械化农业学院。森林系的历史悠久，早在 1916 年 8 月，就聘请梁希先生来校任教兼林学科主任。农大森林系的调整，为新建立的北京林学院奠定了基础。院系调整中，农大新组建的造园专业，是我国第一个专门培养"造园"，即以庭园、园林设计为主要培养目标的专业。后来，这个专业于 1956 年也并入北京林学院。

在院系调整的同时，一个重要变化是在系之下设置专业，这是参照苏联的农业院校专业设置的。专业设置的理念与做法，以专业为单位制订培养专门人才的方向与目标，这主要体现在以专业为本位的教学计划与课程设置上，因此与过去的系科内涵相比有所增减，力求适应新中国建设对各类专门人才的需求。调整的过程中，农大着手制订新的专业计划、教学大纲和人事调配方案。

1952年10月24日，新生入学典礼隆重举行，孙晓村校长讲话时说："到现在为止，院系调整、课程改革的工作告一初步段落，今天开学表示这些改革的实现，表示本校的教学从此进入一个新的阶段。在农大，以至全国农业教育方面都是一件大事。"从这一届新招大学本科生开始，农大在专业建设和教育教学改革上迈出了重要的一步。同时，正式开始实行新的教学制度，进行了以课程设置和课程内容为核心的课程改革，并实施农耕学习制，这在新中国农业高等教育史上是个创举。它吸取了华北大学农学院的实践教学的经验，是一次有深远影响的改革探索与实践。经过整顿与初期的教学改革，农大形成了基本适应新中国社会主义建设需要的农业高等教育新体系、新模式。

改革开放以后，科学技术发展突飞猛进，新兴学科大量涌现，社会对高等教育的需求发生了新的变化。1985年，以中共中央《关于教育体制改革的决定》为标志，中国高等教育开始实质上的改革探索阶段。乘着全国高等教育发展的东风，北京农业大学也驶入发展的快车道。学校的办学综合实力明显增强，在人才培养、科学研究、社会服务等方面取得了显著成就，美誉度和知名度逐年提升，核心竞争力不断增强，发展的步伐受到了国内外同行的瞩目。

1990年6月，国家教育委员会在制定教育事业十年规划和"八五"计划时，即研究了在"八五"期间集中力量办好一批重点高校的问题。当时提出在2到3个五年计划内，重点投资建成30所左右的高等院校。后考虑到要形成一批行业带头学校，经过多次研究，确定了到2000年前后，重点建设的高等学校为100所左右，并要求将此事当作面向"21世纪"的大事来抓。这项发展高等教育的重要措施后来确定为"211工程"。此时，学校抓住发展机遇，成立了由校长任组长的"211工程"领导小组，加大资金投入力度，创新人才培养模式。1998年，中国农大被列入"211工程"高校。也是在这一年的5月4日，时任国家主席江泽民在庆祝北京大学建校100周

图 1-8　1984 年国务院批复北京农业大学列入国家重点建设项目

年大会上宣告："为了实现现代化，我国要有若干所具有世界先进水平的一流大学。"1999 年，国务院批转教育部《面向 21 世纪教育振兴行动计划》，国家重点建设的高水平大学"985 工程"正式启动。2003 年，学校成功跻身"985 工程"高校行列，学校发展迈上了一个新台阶。从 20 世纪 90 年代的"211 工程"和"985 工程"到 21 世纪的"2011 计划"，无不彰显着农大人建设世界一流大学的"中国梦"。

　　2017 年 9 月 21 日，教育部、财政部、国家发展改革委联合印发了《关于公布世界一流大学和一流学科建设高校及建设学科名单的通知》，公布 42 所世界一流大学和 95 所一流学科建设高校及建设学科名单。中国农大进入"双一流"建设高校 A 类名单，生物学、农业工程、食品科学与工程、作物学、农业资源与环境、植物保护、畜牧学、兽医学、草学等 9 个学科进入"双一流"建设学科名单。以此为契机，中国农大重点建设作物学、植物保护、农业资源与环境、畜牧学、兽医学、农业工程、食品科学与工程、草学和生物学等学科，构成解决农业重大前沿问题，支撑农业农村现代化建设和培养拔尖创新人才的学科架构，搭建高水平学科公共平台，组建跨学科创新团队，引领多学科交叉融合，促进科教协同育人，推动形成追求卓越、追求创新、追求贡献的学科文化和追求一流的学术氛围、育人氛围，建设世界一流大学学科体系。

作为现代高等农业教育的发源地和排头兵，中国农大的发展始终得到了党和国家主要领导人的热情关怀和有力支持，毛泽东、周恩来、刘少奇、朱德都对学校的人才培养、办学形式等作出过指示，江泽民亲自为学校题写校名，胡锦涛、习近平等先后亲临学校视察。

二、引领学科前进方向

北京农业大学是在毛主席和周总理亲自关怀下建立起来的全国重点农业大学，师资力量雄厚，拥有戴芳澜、俞大绂、汤佩松、林传光、沈其益、周明牂、陆近仁、李连捷、黄瑞纶、娄成后、熊大仕等一大批国内外驰名的大师。这些大师将爱国精神转化为建设中国、实现中华民族伟大复兴的动力，孜孜不倦开展探索工作。正是这些优秀的学科带头人，为农大的学科建设打下了坚实的基础，引领着学科前进的方向。

（一）开创真菌学和植物病理学

新中国成立初期，在北京西山殷红的黄栌叶片上曾出现不为世人认知的白色斑点，继而整个叶片蒙上厚厚的一层层白粉。如果任其发展，这一北京胜景恐怕只能是留存于史书了。

实际上，黄栌叶片上的白粉是一种寄真菌，叫白粉菌。早在中国古代，它就引起了许多真菌学家的注意。《神农本草经》所载 365 种药物中，包括茯苓、雷丸、灵芝、紫芝及木耳等 10 多种真菌药物。如果追溯中国近代白粉菌研究工作的渊源，就不能不怀着十分崇敬的心情缅怀杰出的科学家、中国真菌学的奠基人戴芳澜。

他生于清末，就学于刚刚成立的清华学校；

他来自荆楚，是新中国第一代科学家；

他忠于科学，科学在他眼里，胜过一切，甚至生命；

他授业解惑，五十年如一日研究真菌学。

荆州自古多俊杰。戴芳澜（1893—1973 年）出生于湖北江陵县。祖父去世后，家庭生活十分窘迫。17 岁那年，带着懵懂的梦想，他告别家

15

图1-9　指导研究生的戴芳澜（右一）

乡，来到了繁华的大上海，进入震旦中学学习。1911年戴芳澜中学毕业，他要继续求学，可是家境日趋破落，经济来源几乎完全断绝。正当一筹莫展之时，他在一次偶然的机会得知北京正在开办的清华学校是公费的，即刻北上应试，以优异成绩考入留

美预备班，一年后赴美国威斯康星大学、康奈尔大学和哥伦比亚大学深造。在国外求学的日子里，戴芳澜耳闻目睹了美国的科学发展，深感祖国的落后。他觉得，祖国要发展，祖国要强大，除了军事力量，更重要的是科学，是知识。就这样，戴芳澜如饥似渴地在书海中遨游，在大自然中探索，发现书中的大千世界，领略大自然的鬼斧神工。1920年，带着科学报国的梦想，戴芳澜从美国学成归来，先后在金陵大学、清华大学任教。

　　戴芳澜来到金陵大学后的一天，他应邀来到史特蔚（Stewart）博士的办公室。"戴芳澜教授，我正等着你，请坐。"史德蔚从抽屉里拿出一封信，递给了戴芳澜，"这封信是昨天收到的，信上说哈佛大学的高等植物研究所准备出一笔数目可观的钱，要托我们采集所有的中国真菌标本。"史德蔚说完后，十分自信地看了戴芳澜一眼，好像会听到"太好了"之类的回答。然而除了窗外知了的鼓噪声外，他什么也没有听到。片刻的沉默之后，戴芳澜说："采集标本可以，但标本要一式两份，一份留在中国。因为这是中国的资源，因为中国需要真菌分类。"史特蔚被这坚定自若的回答震惊了。从这天开始，戴芳澜将毕生研究的注意力较多地集中在寄生真菌方面。

　　那时期，在一无条件、二无经费的情况下，他亲自采集标本、搜集文献资料，把标本逐个解剖测量，鉴定其目、科、属、种，工作量之大是惊人的。1930年，他的论文《三角枫上白粉菌之一新种》在《中国科学社生物研究所论文集》植物组第6卷第1期上正式发表。这是中国真菌学研究的

第一个成果，他开创了中国的真菌学，在中国科学史上留下了闪光的一页。

1937 年，日本侵华战争全面爆发，接近战区的许多高等院校不得不向内地搬迁。戴芳澜跟随清华大学先迁湖南长沙，后转迁昆明，直至抗战胜利后，才迁回北平。新中国成立后，戴芳澜担任北京农业大学教授。此后，经过长期的研究工作，他收集到真菌 2606 种、藻状菌 90 种、子囊菌 677 种、担子菌 1077 种和半知菌 753 种，为中国真菌学和植物病理学的发展作出了开创性的贡献。值得一提的是他编写《中国真菌总汇》的时候，正值"文革"时期，他白天挨批斗，深夜奋笔疾书，他是在用有限的生命和无限的时间赛跑。在他逝世前一个月的 1972 年 12 月，书稿终于完成了。他在《前言》中写道："我谨以这本书作为我个人晚年对人民的一点贡献吧。"这，就是科学家的伟大，为人民、为国家，在他们眼里，胜过一切，甚至生命。

（二）扛鼎首个农业微生物学专业

1948 年 11 月 29 日，按照中共中央、中央军委的部署，东北野战军和华北军区部队联合发起了平津战役。此时，呼啸的西北风卷着隆隆的炮声，在北平城的上空滚动着。中国人民解放军风驰电掣般地开到城下，把北平城围了个水泄不通。一个夜晚，在北平西郊罗道庄的北京大学农学院的校园里，漆黑一团，空荡荡的校园显得格外寂寥荒凉。在校舍一区，有位中年人，躬身聆听着远处零星的枪声，像是在焦急地等待着什么。他，就是当时的北京大学农学院院长、植物病理学家俞大绂。

俞大绂（1901—1993 年）出生于浙江绍兴，自幼受到良好的教育。其父俞明颐虽然晚清时期在湖南和东北地区担任过总办和镇守，但受新学影响，思想开明。其母则

图 1-10　20 世纪 40 年代，在建校工地的俞大绂（右一）

为晚清重臣曾国藩的孙女，通晓诗文。1915 年，俞大绂考入复旦中学，毕业后进入南京金陵大学学习，主学农科，兼修化学，打下了坚实的理科和生物学的基础。1928 年，他怀着"科学救国"的理念赴美深造，攻读动植物病理学，获得了美国艾奥瓦州立大学博士学位，成为美国植物病理学会会员、Sigma-Xi 荣誉会员。面对国外优越的工作条件，他婉言谢绝了美国教授的邀请，毅然归国，将自己所学撒在这片积贫积弱的土地上，希望能够结出希望之花。

1932 年，回到南京的金陵大学农学系的俞大绂，继续从事着植物病理学的教学和科研工作，在禾谷类作物抗病育种以及种子的消毒研究等领域中进行了卓有成效的工作，为发展中国植物病理学奠定了坚实的基础。1937年，日本全面侵华，俞大绂不得不停下自己的科研工作，随南京金陵大学一起入川，后又辗转来到昆明。但即使是在工作和生活条件极其艰苦的情况下，他还是发表了《中国植物病毒病害的观察》《豌豆耳突花叶病毒》《蚕豆细菌性茎枯病》等多篇研究论文。抗日战争胜利后，俞大绂被任命为国立北京大学农学院院长，此时的学校满目疮痍，在这样的废墟上重建校舍，其艰难可想而知。

新中国成立后，俞大绂亲眼看见了在党的领导下，新中国像一轮喷薄的旭日从东方地平线上冉冉升起，发出灿烂的光芒。1949 年 12 月，他出任北京农业大学校务委员会副主任委员，继续带领师生致力于植物病理学、菌物学、微生物学的研究。在这里，他建立了农业微生物专业，使北京农业大学成为当时全国第一所拥有微生物专业的高等农业院校。新组建的昆虫学系、植物病理学系、畜牧学系、兽医学系和土壤学系都是国内第一次单独成系。1951 年，东北地区发生了严重的苹果树腐烂病，并迅速蔓延。俞大绂带领防治小组奔赴病区，对发病规律进行了深入调查研究。后又奔波于华北、西北等地，采集标本，反复试验，最终找出了药物防治和抗病育种的有效措施。

"办好一所大学，首先要把系办好，重要的是选好系主任，并拥有一批学术水平高的教师，这是我一贯的办学思想。"俞大绂认为创办高水平大学，解决好带头人的问题至关重要。因为优秀的教师是建设优秀学校、培养优秀学生的先决条件。北京大学农学院重建时俞大绂在"选人"上下了很大功夫。他精心挑选的各系系主任均为国内甚至世界最著名的学者，其中很多人与俞大绂并无交往。这些科学家既是促使北京大学农学院快速发展的栋梁，亦是后来北京农业大学各重要学科的主要带头人。汤佩松在自传《为接朝霞顾夕阳》中提及："由于当时生物系已有遗传学大师陈桢在任，我犹豫了一下，结果使我打算邀请的在英国留学的遗传学新秀吴仲贤被大绂先我一步将他聘请到北京大学农学院去了。"《北大化讯》1947年3月1日刊文："新农学院历史的遗产中最丰富的是同学，最少的是教职员。……因此北京大学的传统习气，这里是感觉不到的，北京大学所能给予的人物虽然很少，而国内农学界的人才却在这里风云聚会，在俞大绂院长的领导下开辟一个农业教学和研究的园地。来这里的都是国内农学界的第一流人物，教授的阵容可说是全国最强的。"

在1956年全国评聘的第一批186名一级教授中，北京农业大学共有10位，其中由俞大绂聘任至北京大学农学院的就有林传光、熊大仕、黄瑞纶、李连捷和周明牂等5位。国内农学界的人才都在这里风云聚会，与俞大绂一起开辟农业高等教育的园地。

（三）揭开植物呼吸代谢的生命之谜

在一次胚胎学的课堂上，正当教授讲述种子萌发过程中胚乳内无结构的淀粉逐步转变成有形态组织的幼芽时，有名学生突然发问："在这个形态发生过程中，无组织的有机物质是以什么方式转变为有形态结构的幼苗的？"这个问题虽然当时并未得到解答，但却是他以后半个多世纪中钻研和提出代谢的系统观点的萌芽。从20世纪30年代在美国求学开始，汤佩松一直念念不忘的就是生物学中的一个基本问题：生物体是如何成为一个活生生的机体的？从青年时代直到耄耋之年，不管其间经历过多少艰难曲折，他始终致力于揭开这个生命之谜。

汤佩松（1903—2001年）出生于湖北浠水，父亲汤化龙是辛亥革命时期武昌革命政府政务的负责人，中华民国成立后，被选为首届国会众议院议长，曾担任北洋军阀政府教育总长。汤佩松幼年时期开始读私塾，因其父在政府机构供职，故随父母行踪，穿梭于上海、北京和日本。第一次世界大战爆发后，母亲去世，父亲也在加拿大被暗杀。从此，15岁的汤佩松早早走上了个人独立奋斗的道路。1917年，汤佩松考入清华（留美预备）

学校。1925 年秋，他奔赴美国的明尼苏达大学求学，插入三年级学习。先在农学院，后转到文理学院，以植物学为主修，辅修化学、物理学。在近三年时间里，他把上述三个系毕业所需必修的全部课程学习完毕，并可以从其中任何一个系取得学位。最后以全校第一名的成绩毕业于植物系，获得"金钥匙"奖。当年，美国报纸曾以显著的位置作了报道与赞扬，称"一位来自中国的青年获得了最高毕业生奖"。1928 年，汤佩松进入美国约翰·霍普金斯大学攻读博士学位。在此期间，他掌握了"生理过程间多功能关系"概念的运用，这就是后来他关于呼吸代谢多条路线及其与其他生理过程相互关系这一观点的萌芽。1930 年 7 月，他进入伍兹霍尔海洋生物研究所进修。9 月，进入美国哈佛大学普通生理学研究室，开始了正式的职业化的研究工作生涯。1933 年春，国立武汉大学理学院院长致电汤佩松，聘请他到武汉大学生物系从事教学和研究工作。汤佩松立即回国并着手建立我国第一个普通生理实验室。

抗日战争期间，汤佩松在西南联合大学农业研究所工作。在这里他创办了植物生理研究室。这个实验室非常简陋，经历了 3 次被炸毁，4 次搬迁重建，最后搬到昆明北郊的小村庄大普吉。英国剑桥大学教授李约瑟（Joseph Needham，1900—1995 年）曾到这个实验室参观，并作了很高的评价。直到三十年后，李约瑟在他的《中国科技史》第 5 卷中仍在称道汤佩松和他在大普集的实验室。抗战期间，汤佩松虽然在昆明建立了植物生理研究室，但他只能整理过去关于细胞呼吸的工作和思考遇到过的问题，以便理出一条学术思路来。即使如此，他还发表了三篇论文。其中，和理论物理学家王竹溪合作的《活细胞吸水的热力学处理》。这篇文章意义重大，因为在植物生理学中，对于水分如何进出植物细胞，一直是用压力而不是用热力学函数来说明。西方学者到 20 世纪 60 年代才意识到这个问题，就是现在通用的细胞水势这一热力学概念。然而汤佩松和王竹溪却比他们早 20 多年就已发现了这个问题。美国的水分生理研究权威克莱默尔（Kramer）在 1985 年写道："20 年后的今天，当人们早已讨论并认为已经在 1960 年解决了这个问题后方发现这篇论文。……弥补我们对汤和王关于细胞水分关系热力学的先驱性论文的长期忽视的遗憾。"

图 1-11　清华大学生物科学研究所内的实验室

（拍摄时间：1944 年 8 月 28 日；拍摄地点：云南省昆明市西山区大普吉镇）

图 1-12　1944 年汤佩松（左）在昆明市大普吉镇
向曹天钦介绍用秋水仙素培育的无籽黄瓜

在科学研究上，对于植被和植物生理，汤佩松几乎研究过其中每一项重要活动，尤其在光合作用和呼吸作用方面贡献卓越。汤佩松始终认为科学就是积累、继承、突破和演进的过程。他的科研道路，从 20 世纪 20 年代探索呼吸的生化研究，到 30 年代开展"细胞呼吸动力学"研究，再到 50 年代建立植物呼吸代谢的多途径理论，以及 70 年代钻研植物光合作用中光合膜蛋白的作用等；即使在战火纷飞的抗战期间，汤佩松的科研也从没有停止过，做不成实验，他就在理论层面进行思考，同样有重要的成果产生。1983 年当他满 80 岁的时候，国际性刊物《植物生理学年鉴》（*Annual Review of Plant Physiology*）特约他撰写了一篇回忆录式的文章。该刊从 20 世纪 60 年代中期开始，每年都特约一位在植物生理学方面贡献卓著、德高望重的科学家写一篇这样的论文，作为首篇，并在扉页上登载作者的照片，以资纪念。至今为止，我国只有汤佩松一人得到这种殊荣。

（四）让中国真菌学享誉世界

人的一生面临许多选择。林传光（1910—1980 年）毅然选择了植物病理学作为终身奋斗的事业，并为之孜孜不倦地奉献了一生。他的人生哲学中有一个信条："科学研究最重要的是探索规律，不是一个临时工，干完活就算完成任务。搞科学研究没有八小时工作制，每天每时每刻都应当想着研究工作。"林传光对待科学，实事求是，严肃认真，一丝不苟。李景均在《林传光先生科学论文集》序言中写道："我一生所认识的朋友中，很少有像传光那样肯吃苦用功的。无论环境如何恶劣，他的科学兴趣始终不变。无论设备如何简陋，他的研究工作延续不断。凡认识传光的人必会与我同意，他是一位沉默寡言的人，不苟言、不苟笑，思考周密，治学严谨。"

林传光出生于福建省闽侯县城门乡鳌峰村一个普通家庭，童年在乡间国民小学读书。由于天资聪颖，他自幼为师长所爱。小学毕业后，他考入福州格致中学。在这里，他受过严格的英语训练。1930年夏，在英华高中毕业后，他考入南京金陵大学农学院，受教于戴芳澜、俞大绂。毕业后，因成绩优秀留校任助教。后回到福州，在协和大学农学院任教，并在福清县农业职业学校兼课。1937年，他又回到南京金陵大学担任讲师。也是在这一年，林传光为求深造，由金陵大学保送前往美国康乃尔大学就读研究生。回国后，他相继任教于金陵大学、北京大学，并受农林部派遣再度赴美国进行科学考察。1946年，他被聘为国立北京大学农学院教授兼植物病理学系主任。全国解放前夕，林传光拒绝了国民党政府赴台湾之命，静候中国共产党的到来。新中国成立后，他担任北京农业大学植物病理学系及植物保护系教授，并兼任植物保护系副主任。

面向新中国农业发展，林传光潜心植物杀菌剂、马铃薯退化问题的研究等。他热爱科学事业的程度可谓是如饥似渴。从真菌到病毒、从寄生病害到生理病害、从真菌生理到杀菌剂等，他都有着深入的研究。他几乎将所有时间和精力都投入到了工作，有时候泡在标本室里，埋下头去，再抬头已然夜幕初上。

晚疫病是中国东北、华北、西北、西南主要马铃薯产区威胁性最大的病害。新中国成立初期农业科学界对晚疫病的突然暴发和流行规律很不了解，因而防治效果很差。1950年，新中国遭遇了严重的马铃薯晚疫病，当时晋、察、绥等主要产区所受的损失占总产量的一半。针对这一紧迫情况，林传光不辞辛劳、往来奔波、深入田间进行反复试验与仔细观察，甚至坚持不懈地把试验做到西藏这样高海拔地区，终于取得马铃薯退化病的研究突破。一些成果应用于马铃薯生产的各环节，取得可喜的成效。其中，"马铃薯晚疫病测报和防治"和"防治马铃薯退化研究"两项成果分别荣获1955年中国科学院科研成果集体二等奖和1978年全国科学大会奖；马铃薯晚疫病流行规律的研究成果荣获1955年中国科学院成果二等奖。

图1-13　林传光（左二）1958年到苏联参加学术会议

　　林传光以卓越的智慧和才能跻身于世界植物病理学、菌物学和植物病毒学研究领域的前列。他心中只装了国家和科研，为国家奉献了一生，为科学贡献了全部的力量，不求任何回报。在耄耋之年，他心里想的，仍然是如何再为国家贡献一点余热，如何把自己化成一片春泥，倾尽全力，哺育满园春禾。

（五）拨开棉病的重重迷雾

　　1909年12月17日，沈其益（1909—2006年）出生于湖南省长沙市一个士绅家庭。小学就读的长沙楚怡小学，是中国共产党早期革命的策源地之一。邓中夏的"五四"演讲、"驱张运动"的紧急联席会议、毛泽东发起的文化书社、多次新民学会会议都曾发生在楚怡校园。中学时，就读于革命烈士柳直荀曾学习、任教之处的长沙雅礼中学。沈其益的童年和少年处

24

于一个动荡和变革的年代，清朝统治风雨摇摆，民主革命风起云涌，这时的长沙已是革命早期活动的重要据点，在小学和中学时代不断发生反殖民示威游行。20 世纪 20 年代，雅礼中学被迫关闭，他投笔从戎，考入南京军事交通技术学校。后因蒋介石将该校并入南京中央军校，他即退学，到茅以升教授开办的汽车修理工厂当汽车修理工。

在工作之余，他通过自学，于 1929 年考入南京中央大学，师从植物病理学和真菌学家邓叔群、张江澍、曾昭抡、许骧。特别是邓叔群从他大学二年级开始，就给予悉心指导，使他深受教益。为此，他决心终身为发展这一学科而努力。1934 年，他受聘于冯泽芳主持的中央棉产改进所，负责棉病研究室工作。他深入全国棉区调查研究，发现棉叶切病是由盲蝽象隐潜为害所致，发表了《中国棉作病害》和《中国棉病调查报告》，对当时的棉病的研究和防治工作有重要的指导作用。1937 年，他被选送英国留学。学成后又赴美国明尼苏达州立大学工作进修，被聘为该校名誉研究员。1940 年的中国，正值抗日战争的艰苦岁月，他深感国难深重，毅然束装回国，尽自己的微薄力量从事科学和救国事业。虽然当时的工作条件十分艰苦，但他以满腔热情投入工作，出任中央大学生物系教授，先后教授植物生理学、真菌学和植物生态学等课程。

然而他的一生适逢中国革命的大动荡年代，使他不得不关心国家民族的盛衰失败。他曾参加中央大学义勇军训练，应征赴上海 19 路军抗日前线，做救护工作。战争结束后，因表现英勇，他获得 19 路军的奖章奖状。1948 年东北解放，沈其益的长兄沈其震受中共中央之命组建大连大学，并为东北解放区和其后建设新中国聘请人才。沈其震邀请时任中央大学教授的沈其益到香港会面，委托他利用自己的学术关系聘请南京、上海的专家教授赴东北解放区工作。沈其益怀着对新中国科学教育事业的无限憧憬，冒着生命危险接受了此项任务。他穿梭于上海、南京与香港之间，秘密联系到王大珩、华德显、魏曦、张毅、张大煜、李士豪、汪坦、胡祥璧等 40 余位富有爱国热忱、正义感并学有专长的科学家。这些专家经他精心安排辗转香港，又经台湾海峡及朝鲜到达大连。沈其益在送走了最后一批科学家后，已到 1949 年春，他和家人、郭沫若等民主人士随即同船北上，抵达北平，受到周恩来、陈云等中央领导同志的欢迎和亲切接见。后来统战部决定沈其益留北京参与筹备由中国科学社、中华自然科学社、中国科学工作者协会和解放区东北自然科学社等发起的全国第一届自然科学工作者代表大会，在这次大会上他被推选为第一届全国政协委员。

图 1-14 沈其益（前排中间）在试验田里

刚刚成立的新中国，农业病虫灾害发生频繁，尤其是陕西关中棉区经常发生棉花枯、黄萎病，损失异常严重。1972 年，沈其益从延安返回北京后，农业部请他主持这一重大科研课题。当时他虽已年逾花甲，但深感研究解决棉花重大病害问题是自己的专业和责任，因此勇挑重担。他深入棉区了解情况，查阅了大量文献，提出成立全国棉花枯、黄萎病防治研究协作组，并对从不同棉区分离到的 76 个枯萎病菌菌株，统一进行生理型鉴定的联合试验。他亲自制订计划，进行严格的科学实验，确定了以抗病品种为主的防治策略措施。棉病协作组十余年间一直坚持大力协作，总结经验，不断创新，在实践和理论研究方面都获得良好成果，并促进了植病和育种学家的密切配合，培育出不少抗病、丰产、优质的新品种。

（六）打开昆虫世界的钥匙

1983 年 8 月，一位 76 岁高龄的老者，冒着酷暑亲自到河北邯郸南堡村试验田视察情况。当他看到试验田的情况和得知取得的实验结果时非常高兴，并亲自到每个小区察看棉铃虫的危害情况。邯郸地区的书记和专员听说后，特意到现场看望他。这位老者就是农业昆虫学家、现代农业昆虫学的先驱，植物抗虫性学科的奠基人周明牂。

周明牂（1907—2005年）出生在江苏省海安市曲塘镇，很有远见的父亲一心一意要培养他成才。1920年，周明牂考入江苏省第八中学，4年后又以优异成绩考入金陵大学。在这里，周明牂先后受到昆虫学家博德（美籍）和张巨伯的熏陶与器重，主修昆虫学，并选修了沈宗瀚主持的生物遗传育种学。1929年2月，因学习成绩优异，周明牂提前半年顺利毕业。次年8月，赴美进入康奈尔大学研究生院攻读昆虫学。在康奈尔大学学习期间，他充分利用学校图书馆珍藏的图书，广泛搜集资料，结合国内有关文献，编写了《中国经济植物害虫·害螨初步名录》，这是中国第一部作物害虫名录，也是中国农业昆虫学早期的基础性文献。这篇长文在媒体上连载后，很快得到了中外昆虫学界的重视。

功成名就并没有让周明牂忘记自己的根，他毅然选择了回国。曾先后在浙江大学农学院、广西大学农学院、福建农学院等任教。1946年秋，周

图 1-15　周明牂（中）在实验田

明牂应俞大绂邀请，出任昆虫学系教授兼系主任。新中国成立后，他担任了北京农业大学植物保护系教授兼系主任。

周明牂是创建与发展中国农业昆虫学的先驱，是农业害虫综合防治与农业防治相结合的倡导者，是中国植物抗虫性研究的奠基人。自1933年回国后，周明牂从大量实践中深刻认识到，害虫防治研究不能仅局限于研究害虫本身，而应联系有关害虫生存发展的多方面生态环境因素的作用。20世纪30年代，周明牂在浙江对油桐尺蠖产卵场所进行研究后，提出避免油桐与松树混栽的控制为害的措施，因该虫集中在松杆表面缝隙中产卵。50年代，他在内蒙古西设点研究春小麦主要害虫麦秆蝇，发现该虫的主要生物学特性是成虫喜光，对产卵麦株有严格的选择性，尤以拔节期麦株最适产卵。经过进一步研究，他总结出适期早播、精细整地，合理密植和正确施足水肥等以丰产控制虫害的系统农业防治措施。

更为珍贵的是，20世纪70年代以前，国外农业昆虫学专著一般都是按作物列举重要害虫，然后分别阐述。周明牂认为农业昆虫学虽属一门应用科学，但有其本身的系统理论基础。早在1961年，他主编第一本高等农业院校试用教材《农业昆虫学》时，就在书中对该学科的原理和方法做了概括阐述，纠正了过去长期存在的防治"以消灭害虫的种为目标"和单纯依赖单一防治措施的偏向，使农业昆虫学科从内容到体系上更臻于完善。他这一学术思想，已经孕育了80年代为国际植物保护学界广泛接受的"有害生物综合治理"原理。

在工作生涯中，周明牂本着理论联系实际、实事求是的原则，将教学、科研、生产三者有机地结合起来，不懈奋斗，将毕生精力献给了国家的植物保护事业，在害虫防治理论与实践、植物抗虫性等方面作出了奠基性与开拓性贡献。

（七）掀开昆虫形态学的面纱

"东方红，太阳升，中国出了个毛泽东"。在中国，这是许多孩子学会的第一首歌。曾参加大型音乐舞蹈史诗《东方红》音乐创作的著名作曲家、指挥家陆祖龙回忆自己的父亲时说："在抗日战争时期，父亲在西南联合大学任职……每当吃完晚饭，我们就聚在一起，聆听父亲畅谈国家大事，谈爱国，谈一定要有勇气面对生活的困难，要有生活的目标。他特别教导我们要做一个正直的人，希望我们做一个科学家。"陆祖龙的父亲就是中国首位研究鳞翅目昆虫幼虫分类学的昆虫学家，中国的昆虫形态学创始人陆近仁。

陆近仁（1904—1966年）出生于江苏常熟城外的小镇白苑。早年背井离乡来到上海，就读于南洋中学，后考入苏州东吴大学。毕业后，他留校任助教，曾在该校生物标本供应处工作了三年。这三年既是心思沉静的三年，又是扎实积淀的三年。在这里，陆近仁在科研这片沃土里扎下了很深的根，不仅扩大了当时已具盛名的"东吴大学生物学材料服务处"的业务，而且大大提高了他的显微技术和科学绘图水平。外人也许看不到他的成长，

图 1-16　抗日战争时期陆近仁（右一）昆虫学组外出采集标本

但是当破土而出的那一天，便是厚积薄发的开始。有了这深厚的积淀，他能够比别人走得更远，攀登上别人不可企及的科学高峰。1934年，他远赴美国康奈尔大学深造，专攻鳞翅目昆虫。学成回国后，他先后在东吴大学生物学系、清华大学农业研究所、清华大学农学院等任教。

陆近仁热爱祖国，爱憎分明。1945年，在昆明西南联合大学任教时，他对当时国民党残酷镇压"一二·一"学生运动，杀害三名学生和一名中学教师的罪行非常不满，义愤填膺。他在声讨国民党政府迫害学生的教授联合声明上签字，还偕同夫人到被害四烈士的灵堂吊唁并慷慨解囊捐献。1946年，他被国民党政府为选议员，在清华大礼堂设立投票站，有人对他进行游说，却被严正拒绝。解放前夕，清华大学学生罢课，教师罢教，陆近仁态度明朗，坚决支持师生们的抗议行动，支持他在清华大学外语系任助教的女儿不去学校。中国人民解放军南下时，他毅然支持小儿子参军，并鼓励其参加抗美援朝、保家卫国。在新的农业大学成立时，他留下来出任教

务长等职。

在昆虫形态学和鳞翅目幼虫分类学领域，陆近仁可以说是中国的开拓者和奠基人。在昆虫形态学研究中，他强调形态与功能的统一。早在 20 世纪 30 年代战火纷飞的年代，他亲自饲养蝶蛾幼虫，进行观察研究和分类描述。他所发表的论文，至今仍是高校昆虫学专业的重要教材，亦是研究昆虫形态、生物仿生学的重要参考资料。

（八）土壤科学的开拓者

1985 年盛夏的一天，骄阳似火，热辣辣的太阳炙烤着大地，在北京前往郊区南口山地的一条崎岖小路上，有一支前行的队伍。走在最前面的是一位满头银发的老者。他们不是旅游者、探险者，而是北京农业大学正在进行土壤和地貌课实际考察的研究生们。他们对这节课永生难忘，因为此时这个老师已是 77 岁高龄。这位受到研究生们尊敬和爱戴的导师，就是著名的土壤学和土壤地理学家李连捷。

李连捷（1908—1992 年）出身于河北省玉田县。幼年时期他边学习边参加家务和农事劳动，这使他从小受到艰苦朴素生活的熏陶。虽然家境贫寒，但他勤奋好学。1923 年，他告别家乡只身到北平汇文中学求学。1927 年，进入山东齐鲁大学医学院预科，后转入北平燕京大学理学院生物系学习，后改读地学系。1940 年，李连捷获中华文化基金奖，并前往美国田纳西大学农学院攻读硕士学位，后又进入伊利诺伊州立大学农学院攻读博士学位。1945 年，他谢绝了美国朋友的真诚挽留，毅然踏上归国的旅程。

回到祖国后，李连捷被聘为中央地质调查所研究员，与侯光炯等人共同发起成立中国土壤学会，并当选为第一届理事会理事长。1947 年，他应聘为北京大学农学院教授，与陈华癸创立了中国第一个土壤肥料学系。新中国的诞生给受尽苦难的人民带来了春天，也同样给李连捷带来了施展才华的机会。为了新中国的建设和发展，他东奔西走、南征北战，经常风餐露宿，可谓是踏遍青山，求索自然。

1951 年 5 月，《中央人民政府和西藏地方政府关于和平解放西藏办法的协议》签订，彻底粉碎了外国势力分裂中国西藏的阴谋。为了帮助西藏地区发展政治、经济和文化建设，政务院（国务院的前身）中央文化教育委员会组织了西藏工作队，对"世界屋脊"的自然条件和资源开展考察。1951

年分5组进藏，其中第1组为农业科学组，包括土壤、气象、植物、牧草、森林和水利等专业的9位专家，由李连捷带队。其间因交通问题而中间返京一次。第2次扩大为12人，并携带书籍、种子和器材于1952年6月进藏。他们沿途收集了西藏高原的自然条件资料，并对农、林、牧业的资源和生产状况进行了初步的系统考察，协助拉萨建立高原农业试验站。在进藏两年半时间内，他们考察了西藏的主要农区和牧区，收集了500多件土壤标本，2000多号植物标本，测绘了部分地区的地形图，写出了各专业报告及西藏高原的自然

图1-17　到西藏地区考察的李连捷

区划等论文，是新中国成立后最早提出的科学报告，为西藏地区早期的开发和建设提供了有价值的科学资料。

根据国务院指示精神，1956年组织了新疆综合考察队，由李连捷担任队长。考察队有地理、地貌、植物、土壤、水文、水文地质、牧草、动物、昆虫和经济地理等10个专业组，120多人参加。当时的交通工具是上山骑马、平原乘车。他们翻雪山、穿沙漠、走戈壁、风餐露宿，从阿尔泰山、准噶尔平原和天山北段、吐哈盆地和天山南坡到塔里木盆地和昆仑山地区，进行了为时4年的考察。到1960年，考察队进行了各专业的总结和专业图件的编绘，完成了新疆地区的考察报告和各有关专业的专题汇总。

半个多世纪以来，李连捷步履匆匆，风尘仆仆，从北到南，从东到西，看遍山川河流，走遍高原盆地，行程30万公里，祖国的大好河山处处留下了他的足迹。对他而言，祖国的土地就是一本永远看不完、读不完的书。他把自己毕生的精力献给了祖国土壤学科的建立和发展、献给了祖国、献

给了人民、献给了党的教育和科学事业。

（九）在农药学发展中勇拔头筹

昆虫在地球上已经存在3亿多年了，比恐龙还要古老，它是所有生物中种类及数量最多、最繁盛的动物。昆虫的分布面极广，几乎遍布地球，甚至在"世界屋脊"上，也有昆虫的存在。有些昆虫对人类有益，但有些昆虫是有害生物。为了消灭害虫，早在公元前7至前5世纪，先民就用莽草等植物防治害虫，是世界利用植物源农药最早的国家。进入工业社会以来，人们开始使用农药的方法从虫子的嘴里抢救粮食、抢救棉花。到20世纪50年代初，有机氯农药的相继投产，标志着现代农药工业发展的开始。由于当时国内农药工业处于起始阶段，生产能力低，品种单一，而且在计划经济体制下，农药常被列为战略物资，根本无法满足农业防治病虫草害的需求。为了解决这个困境，黄瑞纶开展了长期而艰苦的工作。

黄瑞纶（1903—1975年）出生于河北任丘。旧中国终年不得温饱的贫困生活，在他幼小的心灵里留下了深刻的印象。他常想，长大了，一定要

图1-18　中国农业大学校园内的黄瑞纶铜像

为国家、为农民做点事情，要改变这种落后面貌。1930年，他赴美国康奈尔大学理学院化学系深造，专攻农业化学和有机化学，对杀虫、杀菌药剂进行专门研究。1933年，他获得博士学位。异国的和平安定环境却常常使他想起战火纷飞灾难深重的祖国，那曾经养育过他的土地正饱受日本军国主义铁蹄的蹂躏，自己的同胞正在水深火热之中痛苦地呻吟，正在流血和顽强地斗争。每当想到这些，他就热血沸腾，耳边仿佛听到祖国母亲对儿女的呼唤，他的心再也不能平静。1933年，他谢绝了美国朋友的真诚挽留，毅然踏上了归国的旅途。

回到祖国怀抱，黄瑞纶先后在浙江大学农学院、广西农事试验场、广西大学理工学院等处工作。抗日战争胜利后，他应北京大学农学院俞大绂的邀请，于1946年出任农业化学系主任。1949年新的农业大学成立，他担任教授兼土壤农业化学系（初为农业化学系）主任。1952年，在他与国内农业、化学、教育界有识之士的共同呼吁下，经农业部和教育部批准，在北京农业大学设置了全国唯一的农药学专业，旨在培养农药学人才。黄瑞纶亲临教学第一线，认真备课，并编写《杀虫药剂学》一书。这本书是中国农药科学领域第一部具有重大影响的专著，不仅给农药专业的教学提供了基本教材，而且对科研起了很大的推动作用。正如他在该书《序》中所写："我在解放以后就想写一本关于杀虫剂的书，但是始终不敢下笔，两年以来，因为教学上的需要，我国杀虫药剂事业的迅速发展和朋友们对我的鼓励，大大地增加了我的勇气，整理了手边的材料，写成了这本书。"1959年，他又与赵善欢、方中达合著《植物化学保护》一书，成为新中国第一部关于植物化学保护方面的教材。

黄瑞纶在中国农药发展史上所起的关键作用，为农药科学领域所公认和称颂。新中国成立之初，华北地区棉蚜危害严重。他就地取材，倡导用鸡蛋棉油乳剂，对当时山东、河北等棉区的生产发挥了重要的作用。20世纪60年代，国内六六六的产量难以满足农业的需要，他提出有机磷与六六六混配的理念，研制了甲（基对硫磷）六（六六）粉剂，缓解了国内六六六产量不够的困境，也解决了螟虫对六六六抗药性问题。与此同时，因饰腹寄生蝇的危害，辽宁省柞蚕业濒临毁灭性打击。1962年开始，黄瑞纶开始主持柞蚕药剂防治的研究项目。4年后，他筛选到的灭蚕蝇3号（即蝇毒磷）大面积试验成功后，进入实用阶段。灭蚕蝇3号的成功，不仅使辽宁柞蚕业得以复苏，也是利用内吸药剂将寄生蝇幼虫杀死于柞蚕体内的首例。

过去的岁月，黄瑞纶为我国的农药科学事业付出了巨大的劳动，费尽了心血。他多次解决了农药、植物保护中的重大难题，推动填补了中国农药合成工业空白。他是名副其实的农业化学家、农用药剂学家、化学教育家，中国农药学科的创始人之一，中国植物性杀虫药剂化学研究的奠基人之一，为中国高等农业教育的振兴，为中国农药事业的创立和发展，作出了卓越贡献，奉献了毕生精力。

（十）显微镜下的植物生理学学科

含羞草，多么美丽的名字。宛如少女娇媚的目光和一颗羞怯的心。为什么你稍稍触动含羞草的叶梢，它就很快卷了起来呢？在人类的各种社会实践中，也许没有比探索未解之谜更令人迷醉的了。在70多年的人生旅途中，娄成后与含羞草等植物结下了不解之缘。

娄成后（1911—2009年）出生于辛亥革命爆发后。他的祖父是清末著名的"绍兴师爷"娄春蕃，外祖父为民国时期著名的教育家、实业家卢木斋。早年历经北洋军阀混战，列强任意纵横，使他切身感到国家濒危的处境。1923年至1928年，他在北京育英中学及天津扶轮中学读中学，读完高中二年级即考取南开大学，次年转入北平清华大学生物学系学习，受教于我国早期植物生理学家李继侗门下。于是，他选择植物生理学为他的科学研究方向。自进入南开大学、清华大学后，他对达尔文的进化论和巴甫洛夫的条件反射学说产生浓厚兴趣，认真阅读了达尔文的有关植物感应性和植物运动的名著，立志研究中国的肉食植物。1934—1939年，他远赴美国明尼苏达大学攻读博士学位，完成了《含羞草膨压运动及动作电位的研究》的博士论文，在敏感植物电生理与生物钟的研究领域深耕厚植收获颇丰。

1939年他从美国绕道越南回国后，受聘于清华大学农业研究所。然而，腐败的国民党政府对科学家的呼吁置之不理，在战火纷飞的祖国大地上没有一块让他施展抱负的沃土。1946年，当娄成后为科研计划停滞不前而苦闷的时候，他接到中英文化交流委员会的邀请，聘他以教授身份到伦敦大学从事为期两年的研究工作。进修期间，他在国际上首次发现和论证了植物细胞间的"电耦联"现象，显示胞间连丝是电波传递与电解质转移的最有效通道。此项成果是国际植物生理学研究中的一项重大突破，比动物细胞间电耦联导致的"缝隙连接"学说的发现领先了 10 年。

1948 年冬，全国解放前夕，娄成后毅然放弃国外的优裕生活条件，偕家眷回到祖国。在清华大学的实验室里，他迎来了祖国的新生。此后，他担任了北京农业大学植物生理学教研室主任，开始了为新中国农业育才的崭新征程。在那些日子里，他全力以赴地投入到研究中。有时中午也不回寝室休息，在实验室里一边看书，一边吃饭，累了就在办公桌上趴一会儿。在科学的春天里，娄成后全力以赴地投入到植物王国探索中。他将基

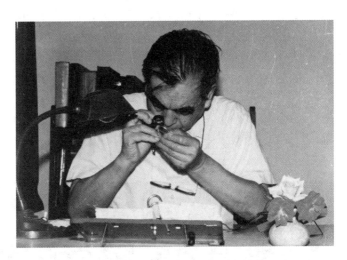

图 1-19　专心做实验的娄成后

础研究成果应用于生产，在化学除草、蔬菜贮藏保鲜、农田覆盖免耕、旱区农业、育苗移栽等方面提出许多独到的见解。同时，他将生长调节剂试用于北方城市蔬菜供应，在华北水稻农场推广化学除草的土壤处理和飞机喷洒，参加新型除草剂在粮、棉田的推广应用，为新中国农业发展作出重大贡献。

娄成后的研究成果，以令人信服的证据动摇了植物体内有机物运输的国际公认理论，得到了美国、联邦德国、澳大利亚以及苏联等国著名植物生理学家的支持。娄成后孜孜从事的是一项伟大的科学基础工程，他在人们肉眼看不到的微观世界里发现了千门万户，在人们面前展开了一幅神话般的美妙图画。他的研究对发展生物学、植物学、应用化学等许多门类的农业科学，起到了难以估量的深远影响。

（十一）兽医行业的"黄埔军校"

熊大仕（1900—1987年）在显微镜下为探索畜禽寄生虫的奥秘，辛勤耕耘50多个春秋。这半个世纪，他写出了50多篇论文，发现了寄生虫的15个新种，在国际寄生虫学界享有崇高声誉。

熊大仕1914年就读于江西南昌中学，后以优异成绩被选送到清华学校留美预备班学习。1923年，他赴美国艾奥瓦州立大学兽医学院和理学院深造，先后获得了两个博士学位、一个硕士学位。1930年，熊大仕学成回国，先后在南开大学生物学系、中央大学农学院畜牧兽医系、北京大学农学院兽医系任教。抗日战争期间，他不顾路途艰险，奔波于四川、甘肃等地开办讲习班，为西部地区培养了一批兽医寄生虫学和从事寄生虫病防治的专业人员。这些人员中，有的后来成为国际上知名的学者，有的成为中国兽医，特别是兽医寄生虫学研究界的骨干。

图1-20　1927年，熊大仕（第二排右一）在俄亥俄州立大学获兽医专业毕业时照片

北京农业大学成立后，熊大仕以饱满的工作热情投身教学科研工作，致力于马属动物寄生线虫、反刍动物寄生线虫、猪肾虫、鸡球虫等方面的研究。在他心中，现代兽医科学不仅要研究和防治畜禽病，促进畜牧业发展，给人民生活提供充足的乳、肉、蛋，还要研究人畜共患病和乳、肉、蛋的卫生检验等，以保障人民的身体健康。从20世纪50年代起，他主持了中国马属动物的圆线虫区系分类及地理分布的研究，从研究设计、确定研究方法、虫体鉴定、论文审阅等重要研究环节，他都亲自参加。历经20余

年的努力，他对国内 20 个省、自治区、直辖市的 3 万多条虫体标本进行了研究，逐个观察测量、绘图、鉴定等，提供了最为完整的分类资料。与此同时，他时刻关怀着中国兽医学教育事业的建设和发展，于 1986 年将自己的 1.1 万元积蓄慷慨捐献给学校，用于发展兽医教育事业。同年，学校将这笔捐款设为熊大仕奖学金，用于奖励有志于兽医事业且品学兼优的学生。

1949 年，曾经饱受列强欺压的劳动人民，在中国共产党的领导下，迎来了新中国的成立。1949 年的北京，给人一种亲切的感觉，在这种暖暖的感觉中，我们仿佛看到戴芳澜、俞大绂、汤佩松、林传光、沈其益、周明牂、陆近仁、李连捷、黄瑞纶、娄成后、熊大仕这些大师们正朝我们款款走来，眼神中充满着对科学的热爱与对这个世界的期待。他们是农大的宝贵财富，也是中国农业高等教育的宝贵财富。作为农大人，在这名师荟萃的优美校园里，你是否感到骄傲和自豪呢？让我们铭记与感恩这些在过去的时光里为中国农大、为中国农业、为伟大祖国作出不朽贡献的农大先辈们。

第三节　为着新中国和人民利益奋勇"亮剑"

在新中国诞生前夕，毛泽东同志为新华社写的 1949 年新年献词指出："几千年以来的封建压迫，一百年以来的帝国主义压迫，将在我们的奋斗中彻底地推翻掉。"然而，面对国民党统治造成的千疮百孔的烂摊子，面对错综复杂的国内形势与国际环境，中国人民还需要将革命进行到底。作为人民的农大，农大人敢于为了新中国和人民利益而"亮剑"，在各种伟大斗争和攻坚克难的拼搏中，展现"国之重器、国之利器"的责任担当。如今 70 年过去了，人们依然清晰地记得历史上那一次次"亮剑"的故事。

一、"一字长蛇"话兽医

中兽医学是祖国传统医学的一个分支，它有着悠久的历史。数千年来，中兽医学理论一直有效地指导着兽医临床实践，并在实践中不断得到补充与发展，为畜牧业生产作出了巨大贡献。然而从鸦片战争到解放前，传统兽医学遭到了重重阻碍，遭受到严重摧残。鸦片战争后，由于西方兽医学的渐入，传统兽医学被称为"医方小道"，甚至出现了"故无入学兽医久矣"的困境。进入20世纪，一些大专院校中又设立了一些科系和专门学校，其中就有1914年国立北京农业专门学校设置的畜牧兽医科。只可惜，在旧社会的历史条件下，兽医事业难有大的发展。

很长一段时间，政府极力推崇西兽医学而压制中兽医学发展，而中国共产党在其领导的根据地积极倡导中西兽医结合。1928年，毛泽东在《井冈山的斗争》文中首次提出了"用中西两法治疗"发展思路。1944年，他又在《文化工作中的统一战线》中进一步指出："不联合边区现有一千多个旧医和旧式兽医，并帮助他们进步，那就是实际上帮助巫神，实际上忍心看着大批人畜的死亡。"中国共产党于是在延安自然科学院生物系（农业系）的基础上，在太行山长治兴办起了北方大学，所属农学院设有畜牧兽医系，旨在解决边区农业生产畜力缺乏与满足战事骑兵和炮兵对畜力的需要。北方大学农学院坚持把发展兽医事业作为重中之重，一方面设立兽医专修科（班），另一方面创建兽医院，人员规模一度达400多人，成为解放区兽医事业的利剑。1947年6月，北方大学农学院建立第一所兽医院，一面为群众诊治畜病，一面招收学员培养兽医人员。尤其值得注意的是，他们聘请夏县著名兽医高国景、阎占川、李恩祥等为兽医院大夫，邀请美籍友人韩丁、阳早到校讲学，传授家畜人工授精等先进技术。

对于中国共产党在根据地颇具创意与很有成效的兽医工作，美国《兽医针疗》曾有这样的评价："在1947年3月建立了北方大学农学院，该院兽医部门曾专门进行了发展中兽医的工作，这是现代中兽医学在中国的开端。"日本学者笹崎龙雄所著《中国的畜牧》也有这样的记述："1947年解放区建立了北方大学农学院，朱德总司令指示该农学院要学习和研究中兽医学术……中兽医被列入大学正式课程。农学院还成立了教学、生产、科学研究三结合的兽医院。中西兽医相互协作，共同研究提高，还采集中草药（汉药）达300多种，对解放区和支援解放战争作出了很大贡献。"中国共产党的工作成效，引起了国内外学者的重视，并给予了很高的评价。

在解放战争的关键时期，农大师生们尽锐出战、迎难而上，亮出兽医专业的家底。在1947年至1949年短短两个春秋的时间里，在华北大地摆设了"一字长蛇"的阵势。据记载，在长治、潞城、襄垣、黎城、涉县、武安、邯郸、临洺关、邢台、内邱、高邑、石家庄、定县、保定及北京城郊这1500余里沿途城镇上，一口气开办30余所兽医工作站。这些兽医工作站为解放军参战牲畜等门诊治疗约100万头次，防疫注射约200万头次。师生们肩挑人抬，采药制药，巡回医疗，防疫注射，每天工作十几个小时，没有加班费，也没有饭票补助、劳保用品，任劳任怨，无私奉献。

新中国成立后，华北大学农学院、北京大学农学院、清华大学农学院合并组建北京农业大学，各学校的畜牧兽医系也合并成为畜牧学系和兽医学系。1950年6

图1-21 抗美援朝的志愿兽医队合影

月25日，朝鲜战争爆发。1951年11月26日，北京市医药卫生界抗美援朝联合委员会致函农大："本会依据前方需要组织抗美援朝志愿兽医队去工作，必需三四十人，拟请贵校发动教员与学生参加。"12月5日，中央人民政府教育部函北京市医药卫生界抗美援朝联合会，同意北京农业大学发动群众参加志愿兽医队。为了保家卫国，为了捍卫刚刚建立的新政权，农大兽医系师生们踊跃报名，再度奋勇"亮剑"。12月7日，最终确认农大48人（教师12人，学生35人，工人1人）作为主力参加了"北京市志愿兽医队"，与农业部、兄弟单位的兽医人员等6人，共计54人，于1952年3月赴朝鲜战场。历时5个月，到1952年9月，农大兽医勇士们胜利完成任务回到学校。当时，孙晓村校长和农大各团体代表百余人到车站欢迎他们凯旋。在抗美援朝中，农大人以自己的特色奉献支援志愿军。在国家危难、民族危难的时刻，农大人会挺身而出。

二、用科技唤醒西藏这块沉睡的土地

这里，有最壮观的山川河流；这里，有最多彩的民族文化；这里，有最浓厚的宗教情怀；这里，有最朴实的藏区百姓。西藏自古以来就是中国领土不可分割的一部分。回顾新中国70年发展历程，解放西藏和建设西藏，成为中国历史上的重大事件。

1948年秋，解放战争进入夺取全国胜利的决定性阶段。鉴于西方势力加紧策划"西藏独立"的图谋，党中央、毛泽东主席立即作出进军西藏、经营西藏的战略决策。农大老一辈的校友任乃强，当时已是著名历史地理学家、民族学家、民族史学家。他根据多年来所掌握的资料，提出4条进军西藏的路线，强调尊重藏族的风俗习惯、保护寺庙、团结僧侣的原则，这些建议受到贺龙司令员的频频称赞。按照贺龙的要求，任乃强立即投入到工作中。经过20多个昼夜辛劳，他顺利完成了地形图的绘制。为此，贺龙特意安排肩负进军西藏任务的张国华军长代表第二野战军宴请任乃强，进一步探讨相关问题，这已经成为一段人们喜闻乐道的历史佳话。为了增强民族团结，不增加西藏人民的负担，解决进军部队的粮食补给问题，毛泽东主席提出进军西藏，"不吃地方"，"一面进军，一面建设"的方针。

1951年，西藏重新回到母亲的怀抱。为了建设西藏，中央委托政务院文化教育委员会筹办和派遣一支科学工作考察队进藏。当组织上征求他的意见时，李连捷毫不犹豫地说："只要国家需要，我就去。"组织上让李连捷考虑几天再决定，然而他说："用不着考虑几天，几分钟也不用。"就这样，李连捷参加了西藏工作队。由此，一支包括地质地理、农业气象、社会历史、语言文艺和医药卫生等5个组的综合科学考察队，随十八军进藏，其中由农大的李连捷负责西藏工作队农业科学组的工作。

在异常艰苦的条件下，李连捷考察了西藏的主要农区和东部的主要牧区，采集了500多个土壤标本、2000多号植物标本、800多个作物蔬菜地方品种种子与标本、100多个畜产标本，摄制照片约6000张、电影胶片900尺，测绘相关地形图40幅。他在高海拔的藏区试种的多种作物、牧草和蔬菜，都取得了成功。其中，黑麦亩产达400公斤。当年，"世界屋脊"上首次结出了西瓜，内地的冬小麦、圆白菜、大白菜、萝卜等也在高原上扎下了根，特别是牧草的引种尤其受到藏族同胞的欢迎。虽然这次考察工作于1954年结束了，但李连捷和他的同事们用智慧和汗水浸润雪域高原，打开了高原农牧业科技的大门，为新中国西藏建设书写了浓墨重彩的一笔。

贾慎修作为西藏工作队农业科学组的成员，从1951年秋至1953年5月时间里，靠骑马、步行相继考察了藏北索县、那曲，拉萨、林芝、波密、昌都以及青海省东南部玉树和川西邓柯、甘孜等地的天然草地和植被。他翻山越岭、风餐露宿，详细记述了考察沿线不同环境下的草地植物分布状况和主要的草地类型。他对藏北广泛分布的细短莎草类草地（即高山嵩草草地）和粗高嵩草草地（即藏北嵩草草地）的分布、面积比、产草量比较、草质、营养评价及利用等方面的记述更为详细而深入。这些调查研究给后人留下宝贵的第一手科学资料，在西藏草地植被和草地资源研究领域具有开创性和奠基意义。

从20世纪60年代开始，在援藏事业中，有一支备受赞誉的农大人的"铁军"，他们深入西藏进行挂职帮扶与科技推广服务，已成为践行"解民生之多艰，育天下之英才"校训的生动写照。其中，农学系61届毕业生、援藏干部唐伯让，是1965年作为有工作经验的农业技术干部被选调支援西藏的。他和西藏农科所的同事们不但教会了藏族群众进行科学化种田，还当起了医生、教师，教群众读书习字，学生里有人从一字不识的文盲成长为西藏的政协委员。他牢记组织的重托，在西藏一干就是近20年时间，无怨无悔，无私奉献。他常念叨的一句话就是："农大人永远向前。"

三、在病菌特殊战线的较量

病菌虽小，然而关系国家安危与民众健康，特别是第二次世界大战时期，日本、德国法西斯丧心病狂地进行"细菌战"，使得人们对细菌、病毒等微生物谈虎色变。

抗战胜利后，植物病理学家俞大绂被聘为国立北京大学农学院院长，他很有远见地坚持开设植物病理系。但是，旧政府的教育部门以经费短缺为由不予支持。俞大绂硬是顶着压力，把植物病理这个特殊重要领域的教学科研与人才培养建立起来。至新中国成立后，农大的植物病理学领域已是人才济济。这其中就有裴维藩。他早年受教于戴芳澜和俞大绂，成长为知名的植物病理学家、植物病毒学家、菌物学家、农业教育家。

在新中国成立伊始，农大就曾在病菌特殊战线为国家铸就"国之利器"。1950 年 6 月 25 日凌晨，朝鲜半岛的北纬 38 度线（简称"三八线"）附近，枪声大作，朝鲜内战爆发了。7 月 7 日，美国操纵联合国安理会授权组建"联合国军"，干预朝鲜内战。仁川登陆后，美国空军又不断侵犯东北领空。中国政府多次提出严正警告，美国置之不理。10 月 19 日，应朝鲜民主主义人民共和国政府的请求，首批中国人民志愿军奔赴朝鲜战场，和朝鲜人民并肩抗击美国的侵略。在国内，全国人民也兴起了轰轰烈烈的抗美援朝运动。全校师生员工以实际行动支援志愿军和朝鲜人民的抗美斗争，进行捐献、慰问、宣传，并有 248 名学生踊跃报名参加军干校，先后两批学生共 78 名同学被批准参加。与此同时，在病菌特殊战线的较量也静悄悄地开始了。

正值朝鲜战争进入胶着之际，中国人民志愿军在朝鲜北部和中国东北地区发现大量美军飞机撒布的带有鼠疫、霍乱、伤寒和其他传染病的动物和昆虫。最早发现美军投掷细菌弹的是志愿军第 42 军。1952 年 1 月 27 日夜间，美国飞机在该军阵地上空低飞盘旋，却没有像往常一样俯冲投弹。次日早晨，第 375 团首先在驻地上发现苍蝇、跳蚤和蜘蛛等昆虫。随后，该团在外远地、龙沼洞、龙水洞等地也发现了大批昆虫，形似虱子、黑蝇或蜘蛛，但又不完全相似，散布面积约 6 平方公里，当地居民都不认识此虫。经防疫专家过化验后，认为这些昆虫携带霍乱、伤寒、鼠疫、回归热四种病菌可能性为大。2 月 17 日，中朝军队联合司令部下达防止敌人投放细菌的指示。

美国侵略军公然违背国际公约，企图以"细菌战"从根本上削弱中朝军民的战斗力。2 月 24 日，周恩来代表中国政府发表声明："中国人民将和全世界人民一道，为制止美国政府这一疯狂罪行而坚决斗争到底。"新华社、中央人民广播电台和《人民日报》等新闻媒体也连续发表消息、社论与评论，揭露美军在朝鲜战场撒播细菌毒虫的情况。同日，抗美援朝总会主席郭沫若发表声明，号召全国人民动员起来，坚决声讨并制止美军撒布细菌罪行。为了战胜美国的细菌武器，中朝两国人民紧急动员起来，开展防疫工作，动员一切可能的人力、物力、药力扑灭带菌毒虫。裴维藩义无反顾地全身心投入这个特殊战场。他被分派到农业微生物组，负责分析从朝鲜战场和东北地区收集的病菌生物材料，对病菌进行分离研究、甄别鉴定，严肃认真、精益求精，搜集保存美国使用细菌战的确凿证据，并在《中国农业科学》发表题为"揭穿美帝的农业生物战阴谋"的文章，为应对和抵制细菌战建言献策。

在周恩来总理的直接领导下，裴维藩参加了1952年11月维也纳召开的"国际和平大会"。会议期间，负责解答外国记者参观反细菌战展览时提出的疑问。世界和平理事会主席约里奥·居里号召人们反对美国在朝鲜与中国使用细菌武器，科学家站到为争取禁止大规模毁灭武器而斗争的人民的最前列。通过这些活动，充分展示了中国揭发细菌战的科学水平和技术能力，有力地宣传正义、保卫和平。美国的细菌战激起了全世界的极大公愤，使美国完全陷于世界人民的声讨、审判的被告地位。4月28日，"细菌将军"马修·邦克·李奇微下台，由上将克拉克接任"联合国军总司令"。美国的"细菌战"彻底失败。

通过这场反"细菌战"的斗争，全国各地群众也提高了对有害生物与病菌的认知，增强了维护公共卫生、防疫及安全意识。通过这一场较量，新中国在病菌特殊战线的技术力量得到了世界认可，使得西方国家反动势力无法在病菌方面欺我中华，同时也树起了一面维护世界和平的旗帜。1953年3月，为了表彰裴维藩在反细菌战工作中的贡献，国务院授予他"爱国卫生运动劳动模范"奖章和奖状。1972年裴维藩受农业部委派，作为中国的首席代表，对从美国进口小麦带小麦矮腥黑穗病问题进行了交涉。小麦矮腥黑穗病菌是危险的检疫性有害生物，一旦传入将难以根除。他以渊博的知识、翔实的实验数据和科学资料，证实了美国小麦带有病菌。这次胜利，保护了国家的利益，维护了中国植物检疫的声誉，赢得了人们的尊敬。

四、剑指荒漠培养林业尖兵

"花篮的花儿香，听我来唱一唱。来到了南泥湾，南泥湾好地方……"，这首传遍中国大江南北的歌曲《南泥湾》，成为抗日战争时期中国人民开展大生产运动的见证。1941年春天，八路军一二〇师三五九旅旅长王震率领战士们开进延安城东南的南泥湾，开始在这里实行军垦屯田。短短三年之后，"到处是庄稼，遍地是牛羊"的陕北好江南诞生了。那么，是谁建议中央开发南泥湾呢？答案是农大人。

在新中国的版图上，那些由于植被贫乏、水土流失造成的荒漠大地，亟待播绿成林，恢复生态。中国农大在100多年办学中，始终有那么一股剑指荒漠的豪情，潜心为国培养林业尖兵。早在20世纪20年代，农大学生就曾深入地开展各地森林状况调查，研究中国林业发展之道。只不过旧社会军阀混战，民不聊生，农大林业教育无奈流于纸上谈兵，林业之于国计民生的价值如镜中之花，水中之月。

图 1-22　延安自然科学院的学员在做试验

与之形成鲜明对比的，中国共产党在陕甘宁边区时期，就把森林和生态建设摆在重要位置，为着未来新中国的林业发展储备力量。作为农大前身之一的延安自然科学院生物系师生也大有作为。1940年4月14日，边区政府派出生物系师生6人组成的边区森林考察团，乐天宇任考察团团长。他们由延安出发，沿桥山、横山山脉，经甘泉、延安、富县、安塞、延长、延川等15个县，徒步沿途实地考察了植物生态、植物资源、水土状况、垦殖条件，并采集了大量植物标本。47天考察期，他们了解了南泥湾、槐树庄、金盆湾一带的植物资源和自然条件，并收集重要植物标本 2000 余件，提出了《陕甘宁边区森林考察报告》。在《报告》中详细阐述了边区森林资源和可垦荒地的情况，提出了开垦南泥湾，以增产粮食的建议。报告还对陕甘宁边区农业环境作了精辟的分析。这引起了党中央的高度重视。李富春同志于 8 月 22 日作了重要批示："凡关心边区的人们不可不看的报告，已成为凡注意边区建设事业的人们不可不依据的材料，边区林务局的建立统筹林务是迫不及待的工作。"不久，朱德派邓洁会见乐天宇，专门了解南泥湾详细情况，并要他分别向毛泽东和朱德当面汇报。汇报中，他提出开垦南泥湾的建议，并三次陪同朱德视察南泥湾。最后，朱德决心调一二〇师三五九旅进驻南泥湾，一面垦荒种粮，一面进行军训。边区政府建议厅也在南泥湾设置垦殖办事处，组织各单位前往开荒，成为当时陕甘宁边区轰轰烈烈开展大生产运动的基地。

当南泥湾热火朝天开发起来后，人们很少见到乐天宇的身影，也很少有人知道乐天宇的名字。1941 年春，乐天宇经边区政府任命担任延安自然科学院生物系主任、建设厅林务局局长。他在南泥湾成立了新中国大农场，在改良品种，推广种棉花、水稻，种桑养蚕，防治病虫害，发展耕牛，扑灭牛瘟等一系列农业、畜牧业基础科学上，都取得了丰硕成果，有力地推动了边区的大生产运动。

新中国成立后，刚刚合并而成的北京农业大学将森林学系作为 11 个系之一，予以重点建设与发展。当然，根据国家建设需要，后来森林学系独立了出去，成立了北京林学院，孕育了新中国第一批林业高等院校。农大森林学系虽然开办时间不长，却以其传承有序的学科专业，为国家林业战线提供了重要的人才与技术支持。

梁希早期留学日本、德国，是农大林学系的创始人之一，林学教育和林业事业的奠基者与开拓者之一，曾出任新中国第一任林垦部部长。在任期间，梁希把森林的作用提到很高的地位，提出"彻底消灭荒山，绿化新中国""有森林才有水利，有水利才有农田"的口号，号召人民积极地植树造林。农大森林系 1953 届毕业生李文华，1954 届毕业生沈国舫、朱之悌，后来都当选为中国工程院院士，成长为著名林学家、森林遗传育种家。农大林学专业的老校友张启恩，自新中国成立后在林业部造林司从事技术工作。1962 年，在塞罕坝机械林场建场之初，张启恩放弃北京舒适的生活和工作环境，受命来到塞罕坝出任第一任技术副场长。当时的塞罕坝生产条件异常恶劣，他和战友们以战天斗地的豪情投入荒漠造林，顽强地开展造林技术攻关。凭着扎实的专业基础和坚强意志，他们从荒漠中仅存的一棵落叶松入手，反复研究论证得出了塞罕坝地区适合栽培落叶松的初步结论。怀着让祖国大地绿起来的梦想，他们顶风冒雪实验摸索出了一套适合高寒坝上的育苗造林技术。昔日的不毛之地，如今长满了落叶松、樟子松，从最初每年造林 300 亩，发展到现在每年造林 7 万亩，使塞罕坝这片荒漠之地变为林海碧波，谱写了动人的"塞罕坝精神"。

1951 年以后，农大森林系师生还南下广东、广西参加橡胶宜林地的调查，为发展橡胶林事业奠定了基础。其中，乐天宇被誉为林业战线的一棵劲松。他在农大读林业学时，常以"黄河流碧水，赤地变青山"等诗句自勉。1953 年，为发展橡胶生产，乐天宇参加华南热带作物研究所的筹建任务。他为在海南岛开发种植橡胶，踏遍全岛的山山水水，收集数百种植物标本，系统研究橡胶的生长发育规律，提出在开垦种植橡胶的同时，要保护森林资源，营造防护林带和提高橡胶产量的综合治理方案，为发展国内橡胶生产，作出了开拓性贡献。1962 年秋，乐天宇回到故乡九嶷山区进行科学考察，特地截取了九嶷山绝世稀宝斑竹送给毛泽东，并且写了一首诗。毛泽东写下了歌咏九嶷山的壮丽诗篇《七律·答友人》予以回赠。后来，他当选为中国林学会副理事长，把一生献给了山林。

五、千年蝗灾思"良药"

蝗灾是古代经常出现的灾害，在从春秋战国至清末的 2600 年间，中国共发生有记载的蝗灾 538 次，等于平均每五年就有一次蝗灾。1943 年，河南在特大旱灾之后又发生了罕见的蝗灾，受灾范围之广、涉及县份之多、农业损失之巨、时间持续之长都是空前的。据老人们回忆说，"当时蝗虫之多，遮天蔽日，蝗虫飞过来，简直像天阴了一样，太阳也看不见了，大的蝗群方圆几里，一落地，顷刻间就把几亩、几十亩甚至几百亩农作物吃得一干二净。蝗虫所到之处，寸草不留。"在那个"以农为本"的时代，这样铺天盖地的破坏景象，就是百姓的锥心灾难！面对蝗灾，人们最急迫的就

是有效的农药即"良药"。

1874年，德国 Zeidler 合成了滴滴涕（仅为有机化学制备理论的研究），1936—1939年瑞士 Miller 发现其杀虫效能和使用价值，1945年 Ciiba-Geigy 公司实现了产业化。学术界一般把1945年作为世界现代农药的起点。然而，直到新中国成立，中国农药合成工业还是个空白，有机合成农药基本依靠进口。农民过着面朝黄土背朝天的艰苦岁月，农业靠天吃饭，完全没有抵御自然灾害的能力。在黄瑞纶的努力下，农大率先创建了中国第一个农药专业，改变了中国农药工业基础薄弱、加工和应用技术无人研究的局面。1956年，黄瑞纶在《科学通报》上发表了《农业药剂在我国农业生产中的重要性及其发展的趋势》一文，全面论述了农业药剂在生产中的重要地位，对于农药毒性、残留毒性对人身体健康的影响等方面提出了很多远见卓识。

从20世纪50年代开始，农大组织力量对农药"六六六"进行配制、加工、生产。所谓"六六六"，是六氯环己烷的简称，在国外于1945年起逐步得到应用，成为常用的杀虫剂。1951年起，中国自主研发的农药"六六六"进行投产。它的研制和生产标志着中国现代农药工业发展的序幕就此拉开了。紧接着，在天津农药厂建成投产了中国第一个有机磷杀虫剂——对硫磷生产装置。自"六六六"生产以来，生产量迅速增长，70年代最高年产量曾达到35万吨，加上滴滴涕年产量达2.5万吨左右，以及艾氏剂、狄氏剂、异艾氏剂、异狄氏剂、七氯、氯丹、毒杀芬等多种有机氯农药，年产能力和产量共达40万吨左右，这个时期，是有机氯农药发展的昌盛时期，有人称之为"有机氯时代"。然而到1964年，浙江省海盐县及附近的几个县出现了水稻螟虫对"六六六"的抗性，表现为药效差。农大又将研究方向集中于甲（乙）基"一六〇五"和"六六六"混合粉剂，即用甲六粉来替代单一的"六六六"粉剂。这一农药成果荣获1965年国家科学技术委员会奖。在防治水稻害虫方面，从20世纪60年代中期至80年代初期甲六粉一直作为中国最主要的农药品种，在农业生产上发挥了巨大作用。

从20世纪60年代开始，治理蝗灾主要凭借动力机械和飞机等形式，大量施撒六六六粉，每年治蝗面积达80多万公顷，真正实现了"千年荒洼变稻田，蝗虫老窝除干净"的凤愿。除了蝗灾，柞蚕寄生蝇也为严重危害之一。为了保护传统的柞蚕丝绸产业发展，1962年，农大师生组成化学防治小组。在科技攻关中，化学防治小组坚持自主创新，精准地研制出有效药剂"灭蚕蝇1号"。60年代中期，又进一步研制成功"灭蚕蝇3号"。试验证明，该药剂对蚕蛹、茧卵、丝质等均无不良影响，被誉农药界的"神药"。

在现代农药工业起步与发展的过程中，农大多次解决农药、植物保护、农药残留等重大难题，是新中国农药科技当之无愧的"利剑"。

六、没有硝烟的小麦保卫战

1950年，农业战线丰收在望，一种小麦条锈病（黄疸病）却在全国范围内大面积流行，麦田严重感染，呈现一片黄锈色，未老先衰。然而，在农大的小麦试验田里，却是青枝绿叶，"一尘"不染。

小麦锈病，俗称"黄疸病"，是影响小麦产量的头号病害。自古以来，"南螟""北蝗""西锈"在农业生物灾害防控工作中占有重要地位。新中国成立后，党中央、国务院一直十分重视小麦条锈病防控工作。其中，周恩来总理亲自领导小麦条锈病防治工作，要求农业部门像对付人类疾病一样来抓小麦条锈病防控工作，并点名要农大的蔡旭参加这项工作。重任在肩，经过深思熟虑，蔡旭提出防治锈病的措施。在他的积极推荐下，农大培育的抗锈品种"农大1号"（早洋麦）、"农大3号"（钱交麦）等先后在京郊、冀中、晋中南和渭北高原种植，成为北部冬小麦区推广的第一批抗锈丰产良种。20世纪50年代后期到60年代初期，经杂交育成的"农大183""农大36号"等"农字号"小麦良种在北部冬麦区大面积推广，有效控制了北部冬麦区条锈病的流行。此后，农大又进一步提出必须让全国各地农业科研机构协同作战、密切配合，使优良品种合理布局。农大将上千份原始材料及品种毫无保留地分成15份，送给15个省、市小麦产地的农业科学工作者，指导和帮助他们开展研究。蔡旭把自己培育的一些杂交第三代种子分别送给北京、河北等地的农业科研单位，从中选育出"北京5号""北京6号""石家庄407号""太原116号"等优良品种。据不完全统计，在中国推广的第二、三轮冬小麦品种中，约有数百个品种，其亲本均有"农字号"的血统。

燕山脚下，巍巍学府。近代以来，时局激荡，华夏大地图强渴盼栋梁。1905年，京师大学堂农科大学宣告奠立，为农业高等教育之肇始。在这漫长的百年岁月里，中国农大：

> 会聚群贤，陶铸群英，凝铸立德树人之魂；
> 栉风沐雨，砥砺求索，勇担农业发展之任；
> 经邦济农，不忘其根，谨遵庠序修学之道。

中国农大，秉承名山胜水之磅礴大气，经过一代代农大人的不懈努力，成为享誉海内外的著名学府。

中国农大的历史，是一部始终与国家、民族命运紧密相连的奋斗史，是一部团结一心、众志成城、攻坚克难的创业史。她诞生于中华民族内忧外患、风雨飘摇之时，成长于革命战争的严峻考验、建设道路的艰辛探索、改革开放的伟大实践，在中国近现代高等教育史和高等农业教育史上写下不可磨灭的绚丽篇章。

回望过去，中国农大始终与国家人民同呼吸共命运！

展望未来，中国农大以实现中华民族的伟大复兴为己任！

第二章　多龙共舞　促粮增产

《中庸》有云："博学之，审问之，慎思之，明辨之，笃行之。"这是儒家的治学之法。作为学者，要有广博的知识，要详细询问，要慎重思考，要明白辨别，要切实力行。新中国成立后，农大涌现出了一大批"博学，审问，慎思，明辨，笃行"的优秀知识分子。这些农大优秀知识分子穷根究底、睿思敏行、抛家舍业，以国家重大需求为目标，通过源源不断的农业科研创新，促进了国家农产品产量增加，从"育好种，严防病，促丰收"，逐步解决了人民群众"吃得饱"问题。今天，让我们一起走近他们，感受他们的家国情怀和奉献精神！

第一节　痴情育种为丰收

从古至今，粮食在百姓的生活中都占据着重要的地位，一句"民以食为天"足以揭其真谛。历代有所作为的统治者，无不高度重视粮食的生产，将其比作"天"，放在治国安邦的首要地位。新中国成立以来，毛泽东、周恩来等党和国家领导人对粮食生产都有过精辟的论述。毛泽东早年就认为："世界上什么问题最大，吃饭问题最大。"周恩来在新中国成立伊始也指出："没有饭吃，其他一切就都没有办法。"因有国家的支持，从1950年到1958年，全国粮食产量连续九年增长。

"云龙风虎机会偶，赫奕功名垂竹帛"。20 世纪 70 年代末，华夏大地寒冰消融，万物复苏，迎来了一个新的科学时代。当年，诸多学界精英焕发青春，纷纷献身科教兴国伟业，先后作出卓越贡献。中国农大的师生在农作物育种等领域的科研创新就是其中的佼佼者。尤其是在小麦、玉米、棉花、甘薯、番茄品种选育以及猪、鸡等畜禽品种选育研究方面取得许多新的成果。小麦"农大 311""农大 1 号""农大 183"等品种，在华北、华东、西北各地推广并取得良好效益，亩产实现增产 10%—30%；"农大 45""农大 53""农大 62""农大 63"等抗锈小麦新品种选育成功，大大推进了育种工作的创新；玉米双交种的选育获得优良成绩，"农大 3 号""农大 4号""农大 6 号""农大 7 号""农大 20 号"等优良品种培育成功并在华北、华东、东北等地广泛推广，比普通品种增产 15%—30%。以小麦、玉米、水稻、棉花为主的丰产技术研究不断进步，麦、稻、棉、玉米的高产技术日益成熟。

一、田地里大写的小麦人生

"北京人民永远不会忘记，北京郊区小麦的平均亩产量从 1949 年的一百来斤，提高到 1985 年的 512 斤的事实，过去一年吃不到几斤麦子的山区农民，如今可以放开肚皮吃了。这个变化里面凝聚了蔡旭教授多少心血啊！"这篇动情的文字是《北京日报》1986 年 1 月 5 日刊载的《鞠躬尽瘁育种人——悼著名小麦遗传育种科学家蔡旭》文章中的一段话。熟悉北京农业历史的人，都知道这些话中绝没有一句虚情假话，而是老百姓的心里话。谈到我国小麦育种和增产栽培工作，就不得不提到蔡旭。

（一）沉浸在麦海中

初春的一天，夜幕笼罩了田野。一根火柴划着了，借助这微弱的光，蔡旭蹲在地上，仔细察看刚刚返青的麦苗；火柴很快燃尽了，接着又划亮一根……原来，蔡旭这天在房山查看完小麦后，天色已晚。但他不辞辛苦，又来到大兴，就为了

图 2-1　青年时代的蔡旭

了解新小麦良种的抗寒性能。天黑夜冷，伸手不见五指。于是，火柴便成了照明工具。蔡旭把时间看得最宝贵，他用生命中的每一分钟、每一秒去创造新的成果，造福百姓，振兴农业。

1911年5月12日，蔡旭出生于江苏省武进县后塘桥蔡家村。武进是吴文化的发源地之一，历史上曾出过9名状元、1546名进士，为全国县级数量之最。南朝齐高帝萧道成、梁武帝萧衍皆生于此处。清末民初更有"吴中名医甲天下，孟河名医冠吴中"之说。蔡旭的父亲是清末贡生，毕业于苏州师范学堂，曾任当地小学、中学校长。母亲常年操持家务教养子女，还要养猪、养蚕和种田。蔡旭童年常常随母亲下田玩耍，沐浴大自然的阳光雨露和泥土芳香。母亲的辛勤劳动，让他深深体会到衣食来之不易，在幼小心灵中立下了立志成才的决定。在母亲勤劳感染下，蔡旭自幼养成了正直淳朴、坚毅进取的性格。中学毕业后，他以优异的成绩考取了南京中央大学农学院。先学蚕桑，后转入农学系。蔡旭的青年岁月，正处于国难深重的特殊年代。在一次次抗日救亡的爱国运动中，他更加深切理解了"天下兴亡，匹夫有责"的含义，越发意识到自己肩头保卫国家、科学救国的沉重责任。

1934年，蔡旭大学毕业后留校任助教，从此便踏上了为中国农业献身的征程。那时，他住在农事试验场，半天在校教学，半天在农场从事小麦研究工作。在老一辈植物遗传育种学家金善宝教授的指导下，在60多亩地上种植了国内外小麦品种数千份，开展整套纯系育种及杂交育种试验，并成功培育和推广了"中大南京赤壳"等5种改良品种。1937年，华北沦陷，淞沪会战失利，南京告急。当年冬天，中央大学被迫内迁。那时兵荒马乱，交通阻塞，蔡旭随身护运全部试验麦种举家乘船迁往四川。略事安顿之后，在金善宝的主持下，蔡旭和他的同事们立即将带来的麦种播种在沙坪坝的一块山坡地上。然而，没有想到的是，正是这块默默无闻的山坡地竟是后来闻名全国的小麦良种"南大2419"（原名"中大2419"）的发祥地。

"南大2419"原产自意大利，经金善宝引种，1934年先在南京农事场，后在重庆、成都等地试验，经系统选择、繁育，于1942年确定全面推广。只可惜，当时科学家的劳动成果未能受到足够重视，推广面积不大。直到新中国成立后，这个品种才迅速扩展到长江中下游、黄淮平原南部以至西北高原，种植面积近亿亩，成为我国小麦良种史上应用面积最大、范围最广、使用时间最长的品种之一。蔡旭每每谈及此处就感慨地说："只有在中国共产党领导下的新中国，科学家才能够大有作为。"

蔡旭还陪同金善宝赴川北考察农业，经绵阳、江油、剑阁、广元、茂县、松潘、灌县到达成都。他们沿路调查农作物分布、品种情况和栽培技术，搜集地方品种资源，每到一地便向当地获取地图和有关农业生产资料，连夜抄录整理和分析讨论。此行使蔡旭对四川北部地区的农作物生产与生态环境、民俗习惯的关系有了深入一步的认识。

此次川北之行，成为蔡旭小麦育种生涯的重要转折。他们从峰峦起伏的山区踏入一马平川的成都平原，滚滚麦浪蜂拥而来，无垠沃野令人心旷神怡，这对于一位胸怀大志的小麦育种工作者来说，是多么具有吸引力。不久蔡旭就告别了重庆来到位于成都的四川农业改进所工作，担任技正、麦作股股长。这是当时大后方农业人才荟萃、科研条件甚好的单位之一。在这里，蔡旭继续对"南大2419"进行试验、示范和小面积推广。

（二）留学回来报春晖

1946年夏天，一艘远洋轮船在浩瀚的太平洋上行驶着。在甲板上，蔡旭凝望着远方，他心潮起伏，恨不得一下子飞回祖国。在此之前，怀着科学救国的理想，蔡旭于1945年春踏上了赴美的路程。他渴望把国外先进的农业科学技术学到手，改变祖国贫穷落后的面貌。他先后在康奈尔大学、明尼苏达大学深造，并到堪萨斯

图 2-2 蔡旭（右二）在美国康奈尔进修学习期间的留影

州立大学等院校考察、访问。他极为珍惜这来之不易的求学机会，在短短的一年时间里，深入了解到美国一些大学在小麦育种上的思路与实践经验，并逐步形成了回国后开展小麦育种工作的战略构思——以高产、抗病、稳产、优质为主要育种目标。与此同时，他还奔波于华盛顿州、堪萨斯州等美国几个产麦区进行广泛的调查研究，每到一处就尽量收集各种农业资料和小麦品种资源。

1945 年 8 月 15 日，当日本宣布无条件投降、抗日战争胜利的消息传遍全世界的时候，他欣喜若狂，立即决定返回祖国。漂洋过海，万里归来，蔡旭随身带着三只皮箱。在归途中，一个装着衣物生活用品的箱子早已不知所踪，但他却死死看护好另外两个箱子，因为这里装着他

图 2-3　解放前北京大学农学院师生合影，站立前排右二为蔡旭

在美国辛苦收集的多达 3000 余份小麦品种资源。

回到祖国怀抱的蔡旭，曾受到多处盛情的工作邀请。经过认真思考，他应俞大绂之约受聘来到了北平。之所以选择这里，是因为华北地区是麦区，在这里可以发挥自己的专长。那时，学校刚刚迁到罗道庄，一切从头开始。他带领师生们常常自备干粮，早出晚归，骑自行车赶到卢沟桥农场播种和开展小麦育种工作。

1950 年小麦条锈病在我国大面积流行，周总理领导成立了全国小麦条锈病防治委员会，蔡旭参加了委员会的工作。这一年，周恩来总理接见了

他。他后来幸福地回忆这段往事说："周总理亲切地和我握手，他阐明了党的统战方针和知识分子政策，勉励科学家们努力工作，把自己的聪明才智贡献给新中国。这激动的场面深深地感动了我，点燃了我心中的希望。"从此他更坚定地要把自己毕生的精力贡献给新中国农业科学研究和农业教育事业。

（三）打响小麦"保卫战"

北方冬季寒冷、干旱，春季少雨，小麦产量很低，常年亩产只有数十斤，就是在自然条件好的年份，亩产最高也不过百斤。北京郊区小麦大部分也存在旱地种植、缺水少肥，栽培条件极差。生产上用的品种多是抗寒、抗旱、耐瘠类型的。它们适应性很强，但产量潜力很低，不抗倒伏，也不抗条锈病。面对这种情况，蔡旭带领农大师生采取抗锈性、丰产性、抗逆性、适应性并重的方针，一方面从国外材料中筛选成熟较早、适应性较好的抗锈类型，同时选用丰产性、适应性都较好的农家品种与前者杂交，以期选获兼得二者之长的新类型。

20世纪50年代，一些地方政府在农业生产上空放小麦"高产卫星"，说什么亩产达到了几千斤。实际上，这样的浮夸之风，不仅解决不了吃饭问题，反而挫伤农民群众的积极性。蔡旭实事求是，顶住各种"放卫星"的压力，以十年磨一剑的科学精神，深入田间地头和农民群众，扎扎实实地进行探索实践，形成了一套促进小麦增产的工作方法。他在北京市作物学会成立了小麦专业组，组织科研单位、农业院校和科技管理部门经常深入农业生产第一线，发现问题及时提出解决办法以指导生产，为京郊小麦增产献计献策。

1963年，他又责无旁贷地担负起了北京市政府提出的百万亩小麦亩产300斤的攻关任务。这次小麦大面积高产攻关，牵动了广大农民吃饱吃好的渴望，史称"小麦会战"。蔡旭带领北京市小麦专业组和农大师生奋战的足迹遍及京郊各区县，他们用校内的高产试验田做示范，在队、社、区、县层层建立一定面积的高产样板田和试验田，以此带动大面积增产。当年他们在总结实践经验和科研成果的基础上写出了《北京地区三种不同生产水平的小麦栽培历程表》。这本小册子图文并茂、通俗易懂，深受基层科研工作人员的好评和农民的欢迎。样板田的推广使北京小麦产量持续提高，经过近三年的奋战，终在1965年实现从1963年的年平均产量100多斤提高到北京百万亩冬小麦亩产 300 斤的历史性突破，赢得了北京"小麦会战"。这次攻关推动了北方小麦生产实现翻天覆地的技术变迁，是新中国农业战线的一场漂亮仗。

到 20 世纪 80 年代初，蔡旭又担任了北京市小麦生产科技顾问团团长，担负着北京市政府提出的北京市小麦平均亩产 500 斤的艰巨任务。他一如既往地带着强烈的责任感带领科研单位、农科研单位、农业院校、科技管理部门和农大师生们继续深入农村小麦生产的第一线，开展小麦生产技术咨询指导工作。他对于小麦育种事业的投入到了忘我痴迷的程度，每当进入小麦试验田，他就会忘掉一切，常常也忘掉了时间，一干就到天黑。他不怕烈日严寒，风吹雨打，晚年腿脚不便时也要拄着拐杖下地观察。经过不懈努力，到 1985 年，北京小麦产量达到了平均亩产 510 斤，真正实现了小麦大面积均衡增产。

1985 年，重病期间的蔡旭仍然十分关心北京郊区的小麦生产，他抱病写下《加强育种良种繁育体系，把种子工作搞活》的材料，供北京市有关领导参考，成为这位自己鲜吃面食的农大人临终前给北京人民的最后一次奉献，材料末尾的日期是 11 月 7 日。多年过去了，蔡旭的爱国精神、"小麦会战"的攻坚精神始终激励着农大师生继续奋斗。

（四）倾洒甘露育花蕾

《礼记》有云："师者也，教之以事而喻诸德也。"蔡旭一生是真心真意为祖国和人民服务的一生，更是一心一意为科研和教育事业奋斗的一生。他在 1951 年给学生的报告"新中国新农业教育的开端"和"怎样搞好我们的学习"中说，新中国的农业教育是"理论和实践相结合，知识分子和劳动人民相

图 2-4　蔡旭（前排右四）与学生合影

结合的一种新型学习方式"。他主持制定了新中国农业院校农学系第一个教学计划，强调教学、科研、生产三结合，注重学生的全面培养，注重严格的基础训练，还要注重深入实践，培养生产观点、劳动观点和社会责任感；他知人善任，奖掖后进，坚持在教学第一线教授课程和培养研究生；他为人师表，关爱学生，言传身教。他与学生有着非常亲近的师生关系，以自己的德行带动学生，除学习和工作上严格要求外，还关心学生的生活，设法解决他们的困难。一位学生说，"蔡老师既是严师，又像慈父"。有的研究生跟随他一起到试验田回来晚了，就把他们带回家吃饭，并对自己的家人说，这些孩子多是从农村来，生活大多不富裕，但他们都十分聪慧和能干，前途光明。不论是在课堂、田间，还是会场，只要一提到有关小麦的问题都会热情洋溢滔滔不绝地谈论起来。

20世纪50年代后期，他开始招收研究生。多年来，他毫无保留地将自己的知识传授给学生，先后培养了12名研究生，为造就新一代高级农业研究人才付出了大量的精力和心血。1981年，国务院开始实施博士研究生培养计划，他是第一批被批准招收博士研究生导师之一。小麦育种知名专家、中国农业大学校长孙其信教授就是蔡旭的第一个博士研究生。蔡旭半个世纪如一日地倾注全部心血，培养了一批又一批农业人才。现如今，他的学生遍及全国各地，很多已成为教学、科研、生产第一线的骨干。正是蔡旭锲而不舍、勇于进取的执着精神一直激励着他们坚持小麦育种研究事业。

二、开垦杂交玉米的处女地

在中国农业大学西区校园内，有一位长者的坐式铜像。老人身穿整洁的西装，炯炯有神的眼睛深情凝望着远方；他左手搭在石头底座边，右手放在翘起的腿上，静静地坐在那里，和蔼可亲的脸上挂着慈祥的微笑。这位老人，就是被称为"中国杂交玉米之父"的李竞雄。

玉米是重要的粮食作物和饲料作物，其种植面积和总产量仅次于水稻和小麦。它一直都被誉为长寿食品，含有丰富的蛋白质。但由于其遗传性较为复杂，变异种类丰富，在常规的育种过程中存在着周期过长、变异系数过大、影响子代生长发育的缺点。而李竞雄带领农大师生从细胞遗传、育种等领域展开研究，育成双杂交种、多抗性丰产玉米杂交种等多种品种，对中国玉米育种事业的发展和玉米增产作出了重大贡献。

（一）从大洋彼岸回到故国古都

1948年秋的一天，朵朵白云在蔚蓝色的天空中自由地遨游。碧波荡漾的太平洋上，一艘大型远洋客轮从美国旧金山，经过香港，即将到达中国上海港口。李竞雄身倚栏杆，头发被海风吹拂飘起，心中想的是亲爱的祖国、想念的是自己的家乡。苏州，一个拥有秀美古典园林，名人辈出的地方。1913年李竞雄就出生在那里。幼时父母双亡，家境清贫，受益于亲朋好友的支持，李竞雄于1932年顺利从苏州中学毕业，并以优异成绩考入浙江大学农学院农业植物系。他深知学习机会来之不易，于是发奋学习。在大学期间，他被普通遗传学课教师绘声绘色的讲解深深打动，《遗传学原理》渐渐成为他爱不释手的读物。日夜的苦读为他踏入遗传学殿堂奠定了坚实的基础。

1931年"九一八事变"爆发后，华北危急，民族危亡。与当时的热血青年一道，李竞雄也参加了赴南京请愿抗日等爱国活动。时代的忧愤，深深地刺激了李竞雄寻求救国的道路。与同时代人抗日救国不同，他选择的是科学救国。大学毕业后，李竞雄留校担任助教。半年后经冯肇传推荐，应聘到武汉大学农学院担任李先闻的助教。由于他工作勤奋、才华出众，被推荐参加了在武汉大学召开的中华农学会年会，并宣读了论文摘要，这是李竞雄进入细胞遗传学研究领域的开始。抗日战争全面爆发后，他跟随李先闻到成都四川省农业改进所稻麦改良场工作，先后在远缘种间杂交及其进化、小麦染色体联会消失基因、小麦矮生性状的遗传分析等方面取得了独创性的研究成果，也为他走出国门，在细胞遗传学的道路上成长打下了坚实的基础。

1944年11月，他获得了留学美国康奈尔大学的机会。康奈尔大学农学院坐落在美国纽约州的伊萨卡小镇旁，是一座优美而恬静的学校。然而，李竞雄却无暇休闲，总是来去匆匆。除了要花一半时间完成指导教师的研究工作外，余下的精力他都放在选读必要课程和研究论文上。最终，他以玉米的相互易位为题，完成了硕士论文。紧接着又以采用电离射线照射玉米花粉，研究杂种一代出现的各种染色体畸变的频率及其分布规律，作为他的博士论文。留学期间，他接受导师的盛情邀请，参加了美国农业部主持的比基尼岛原子弹爆炸试验对玉米产生的遗传效应研究。后来该研究主持人以李竞雄为第三作者名义，将研究结果写成两篇论文，分别发表在《科学》和《遗传学》刊物上。

四年时光白驹过隙。1948年8月，他在康奈尔大学先后获得了细胞遗传学硕士和博士学位。然而，面对美国优越的物质生活和先进的科学技术，他却始终眷恋着正处在水深火热中的祖国。夜静了，他的思绪飘过大洋彼岸。他在给妻子的信中深情地写道："我还是要回去的，为自己的祖国做点事情。"回国前，他通过材料征询，搜集到大量遗传研究和育种用的珍贵材料，装了满满两大箱。带着为祖国农业的科学事业作出一番贡献的志向，李竞雄毅然地踏上了回国的旅程。

"露从今夜白，月是故乡明"，客轮缓缓靠岸了，它载着莘莘学子回到了祖国的怀抱。李竞雄踏步跨上岸边后，看到的一切是那样的新奇，又是那样的亲切、熟悉。

（二）开启杂交玉米的新篇章

1948年10月，平津战役前夕，北平城里动荡不安。此时的李竞雄不顾亲友劝阻毅然举家从四川前往故都北平，应聘到清华大学农学院任农学系主任。当他由成都到上海，再乘船到天津转来故都北平西郊时，距离12月5日发起的平津战役已不到一个月的时间了。就在这既决定国家命运又关系个人安危与前途的关键时刻，他在清华园坚守岗位，迎接北平的解放和新中国的诞生。李竞雄亦未曾想到，正是他这一朴素的想法，把此后的一生都奉献给了华北大地。

新中国成立后，李竞雄任北京农业大学教授兼农学系作物栽培教研组、遗传教研组主任。1956年党中央提出"百家争鸣"方针后，他将全部精力投入到玉米育种工作中。自古以来，农民沿用的传统育种方法，无论对产量的提高还是对质量的改进都有局限性。选育杂交种无疑是增产增收的重要途径，但当时在中国尚属空白。"外国人有的，我们要有；外国人没有的，我们也要有。一定要让我们自己的优良杂交玉米种子，撒遍祖国的大地"，这就是李竞雄的雄心壮志。

清晨，当妻儿还在梦乡之时，他就悄悄下床，迎着朝阳，走进了玉米试验地，直至日落西山。他仔细观察每一株含露的玉米小苗，详细记下它

图 2-5　1987 年，李竞雄（中）与助手在玉米试验田

们的每一变化，就像细心呵护一群活泼可爱的孩子。他以玉米试验地为家，以完成授粉计划为乐，默默地奋战在田间。他和他的助手们默默耕耘，不断拓荒，以强烈的责任感和使命感在选育玉米良种领域开辟了一块又一块的处女地。1956 年，培育的"农大 4 号""农大 7 号"等玉米双杂交种问世了。这是玉米杂交试验园地的"长子"，也是我国杂交玉米处女地初绽的鲜花。它刚一诞生，就表现出生长整齐、抗倒、抗旱和显著增产的优势。

（三）平凡之中的坚持与坚守

1966 年，北方玉米突然受到流行性大斑病的侵害，使多数杂交种遭到了严重减产。玉米大斑病，又名玉米条斑病、玉米煤纹病、玉米斑病、玉米枯叶病。主要为害玉米叶片，发病初期呈水渍状淡褐色小斑，后沿叶脉向两边扩展。严重时病斑融合，造成整个叶片枯死。一时间，李竞雄所有的努力收获的却是一片埋怨责难之声。他深信这是自然灾害造成的，但也只能在"牛棚"下等待批判。

1969 年秋天，他随学校教育革命小分队到大寨教育学习。在接受贫下中农再教育的同时，依然没有放弃从事育种研究。就这样，在山沟里他重新拾起育种旧业，并把抗病性作为重要的目标来抓。为了选育出可在当地推广应用的玉米新品种，他冒风雨、战酷暑，晴天一身土，雨天两脚泥，一双铁脚板几乎走遍了昔阳县的山山水水。当他们的辛勤劳动成果"大单1号"等玉米良种把旧日山坡荒地

图2-6　1989年，李竞雄在沈阳考察苏家屯乡玉米展示田

装扮成了绿色的海洋，一望无垠的玉米郁郁葱葱，绿波滚滚千层涌动，成熟玉米展示着丰收的风采，这是一幅多么美丽的画卷！

多年后回到北京，李竞雄一如既往地奋战在玉米田间。酷热的夏天，烈日炎炎，令人汗流浃背，待上几分钟，就让人透不过气来。就是在这样的天气条件下，李竞雄一干就是二十几天，而且每天要在试验地里转十几里路。他的目标只有一个，寻找更加抗病丰产的玉米新品种。几年之内，他和助手们便选出7个"中单号"玉米杂交种，其中以"中单2号"玉米单交种最突出。该品种株型挺秀，生长整齐，籽粒大；高抗大斑病、小斑病、丝黑穗病、圆斑病，中

图2-7　1987年，李竞雄（左）
在承德观察农家收获的"中单2号"玉米

抗褐斑病、茎腐病；早期抗旱，后期耐涝抗倒伏，真正实现了丰产、多抗病性、抗旱抗涝的三大目标。从 1976 年投入生产，"中单 2 号"便在全国范围内迅速推广开来。从东北、华北、西北到西南，玉米主产区都有"中单 2 号"的种植。从它的育成到 90 年代的发展已历时十几年，但年种植面积保持在两三千万亩左右，可谓经久而不衰。1984 年，"中单 2 号"荣获国家技术发明一等奖，这是玉米界唯一获得国家技术发明一等奖的成果。

（四）平凡中绽放的奕奕馨香

面对取得的成就，李竞雄及农大师生并没有躺在功劳簿上睡大觉，他们把成绩当作垫脚石，继续攀登更高的山峰。他们不断进行新品种的选育，组合，再组合，持续不停地杂交，不断淘汰后代中的劣势的性状组合，筛选出优良或超优良的性状组合，再反复种植、筛选，再种植，再筛选，直至得到各方面都满意的良种。李竞雄此时虽已不在农大工作，但依然关心着祖国的玉米事业。他在自己主持的课题内率先开展玉米群体改良研究，组成了"中综Ⅰ号"和"中综Ⅱ号"群体。

李竞雄在玉米育种事业上辛勤耕耘了半个多世纪，虽年逾古稀仍矢志不渝，每年盛夏坚持到田间进行玉米选育授粉，一丝不苟地做着手脑并用的工作。他常说一句话就是"我离不开玉米，玉米也需要我"。

（五）田野里到处是丰收的歌声

玉米原产于南美洲。7000 年前美洲的印第安人就已经开始种植玉米。由于玉米适合旱地种植，因此西欧殖民者侵入美洲后将玉米种子带回欧洲，之后在亚洲和欧洲广泛种植。约在 16 世纪中期，中国开始引进玉米，并迅速在华南、西南、西北向国内各地传播。据 18 世纪初纂修的《盛京通志》记载，当时辽沈平原也已有种植。到 20 世纪 30 年代，玉米在全国作物栽培总面积中已占 9.6%，在粮食作物中产量仅次于稻、麦、粟，居于第 4 位。

新中国成立后，育种、栽培等技术的引进改良及创新，使得玉米的产量得到大幅提升。20 世纪 50 年代玉米已经发展为仅次于稻麦的第三大粮食作物。新中国成立伊始，全国玉米产量仅为 1241.8 万吨，到 2015 年总产量达到 22463.2 万吨，是 1949 年的 18 倍，年均增长率为 4.48%。在播种面积方面，从 1956 年播种面积 1766 万公顷增加至 1980 年的 2035 万公顷。进入新世纪，玉米已经超过水稻、小麦成为播种面积第一位的粮食作物。在亩产方面，1965 年玉米杂交种面积仅占玉米总面积的 4%，平均亩产仅为100.5 公斤；到了 1987 年玉米杂交种面积已占到 80%，平均亩产达到 263 公斤。玉米良种的培育者让百姓无论春夏秋冬都能品尝到又便宜又香甜的玉米粥、玉米饼。

（六）攀登一个个属于农大的高峰

新中国成立以来，尤其是改革开放以来，在农大师生以及全国育种专家的努力下，产量逐年增加，玉米也逐渐从过去的粮食作物，变成了饮料作物、经济作物，不仅成为畜牧业的基础，更进入生产燃料酒精的生物能源领域和生物材料深入加工领域，成为饲料、食品工业的重要原料。然而，原有的玉米良种在增产上的潜力都越来越小。穗型、穗重、穗数上的突破越来越难，国内株型育种也已选育了多年，却未见收效。面对这样的困境，为了实现由"玉米大国"向"玉米强国"的跨越，中国农大大胆开展玉米育种改良研究工作。1998 年，国家玉米改良中心在中国农大成立，这是玉米育种王国里的一颗璀璨明珠，国内知名玉米育种专家戴景瑞成为这家具有深厚科研底蕴单位的当家人。面对市场经济的风云变幻，戴景瑞带领农大师生，为了大地的丰收，为了农民的微笑，将聪明智慧和丹心赤忱融入

图 2-9　戴景瑞（左一）在试验田

玉米良种的科研中，用自己实实在在的成果，为农民送去丰收的喜悦。

戴景瑞是李竞雄的学生，1955年考入北京农业大学农学系。1963年毕业后留校任教。20世纪60年代初，戴景瑞在中国国内率先实现玉米双交种三系配套并应用于生产；70年代又相继育成高配合力自交系"综3"和"综31"，继而用这两个系育成"农大60""农大65""农大3138"等优良杂交种，累计推广面积1.6亿亩以上。其中，"农大60号"在中等以上水肥条件下亩产可达1600斤以上。在同等水肥条件下，比"中单2号"增产15%，平均每亩增产100斤至200斤以上。这些新品种繁殖系数高，不论在山区、丘陵地，还是在盐碱地、沙薄地都能适应并成长。20世纪80年代，戴景瑞及其研究团队用体细胞无性系筛选技术，以首次发现的小斑病C小种的真菌毒素为选择压力，成功地筛选出抗C小种的不育系，并在新育成的农大3138的种子生产中应用，实现了玉米育种技术从个体水平的选择到细胞水平的突破。与此同时，他在国内率先建立了从转化的受体系统、载体系统、转化技术到转化体鉴定的完整成熟的玉米基因工程体系，为将其他优良基因导入玉米开辟了成功之路，实现了玉米育种技术向分子水平的新突破。四十年如一日，戴景瑞始终站在玉米育种的前沿，严谨治学，奋力拼搏，不断将玉米育种技术推向一个又一个高峰。

让土地生金，是多少代中国人的梦。

这片被无数农民寄予希望的玉米热土源源不断吸引着真正立志投身农业科研的青年精英的目光。

高油玉米是培育出来的一种籽粒含油量比普通玉米高50%以上的玉米类型。普通玉米的含油量通常为4%—5%，而高油玉米的含油量却高达7%—10%，使玉米从单纯的粮食或饲料作物变成了油粮或油饲作物，大大提高了种植玉米的经济效益。高油玉米的选育，是从1896年在美国开始的，到1992年玉米的合油量已由最初的4.7%提高到20.9%。1983年，宋同明从美国伊利诺伊大学回国时，把美国当时大部分公开发放的玉米自交系带回国内，后来又通过联合试验等途径引进一大批美国当代优良杂交种。

他通过几十年艰苦努力，创造出"大群体、多参数、分阶段、综合轮回选择法"，创造的种质群体扩大数倍，选择效率有了极大的提高。在对高油玉米选育和利用上，宋同明采用三种方法：一是引进美国高油群体，并采用 NMR 测油技术从中直接选择高油系;二是选育二环系;三是把常规自交系转育为高油系,他采用热带和亚热带高油玉米群体,通过杂交方式构建不同的新群体。通过不懈努力,宋同明已完成了高油、抗病、硬秆等基础群体的创造,平均含油量达到 15.5%,最高达 20.43%,均居世界领先水平。与此同时,他们不仅掌握了育种所需的基础种质和选择技术,并且在群体改良、自交系和杂交种选育等方面也迅速超过了世界先进水平。

宋同明和玉米育种界同行们从引进的常规玉米资源中培育了一大批优良自交系,如 178、P138、87-1、1145 等。以这些为骨干,形成了我国玉米育种新的杂种优势群,育成了一批优良杂交种,在我国玉米第五代品种更换中起到了关键作用。而宋同明作为"农大 108"和"3138"的联合育种者,分别荣获了 2002 和 2003 年度的国家科技进步奖一等奖和教育部科技进步奖一等奖。在高油玉米方面,他的"高油玉米种质资源与生产技术系统创新"研究成果荣获了 2006 年度国家技术发明奖二等奖。20 世纪 80 年代,美国 7 位署名的玉米遗传育种专家,包括 Sprgue,Jugenheimer,Dudley,Alexander 和 Lambert 等联合签授予其伊利诺伊大学玉米遗传实验室名誉教授称号,以表示对工作的肯定。这是该实验室自成立以来首次授予外国人名誉教授。

提到"农大 108",我们还必须提到一位教授,他就是农大的许启凤。1952 年毕业于南京金陵大学农艺系的许启凤,正憧憬着从事热爱的科研工作。然而抗美援朝的号召将他送到了战争的前线。1954 年回国后,他转业到高教部农林卫生司工作。1956 年,他考取了北京农业大学研究生,师从李竞雄,开始接触玉米育种的研究工作。研究生毕业后,留校担任助教。刚刚参加工作的他随即带领部分遗传选种专业学生去京郊顺义县张喜庄乡筹建北京市良种场。秋季回到学校,李竞雄把他叫到办公室,郑重地说:"遗传学教学交给你了。"他自感责任重大,决心一定要将这门课讲好。正是李竞雄的这句话决定了他一生的事业方向。从此他选择了科研的寂寞与艰辛,扎根在这片土地,与玉米结下了 50 多年的不解之缘。

许启凤一开始就把研究定位于"质、量并重,从改良品质入手"的总体思路,大力搜集种质资源,扩大遗传基础,下大力气培育具有突破潜力的优良自交系。无论何时,不管晚上几点,许启凤一定要到试验田走一圈,然后再回家。正如他自己所说的："就像惦记自己的孩子，睡前不看一眼，睡不踏实。"1989年大旱，他来到试验地，看到大部分选系材料都枯死在地上，心痛不已。突然，眼前一亮，他发现有两行选系表现得特别好，虽然长得不高，但很粗壮，穗子很大，没有一点旱象。当时他欣喜若狂，从中获取了5个穗。就是这5个穗后来让他分离出包括"黄C"在内的5个姊妹系。与此同时，他于1987年用美国杂交种连续自交，选出另一自交系178。1991年他开始用分离出的5个姊妹系与其他系测配。在1000多个测配组合中发现其中的黄C与178组合而成的新品种根系发达，茎秆坚硬，穗下叶片平展而穗上叶片上冲、紧凑，籽粒成熟后，秸秆不枯不萎。这个结果令他欣喜若狂。随后，这个新品种进入区域试验、鉴定阶段。到1998年，经过20个春秋的探索和努力，由许启凤选育的被《人民日报》称之为"玉米第一品种"的"农大108"诞生了。这一年，对于中国农业，特别是玉米育种，是一个值得记住的年份。因为这一年，"农大108"真正走进了广大农村的千家万户，种到了大江南北的广阔田野。它是最适合中国国情的玉米杂交新品种，也是至今为止获奖品种中唯一一个具有完整知识产权的杂交种。从它一诞生，就以其优质、高产、稳产、耐高温高湿和抗病性强等优势成为玉米家族的新宠。它的种植面积每年平均以1000万亩的速度上升。1999年，在北京、天津、河南、山东等12个省市推广种植1545万亩，2000年达到2300万亩，"农大108"成为中国粮食作物中年种植面积最大的品种之一。

"但愿苍生俱饱暖，不辞辛苦出山林"，这是明代名臣于谦的《咏煤炭》。作者以煤炭自喻，托物言志，抒发了自己甘为国家"鞠躬尽瘁，死而后已"的抱负和情怀。如今，农大人依旧在炽热的爱国热情中，献身植物育种和保护科学，通过源源不断的技术创新，开辟了一块又一块的处女地，为中国人解决温饱问题发挥了巨大作用。如果你在田地里看到头戴草帽，手握锄头或者镰刀，脖子上搭着毛巾，不时地抹一把汗水，脊背上的衣服早已湿透，裤子和鞋都覆盖着一层泥或土的人。他们不是普通的农民，他们比农民更小心谨慎地耕种或者养护这些小麦和玉米，他们看着这些秧苗的眼神，更像一个父亲看着自己的孩子。这些人就是中国农大的育种专家们。

第二节 鱼和熊掌兼得的"绿色化肥"

20 世纪 70 年代，中国农业发展进入加速时期。机械、化肥、农药、除草剂的大量使用，极大地提高了土地生产率和劳动生产率，在很大程度上满足了百姓对粮食的需求，人均寿命也从新中国成立初期的 36 岁提高到了 2018 年的 77 岁。但是农业现代化也带来了环境污染、耕地退化、土壤板结、作物病虫害加重、生态条件恶化等一系列不良后果，致使农业和社会的持续发展陷入困境。因此，各个国家纷纷寻求可持续发展的出路。中国农大的科研工作者们，将期望转向生物技术、微生物，成功研制出兼具化肥和农药两大作用的药剂，其中就包括种衣剂、增产菌等。它们绿色环保无污染，生产出的农产品更健康，这正是现代农业的正确方向。

一、从"种子"开始的新型农药

1982 年 10 月的一天，联邦德国总统卡思特恩斯在官邸单独召见了一位中国人。在赞誉之后，他对那位年轻的中国人说："我们搞了这么多年，还没有这么好的成膜剂，你很有前途，能不能留下？"这位年轻人坚定地回答："我们国家还是发展中国家，也是农业大国。种子和粮食分不开，浪费很大，很需要种衣剂。我应该把研究成果带回去，发展我们的农业和化学工业。"这么回答坚决的人，就是中国的"种衣剂之父"李金玉。

（一）给种子穿上"科技外衣"

顾名思义，种衣剂就是给种子穿上一种含有防治病虫害药物和肥料的膜状"外衣"。穿着这种外衣的种子播入土壤中，种衣在种子周围可形成防治病虫的保护屏障。当种子发芽出土，药剂和肥料从地下"小药库"缓慢释放，使幼苗植株对各种细菌及地上地下害虫起到防病治虫的作用，促进幼苗生长。

种衣剂可以广泛应用在玉米、水稻、小麦、油菜、蔬菜等作物。给种子"穿衣服"，在中国不是一件新鲜事。早在两千多年前的古人就开始用某些原料对种子进行溲种、渍种和拌种。西汉年间的农书《氾胜之书》记载："又取马骨挫一石，以水三石，煮之三沸，漉去滓，以汁渍附子五枚，三四日去附子，以汁和蚕矢、羊矢各等分，挠令洞洞如稠粥，先种二十日时，以溲种如麦饭状，常天旱燥时，溲之立干薄布数挠，令易干，明日复溲，天阴雨则勿溲，六七溲而止。"种子的外面包上一层肥料谷物药剂能够增产，这大概是世界上最早关于种子药剂处理的记录。明代《天工开物》中有用砒霜拌小麦种子的记载，清乾隆三十年（1765年），方观承所绘制的《御题棉花图》也有沸水处理棉花种子的记载。但我国种衣剂及良种包衣技术的研究和应用起步相对较晚。西方一些发达国家早在18世纪就已开始采用近代良种包衣技术。1755年，法国植物学家 Mctnier Tillee 首次用盐和石灰对小麦种子进行化学处理，用来防治小麦黑穗病，取得良好效果。1866年，Blessin 提出用面粉糊处理棉花种子，以方便播种。

随着种衣技术的不断完善和发展，种衣剂的应用范围不断扩大，功能也不断增加。真正将种子包衣与田间苗期病虫害有机结合到一起是在20世纪70年代末，由美国得克萨斯试验站在1978年研制出棉花种子包衣新产品，主要是防治棉花立枯病。当时的中国也进口了一些，但是价格非常昂贵。

"要搞出中国自己的种衣剂！"立下这一誓言的中国农大师生，在没有实验台、器械、资金，没有任何资料可借鉴的困窘中，用旧木板搭起了"实验台"，用大锅煮出蒸馏水，终于在1985年研制成功中国自己的种衣剂。

（二）让中国农村土地生金

农民形象地将种衣剂比作科技兴农的"一把火"。播火人在这条路上把绿色的梦想变成了现实。那么，这把火是怎么烧起来的呢？

20世纪70年代，生产方式落后，致使良种无法安全达到标准化，出苗率低，病虫危害严重。尤其是黄河流域出现的棉花枯萎病。原本棉田青枝绿叶，棉桃满枝，但眼前却是满地枯枝焦叶，棉桃所剩无几，上万亩患有枯萎病的棉花植株匍匐在地上。棉蚜虫把叶子曲卷成一个个小"喇叭筒"。田间地头，不知所措的农民们只能仰天长叹。他们那悲痛、无助的眼神，就像一块沉甸甸的石头深深地压在沈其益的心上。凭着多年的学识和经验，他逐渐将研究领域拓展到良种处理新技术。但是，这项技术在当时还是空白，它涉及生物生理学和高分子化学两大领域，难度可想而知。此时，李金玉进入了沈其益的视野，他植保专业出身，通晓英语，之前从事过化学研究工作。无论从学识、经验，还是从能力方面，他都是担当此项艰巨任务的最佳人选。

接到任务后的李金玉率领师生马上开始了研究攻关。没有实验室，就因陋就简，三张办公桌一拼就是一个实验工作台。困难没有让李金玉和师生们退缩，"有条件上，没有条件创造条件也要上"。他们每天早出晚归，奔波于实验室和试验田。在实验室里，他们是最专注的科研专家，对各种数据进行回顾、记录和整理，所有数据都印刻在脑海里，历历在目。在试验田里，他们又是最朴实的老农，一滴滴汗水滴落进田间土地，播种着希望的种子。他们自己都不记得这样熬过了多少个不眠的夜晚。

1981 年，种衣剂的研究进入关键时期。此时，李金玉意外地得到了赴德国进修一年的难得机会。他远涉重洋，来到了斯图加特霍思海姆大学植物医疗研究所。此时的他无心欣赏莱茵河畔绚丽的风光。全身体投入学习和工作中。通过一年的进修，他完成了种衣剂中关键环节成膜剂的实验，并将所有数据资料带回了国内。回国后的李金玉继续率领农大师生日复一日地苦战。

成功偏爱追梦人，时光不负有心人。在李金玉的主持下，研究工作有了重大进展。1985 年，他们研制成功了 16 种适合于我国不同地区、不同作物的种衣剂系列产品，成功解决了国外尚未解决的复合型成膜剂和配套助剂配方的问题。此后，他们又研制出第二批 8 个新的系列产品，并在全国范围内推广应用。当时国外的

图 2-10　种衣剂 4 号、种衣剂 12 号

种衣剂大多数为单一成分，如美国 FMC 公司 35ST 种子处理剂、美国有路来斯公司的 V1TAVAX200、瑞士汽巴嘉基公司的 APRON 防病型的种衣剂为单一成分的娄锈灵。这些产品要么只能杀虫，要么只能杀菌，而中国的种衣剂既可杀菌又可杀虫，属于真正意义上的病虫兼治的药肥复合型。

（三）让农民丰收的喜悦点亮未来

种衣剂引发了中国农业史上良种处理的一次根本性变革。

穿着科技外衣的种子，病虫难蚀，粒粒保收；穿着科技外衣的种子，被包装为五彩缤纷的彩球缓缓走下工厂的流水线。种衣剂从 1985 年开始推广，到 1991 年推广面积达到 1200 万亩，1992 年上升到 1500 万亩，1993 年达到 2250 万亩，1994 年提高到 4950 万亩，1995 年猛增到 7950 万亩，1996 年突破了 1.2 亿亩。种衣剂的推广面积以每年 30%—40% 的速度增长。到 20 世纪 90 年代末，种衣剂累计播散面积已达 4.2 亿亩，相当于全国 18 亿亩耕地面积的近四分之一。同时，全国也实现粮油增产 565 亿公斤、棉花增产 325 万担的收获。

1997 年 7 月，加拿大的多伦多，李金玉在"97 世界知识大会"上用流畅的英语宣讲了《中国种衣剂技术的进展与展望》，来自各国的专家学者不断向李金玉提出各种相关问题。午餐席间，时任联合国秘书长安南向李金玉竖起了大拇指："李教授，中国不简单，科学技术在这样一个大国发挥了了不起的作用。"

"成功的花，人们只惊羡她现时的明艳！然而当初她的芽儿，浸透了奋斗的泪泉，洒遍了牺牲的血雨"。冰心的一首小诗《成功的花》揭示的道理就是成功必须要艰困奋斗，必须要作出牺牲。几十年来，为了千百万农民祖祖辈辈期待的丰收硕果，李金玉率领农大师生在良种包衣研究领域洒下了他们追求科学、无私奉献的辛勤汗水。此时不由得想起俄国作家克雷洛夫曾说过的一句话：现实是彼岸，成功是彼岸，中间是湍急的河水，行动则是架在河上的桥梁。

二、植物身体里的"有益菌"

几乎人人都知道酸奶中含有丰富的益生菌。这种菌是一种能够产生确切健康功效从而改善微生态平衡、发挥有益作用的活性有益微生物。当益生菌进入人体肠道后，在肠壁形成"膜屏障"，好似构筑一道"钢壁"，抵御病原体的侵袭，起到解毒、预防疾病、保健、抗衰老的作用。在农业科技方面也有一种近似上述方法的技术，即从某种农作物上取出一种细菌加以培育繁殖，然后再用回这类农作物上。由于这种细菌具有明显的增产防病效果，因此被称为"增产菌"。因价格便宜、使用方便、绿色无污染，农民经常用"一个鸡蛋换一筐谷"来形容它的实施效果。

增产菌是依据植物微生态学的原理研制成功的微生态制剂。它的理论依据是植物个体是由细胞和微生物组成的，从不同类型的作物体内筛选得到的有益细菌，经工业化生产制成制剂，然后科学应用于作物，改善作物内外部的微生态环境，犹如给作物喝"酸奶"，调节个体微生物生态结构和功能，从而达到促进农作物增产、防病保健、改进品质的目的。经多年的试验，增产菌可用于水稻、小麦、玉米、粟子、红薯、棉花、油菜、花生、大豆、西瓜、烟草、果树、蔬菜等50余种作物，是真正的广谱制剂。

（一）过河的卒子不回头

在20世纪80年代，每届增产菌现场会，你总能见到一位精神矍铄的老先生，他便是提出"植物体自然生态系"新理念，创立"植物生态工程"新学科，主持研制增产菌的植物病理专家陈延熙。

江苏建湖，地处黄海之滨，背倚苏北平原，自古素有"水乡明珠"之美称。1914年，陈延熙就出生在这里。1932年，扬州中学毕业后的陈延熙考入上海大同大学。时值九一八事变后，日本企图挑起全面侵华战争的危亡之际，他开始参加中国共产党领导的革命活动，组织进步学生讨论时政大事，阅读《红旗》等刊物。由于反动当局的迫害及工作需要，陈延熙辗转就读于山东大学、金陵大学，至1941年毕业后在金陵大学担任助教，主要从事烟草病害及水稻抗胡麻斑病育种研究。北平解放后，陈延熙曾主动要求参加陶铸领导的南下工作团，迎接全国解放战争的胜利。陶铸对他说："解放后科学工作很重要，更需要科技人才。科学技术工作是国家最需要的。你学植物病理学，对新中国的农业发展意义重大。"就这样，陈延熙留在了北平，开始了他的植物病理生涯，这一干就是整整40年，在植物病理学这条坎坷不平的道路上留下了一行深深的足迹。

（二）植物病害生物防治

陈延熙的科研天赋早在金陵大学学习期间就已显现出来，当时他的《小麦叶斑病研究》论文就证明了附球菌的弱寄生性。他的硕士学位毕业论文《真菌生理的研究》发现了柑橘青霉菌的孢子萌发需要生长素。1949年，他的又一篇论文《腐霉菌的无机营养》发表，第一次发现了氨基酸的毒害作用。新中国诞生伊始，从战争废墟上站起来的中国千疮百孔，贫穷成为民生的头号敌人。然而此时东北苹果树腐烂病呈大面积爆发趋势，农民损失严重。陈延熙想国家之所想，急农民之所急，以强烈的责任感和使命感，急赴东北与中国农科院果树研究所的研究人员合作，对该病进行系统深入的研究。他发现该病是由于树体抗病性下降而引发流行的，于是提出以加强栽培管理、提高苹果树势为主体的防病策略，经推广应用后取得了巨大成功。

20世纪60年代，甘薯黑斑病和柑橘黄龙病又在全国流行起来。当时，在学术界关于柑橘黄龙病有一场激烈的论战。一部分学者认为柑橘得的黄

图2-11 领导和专家考察"益菌"的应用效果（左一为陈延熙、前排右一为梅汝鸿）

龙病是被传染的，应该严格执行检疫措施，烧毁病树，封锁病园。另一种意见则认为，病菌实际早就在植物体内存在，只是由于生态环境的改变才引起发病，应该加强栽培管理，提高树势。柑橘树体是否带有病菌，成了争论的核心问题。如果病菌是外界传染来的，隔离病原是主要的；相反，柑橘本身就带有病菌，通过调节植物体内微生物环境，就可以达到消除病害的目的。无数实践证明，任何理论思想都离不开实践。陈延熙毅然率领农大师生立即在北京进行柑橘带有病菌的研究，不辞辛苦实地调查研究，走访农民，取得第一手资料。最终证明各个产区的柑橘均带有病菌。也就意味着，病菌本身就在植物体内存在的，但并不一定都会发病。病菌由潜伏状态转为发病状态，是由于某些诱因导致。如果换一个角度，控制诱因也可以将病原菌调控在潜伏状态，这样就达到防病目的，这也成为后来他提出"植物体自然生态系"新概念的基础，即在植物体上，除致病的病菌外，还存在大量的有益的和中性的微生物群落，它们构成植物个体生态系统。在当时，这个论断振聋发聩，影响深远。不久，"植物微生态学"成为一门独立的学科。

从 20 世纪 70 年代开始，陈延熙又相继开展板栗干腐病、蔬菜增产菌、水稻和小麦纹枯病的发病规律及其生物防治、棉花枯萎病的交互保护等项研究。1978 年，在"中国植物病理学学术研讨会"上，他作了"植物病理学十批判"的主题报告，提出"病菌是有贡献的""要给病原菌平反""同病原菌和平共处""人造病害"以及"人工合成品种"等一系列新概念。这些概念要比美国 2014 年提出"植物生物群落"

图 2-12　增产菌"益菌"获得国家星火奖二等奖

整整早了 35 年。他认为自然界中的微生物不仅有病原菌，也包括拮抗菌以及有益菌。于是，他利用自然界存在的有益微生物开发出一种新的产品，这就是"增产菌"。这个新品种为农业病虫害防治提供了一条全新的途径，他的这一发现对农业生产和生态环境有重要意义和深远影响。

1987 年 4 月 9 日新华通讯社"国内动态清样"刊登《北京农大在农业增产技术研究方面取得重大突破》一文。文中讲到"根据 1986 年底，在 21 省市，142 万亩土地、18 种作物上试验使用的结果，无不增产，增产幅度为 10%。……这种技术不仅操作简便，易于推广，没有污染，而且耗能少，费用低廉，每亩仅需人民币 8 分。"农牧渔业部办公厅第二天在"每日情况"上也转载此文。文章指出："北京农业大学在农业增产技术的研究和应用方面取得了重大进展，研究出了在作物上施用（拌种或喷布）'增产菌'的新技术，这项技术是根据该校陈延熙教授关于一个植物是一个自然生态系的理论研究出来的，它可以应用于几乎所有的农作物。"原农牧渔部副部长刘培植在考察湖南省推广"增产菌"情况后说："这是一项重大科研成果，可以在更大范围示范、推广。"从中可见，这一成果获得了高度评价。

"增产菌"自 20 世纪 70 年代进入实验，1979 年投放实验田，1986 年示范推广，1988 年以后平均每年以 1 亿亩的面积向全国推广。到 1992 年，全国累计推广面积达到了 5.1 亿亩，增产 150 亿公斤，创产值 100 亿元。农大也因此成为全国"增产菌"研发推广的中心。

（三）增产菌研发领域的桥头堡

在植物微生态学第二代学者梅汝鸿和第三代学者王琦的推动下，1988 年 5 月 4 日农牧渔业部文件农（人）字〔1988〕第 80 号《关于同意北京农业大学成立植物生态工程研究所的批复》，北京农业大学植物生态工程研究所正式成立。这是农业部在"文革"后正式批准较早的正式科研机构。同时，在梅汝鸿等人的努力下，农大建立了国内最大的植物内生芽孢杆菌资源库，并在植物病理学、植物微生态学、植物病害生物防治以及生物农药和生物肥料研制等方面取得了突出成绩，中国农大正在成为世界增产菌研发领域的桥头堡。

如果说陈延熙创立了"植物微生态学"，那么，梅汝鸿则在此基础上开创了"益微"产业。多年来，他对增产菌进行了深入、系统的研究，发现增产率高、抗逆性强的菌株的 SOD 含量均高。研究团队从 2 万多个菌株中，筛选了 400 多个高产 SOD 菌株。再从这 400 多个菌株中不断筛选、培育、生物测试、提纯复壮。最后选定 4 个菌株成为安全、高效、稳定的高产益微 SOD 菌株，用于研发，形成益微 SOD 系列产品。SOD 是一种超氧化物歧化酶，是一切有生命的物质体内重要的抗氧化酶，是生物体内清除自由基的首要物质。SOD 在生物体内水平高低，是衰老与死亡的直观指标。中国农大按"人工合成品种"原理，尝试将高含 SOD 内生共生的益微菌接种到草莓上。这时草莓身体里就含有草莓本身 SOD 和益微 SOD 的复合体，这个复合体可以通过种子遗传到后代，既不改变品种的遗传基因，又不破坏环境。

20 世纪 70 年代以后，中国化肥农药的使用呈几何倍数增加。如今化肥投入比越来越低，但农作物病虫害抗药性一年胜似一年，这不禁要感叹陈延熙、梅汝鸿、王琦等几代农大人，正是他们以顽强的毅力和孜孜不倦的治学精神，围绕国家战略需要，同频共振，将自己的知识所学服务农业、造福农民，将微生物菌剂产业带给了中国农业。

第三节 一个装满收获的季节

1996 年，一座石雕"沧州铁狮"昂首挺立在中国农业大学西校区主楼前绿树掩映的草坪上。"铁狮"体魄宏大，昂首阔步，象征着自强不息、不屈不挠，代表对安定美好生活的一种守护心愿。这座铁狮是河北省沧州市人民政府为感谢王树安及农大师生对沧州农业发展作出的突出贡献而赠送的。

"沧州铁狮"，又被称作"镇海吼"，铸造于后周广顺三年（953 年），距今已有 1000 多年的历史。关于其来历有多种说法：一说是后周世宗北伐契丹时，为镇沧州城而铸造；另一说则认为铁狮位腹内有经文且背负莲花宝座，故应为文殊菩萨的坐骑；还有人根据铁狮的别名"镇海吼"，推测是当地居民为镇海啸而建造的异兽。沧州铁狮与定州开元寺塔、正定隆兴寺铜菩萨像、赵州桥，并称为"华北四宝"，正所谓"沧州狮子定州塔，正定菩

图 2-13　沧州铁狮落户农大校园

萨赵州桥"。

20世纪80年代，一批农大人放弃安逸的校园生活，告别亲人来到沧州吴桥县，开始对这个春旱夏涝、土地盐碱、生产条件差、粮食单产水平低的地区进行综合治理。15年间，他们披星戴月、栉风沐雨、矢志不渝，最终实现了吨粮田、节小麦、开心棉、四维治水、软管灌溉等20余项重大科技攻关项目，使沧州这个因传统杂技而出名的盐碱荒滩连续出现了140亩和3000亩"吨粮田"的辉煌业绩。这在一年三熟或种植杂交水稻的南方并不算稀罕，但在北方吴桥这样一个旱、涝、碱、薄交替为害的中低产区，这简直就是一个奇迹。而奇迹的设计者就是王树安、兰林旺等25位农大教师。

一、小麦专家种玉米

如果你来到驰名中外的杂技之乡河北沧州吴桥县，向百姓打听王树安，几乎无人不知、无人不晓。他那和蔼的表情早已深深地印在了吴桥百姓的心中。

位于沧州东南部吴桥、东光两县境内的龙王河小流域，是个典型的低洼盐碱、旱涝多灾区。这里的粮食亩产不到200公斤，人均收入不过141元。1983年，王树安来到龙王河畔安营扎寨，在吴桥、东光两县承担"黄淮海平原综合治理"的子课题"夏秋粮均衡增产"的研究课题。所谓龙王河，其实它早已干涸几百年了。在严酷的自然条件和落后的生产状况面前，王树安带领农大师生改变中低产区农业落后面貌的决心没有被打倒。在地方政府的支持和当地科技人员的配合下，农大在范屯乡建立了农业实验站。

王树安和师生一道，深入田间地头调查研究，绘制图表、采集标本。为了尽快提高广大农民科学种田水平，他走遍了吴桥全县。每年种麦期间，他都要在吴桥要讲五次课，分别是播种、越冬、返

图2-14 20世纪90年代的吴桥实验站

青、抽穗、灌浆。有人说，能给大学生上课的教授，不一定会对农民讲课。王树安自己也说："在学校里是照教材讲，到农村要针对问题讲。"为了让农民都能听到他讲课，每次课他又要分五个地方讲。用来当作教室的场院上，坐满了老大爷、小青年、媳妇、姑娘，从十几岁的娃娃，到八十来岁的老者。这些学生听得津津有味，有的人时不时还在小本本上记下什么。到后来，整个吴桥全县老百姓都成了他的学生。

在总结当地农民种植经验基础上，王树安指导农民在盐碱地上打机井，用井水冲淡土壤里的盐碱，同时开沟挖渠，组成完整的排灌网。紧接着，他又让农民在渠道上铺上塑料薄膜、夯土并用水泥加固。同时，提取地下盐水晒盐。这样做的结果，降低了地下水位，又改善了盐碱地的盐碱程度。很快，全县小麦总产、单产就创造了历史最新纪录。以后又年年增产，王树安被当地农民尊称为"小麦王"。人们沉浸在丰收的欢乐之中，过去只有过春节才能吃上小麦的农民，变成了全年以小麦为主食。

小麦这种夏粮作物在贫瘠缺水的碱地上低产变高产，实现了夏秋粮均衡增产的第一步。作为一个科学工作者，王树安却感到不安。因为他发现当地农民普遍有一个传统观念和偏见就是重夏粮、轻秋粮，对夏粮作物小麦不惜成本地投入，而对以玉米为主的增产潜力很大的秋粮却冷眼看待，甚至以夏粮挤秋粮，牺牲秋粮保夏粮。玉米完全变成"后娘"生的了。

为了扭转这种局面，王树安又进行了大胆试验：将播种冬小麦的时间推

迟 15 天左右，把这段日照、雨水充足的时光让给玉米，从而使玉米增产，达到提高秋粮产量的目的。经过在范屯乡试验区的试验，晚播 15 天的小麦亩产达到 400 公斤，生长期延长后的玉米亩产也创造了 550 公斤的高产纪录，这位小麦专家竟然开始研究起了玉米。

图 2-15　王树安（左一）在研讨会上

"白露早，寒露迟，秋分麦子正当时"。这句农谚几乎早已成为北方农民认定的死理。麦子要到寒露才播，比"正当时"的麦子整整晚了半个月。要说服当地农民改变这种耕作习惯，谈何容易！最开始农民们都同意按照王树安的方法播种，但一到真正播种的时候又背地里悄悄地在地里多撒些麦种。试验田成功的奇迹传播开后，那些有文化知识的科技示范户按王树安的方法去做，麦子长得比别人要好。慢慢地越来越多的人信了，最后全县老百姓种麦都按照王树安的方法播种，由此而得来的是全县大面积的增产。到 1985 年，全县 19 万亩小麦单产达 540 斤。运用抗逆栽培三年小麦平均单产比常规栽培三年的产量翻了 1.4 倍，全县一年可节约种子 200 万斤，节省尿素化肥 3400 吨，减少用工 58 万个。1986 年，140 亩晚播小麦平均亩产 385 公斤，夏玉米平均亩产 598.4 公斤，全年亩产粮食 983.4 公斤。比全县平均亩产高出近 1 倍。就连吴桥县委书记都感叹道："王教授在吴桥可比我出名，老百姓都认得他，把他当'财神爷'。"

（二）"盐窝窝"变成"吨粮田"

低产变高产已经实现了，能不能做到突破 1000 公斤呢？王树安率领农大师生用事实证明：也是可以的！

王树安对农民耕作小麦、玉米的每道程序进行仔细观察后，发现农民种小麦、玉米用的虽然也是优良品种，但没有经过精心筛选，籽粒饱瘪不一，播种深浅不匀，结果形成了苗期大量的弱株和小老苗现象。同时，浇水施肥方面也存在诸多不科学之处。

1987 年秋，在 140 亩试验田上，王树安及其研究团队继续推行小麦寒露播种。播种时，一律选用千粒重在 50 克以上的饱粒种子，严格掌握播种质量，播种深度在 3—4 厘米之间。次年春季，研究团队对这 140 亩小麦的肥和水实行严格控制，拔节时才施肥，灌浆时才浇水，让肥和水的效力充分作用于小麦抽穗、扬花、灌浆。夏收时，这 140 亩地平均产麦 800 多斤。紧随其后，小麦刚刚开镰，研究团队就在试验田里采用"铁茬播种"方式播下了经过精心筛选的中、晚熟玉米种子。争分夺秒，麦子收完了玉米也播完了。在玉米生长过程中，研究团队只浇一次洇地水，一次灌浆水，施一次拔节肥。秋收时，这 140 亩地平均亩产玉米达到了 1200 斤。

1989 年 3 月，农业部科技司和河北省科委联合召开"小麦、玉米两茬平播亩产吨粮的理论与技术体系研究"成果鉴定会，请国内知名专家、教授进行实地验收，实测结果：3000 亩小麦平均亩产 464.6 公斤、玉米平均亩产 571.8 公斤，上下两茬合计亩产为 1036.4 公斤。真正实现了"吨粮"。在这样较大面积里实现"吨粮"绝不是凭着侥幸，而要依靠先进的科学技术和各种生产因素的配合。一时间，"吨粮田"成为科技界、新闻界的议论中心。

沧州"吨粮田"的成功，在社会上引起了巨大反响。时任国务院副总理田纪云来了，农业部部长何康来了，河北省负责农业管理的干部来了，山东、河南等省份的农业干部也来了。因为这"吨粮田"是诞生在黄淮海平原的"盐窝窝"里，它至少说明黄淮海平原有 6000 多万亩耕地有条件实施"吨粮田"种植计划。这显然比单纯的农作物丰收具有更重要的意义。它不仅使农民每亩可以增收 300 元左右，而且为北方粮食高产创出一条新的途径。

"莫笑农家腊酒浑，丰年留客足鸡豚"，丰收之年的农村是一片宁静、欢悦的气象。春华秋实，十五载寒暑，"吨粮田"成功了，农民对脚下的土地爱得更深了，对农大的感情更亲了。在沧州大地上，正是因为有了农大师生这么一批热忱奉献的知识分子，土地才有这么多收获。吴桥县的实践向人们证明，中国农业的发展最终还是需要培养高科技农业人才，这是中国农业走向未来的推动力。

（三）节水高产的"吴桥模式"

"一切的成绩、荣誉和成就只是代表过去，而对于现在，我们需要创造新的辉煌，从而才能延续自己的辉煌。"王树安心中坚定信念就是高产之后再攀高峰。在沧州吴桥率先实现每年两季亩产小麦、玉米 1000 公斤的"吨粮田"技术后，他并没有满足于此，而是立志要将此项技术推广到全国。他先后在京津冀等地区建立了 10 个示范推广点，推广面积达 100 多万亩，培训了 7000 多名技术人员，许多地区涌现出一批亩产吨粮村。

在推广吨粮田技术的过程中，王树安也看到了华北地区粮食生产持续发展所面临的主要问题是水资源不足。华北大部分地区常年降雨 500—700 毫米，且主要集中在夏季，小麦生长期降水很少，而高产小麦需要补充灌溉。从长远发展来看，必须解决高产与缺水的矛盾。1990 年，王树安、兰林旺率领农大师生将节水和高产作为一个统一体进行攻关研究，主攻目标是小麦节水高产技术。华北地区一般麦田春季灌水 3 次，灌溉水几乎占总耗水的一半。王树安等人分析了这一传统灌溉制度的弊端，认为大量使用灌溉水的结果是大量降水渗入深层，汇入地下水或径流丢失，这既是水资源的浪费，又造成土壤氮的流失。如果把土壤有效水的利用率提高，则汛期降水便可全部保持土体中，从而节省春季灌溉用水，做到"伏雨秋用保小麦，秋雨春用保大秋"。因此，王树安等人提出了以充分利用土壤中有效水为主的新观念。经过 5 年的努力，通过调整土壤贮水，适当晚播减少前期耗水量，增加基本苗，增加基肥中氮素比重，集中施用磷肥，增大前、中期吸磷强度，把补充灌水时间推迟到拔节至孕穗期，选用早熟、多花、中粒型耐旱品种等一系列措施。这项技术在沧州实验田试验成功后，他们组织了 63 户 200 亩进行生产示范。当地俗语有说："头水早，二水赶，三水四水紧相连，一直浇到麦开镰。"虽然大部分农户由于"吨粮"技术的成功而信服农大的教授，但也有农户半信半疑。为了消除他们的顾虑，农大吴桥攻关实验站的负责人答应减产多少赔多少。就这样，试验正式拉开了序幕。尽管当年春季干旱多风，拔节期又遇冻害，但平均亩产达到了 404.8 公斤。

"少浇水可以多打粮"的消息不胫而走。1993—1994 年，示范面积扩大到 6000 亩。1994—1995 年，又实现了春季浇两水亩产 900—1000 斤，以适应华北灌溉条件好的麦区。到 20 世纪 90 年代后期，形成了春季不浇水亩产 350—400 公斤，浇一水 400—450 公斤，浇两水 450—500 公斤 3 种节水高产模式，以供不同水资源条件的地区选择应用。1995 年 11 月 30 日，农业部组织了专家鉴定。专家们在鉴定书上写道："这项技术是我国小麦栽培史上的一次重大变革，它更新了传统观念，成功地实现了节水、高产、高资源效益三者的统一。"

（四）淡淡的书香，无私的奉献

"落红不是无情物，化作春泥更护花。"落花离开枝头，飘入暖色的泥土中，不是生命的结束，而是精神的升华。对个人来说，最大的欢乐，最大的幸福就是把自己的精神力量奉献给他人。

为了解决中国农业生产中的难题，王树安、兰林旺

图 2-16　兰林旺（右）在试验田

等人率领农大师生几十年如一日地默默奉献着自己的聪明才智，用真诚奉献和先进科学技术使华北大地一天天、一年年在变，变得越来越稳定，越来越富绕，越来越生机盎然。如今，来到河北吴桥县的人，常常露出惊奇的目光。因为展现在他们眼前的是平整翠绿的麦田，郁郁葱葱的杨柳，田间机井成网，沟渠纵横交错。昔日那一片白茫茫的盐碱地已经不存在了。这实实在在的创举有力地证明了：有中国共产党的正确领导，依靠农业科技人员的聪明才智和广大农民的艰苦劳动，完全可以满足人民日益增长的食物需求，并创造出日益丰富多彩的物质生活。

图 2-17　如今的中国农业大学吴桥实验站

2005 年 9 月 12 日，在学校"百年华诞"来临之际，吴桥县政府将实验站 10500 多平方米土地产权无偿划拨给中国农业大学。这是何等的荣辱与共、这是何等的深情厚谊，这在高等院校与地方合作的历史中绝无仅有。在"沧州铁狮"揭幕仪式上，时任沧州市副市长宋晓明曾深情地说了这样一段话："并不是所有的事都载入史册，并不是所有的人都名垂青史，但是农大师生严肃认真的治学态度和以天下为己任的忘我精神，将永远铭记在沧州人民心中。愿农大师生创造的'龙王河精神'永远发扬。"吨粮技术、节水麦等科技攻关，让农大教授们走进了乡亲们的心里。

第三章　千年盐碱　今日米粮

党的十八大以来，中华大地气象更新，政惠民强，习近平总书记对弘扬爱国奋斗精神作出了一系列重要指示，指出爱国主义是中华民族精神的核心，激励着一代又一代中华儿女为祖国的发展繁荣而不懈奋斗；新时代是奋斗者的时代，要把爱国之情、报国之志融入祖国改革开放和人民创造历史的伟大事业之中。而在曲周实验站，就有这样一批忠实的爱国主义实践者，砥砺前行，用他们的青春、热血和汗水谱写了一曲荡气回肠的奋斗者之歌。

1973 年至今，46 载风雨兼程，从明净书堂走向科技小院，由疏浚河渠到改土治碱，中国农业大学的师生们扎根燕赵，筚路蓝缕，任劳任怨，历经千辛万苦，与当地人民并肩作战，破解了曲周县长久难治的盐碱地难题，让百姓过上了丰衣足食的生活。

一所大学与一个地方开展了长达 46 年卓有成效的合作，亦被国际学者称为"典范"，向世人展示了独特的风采和动人华章。迄今为止，曲周实验站先后承担了 80 多项国际合作、国家级和省部级科研项目，研发了 20 余项先进农业技术，获得国家科技进步奖特等奖 1 项、二等奖 2 项、三等奖 1 项以及省部级科技进步奖 10 余项；申请专利 20 多项，出版著作 10 余部，发表学术论文 300 余篇，培养、造就了三位院士、两任校长、200 多位专家、50 多名教授、500 多名研究生以及 5000 多名农业技术人员和农民科技骨干，为"华北粮仓"的农业产业结构优化、农民增收、农村致富与可持续发展构建了科技探索平台，可谓花开满枝，硕果累累。

中国农业大学党委书记姜沛民说，依靠人民，为了人民，这是中国农大的传统，老一辈农大人为我们树立了榜样，我们要沿着这条路一直走下去。一代又一代的农大师生们接过前辈递过来的接力棒，不断在曲周县土地上拼搏奉献，通过理论联系实践的不断探索，建立了以共建实验站为合作平台，以服务学校、服务地方为导向，以教研、推广、产业项目为载体，以科研平台、育人基地、服务窗口和决策智库为主要功能的县校合作的创新模式，诠释了当代知识分子"弘扬爱国奋斗精神、建功立业新时代"的精神追求，谱写了一部当代中国知识分子"爱国奋斗、科学报国"的壮丽诗篇。

锐意探索、求真务实的科学态度，淡泊明志、身为民先的高尚品格，谦虚谨慎、艰苦奋斗的优良作风，鞠躬尽瘁、死而后已的奉献精神，是曲周实验站在长期历史过程中所积累和秉承的精神财富，如今已成为中国农业大学和曲周县人民共同继承的"瑰宝"，激励着一代又一代人前赴后继、奋勇前进。

第一节　平原上的曲周"老碱窝"

黄淮海平原是我国第一大平原，这里曾是中华民族重要的发源与繁息之地，全国的粮仓。现仍为重要农业区和最大的中低产田区，能生产全国1/3的粮食和1/2的棉花，又是国家的政治中心和重要的经济、文化中心之所在，地位举足轻重。但是，由于旱涝频繁和治水失误，历史上黄淮海地区的土壤"盐灾"经常发生，进而引发"粮荒"，对中国的经济、社会乃至政治稳定都造成了极大的冲击，其间多少故事，惊心动魄，记忆犹新。

新中国成立之初，为了抗旱增粮，曾在河北沧州建了水月寺灌区，可是一年增产，二年平产，三年减产，结果并未引以政府重视，再建滏阳河灌区、石津灌区等更大规模的引水工程，打破了平原的区域水盐平衡，土壤次生盐渍化开始扩大，危机四伏。一时间，农民"谈水色变""谈盐色变"。1963年，河南发生板桥水库崩坝事件，导致海河流域特大洪灾，水漫天津市，这惊动了毛主席，从而写下"一定要根治海河"的最高指示。世事变迁，黄淮海平原由"产粮"重地变为"盐灾"重地，不仅不能给国家上交粮食，每年还需要从其他地区调运来大批的救济粮，黄淮海平原土地盐碱化所导致的粮荒，在相当长的时期内成为中国的主要内忧之一。

曲周位于河北省南端邯郸地区东北部，所在黄淮海地区西部是太行高山，东部是平原，濒临渤海。由于受季风的影响，冬季干燥寒冷，春季缺雨，夏季高温多雨，形成春旱夏涝的环境条件。又由于地势自太行山向东渐趋低平，河流沉积物逐渐增多，再加之山区岩石风化强烈，盐分分解，很容易被山区水流带到平原地区，而平原低洼地区排水不畅，水位提升，含盐地下水随着土壤毛管孔隙上升到地表，水分蒸发，盐分遂留于地表，久而久之，便导致土壤盐碱及地下水矿质化，且盐碱的形成与旱、涝灾害相辅相成。

历史上的曲周便是有名的"老碱窝"，据《汉书·地理志》载，"漳水出治北，入黄河，其因斥卤，故曰斥章"，"斥章"即今曲周。清朝乾隆十二年版《县志·盐政》中也说，"曲邑北乡一带，咸碱浮卤，几成废壤，民间赋税无出或籍谋升斗"。所谓"春天白茫茫，夏天水汪汪，只听耧声响，不见粮归仓"是其真实写照。

新中国成立后，在党和政府的领导下，曲周也曾进行多次治碱改土活动，例如修台田、条田、围田、开沟、刮碱土等。虽然也取得一定的成

图 3-1
淋"小盐"的盐土堆和盐地

图 3-2
刮地面的盐霜和淋初的盐水在锅中熬制"小盐"

效，但由于方法不科学，治标不治本，显然经不起自然灾害的冲击，1973年秋季的一场暴雨，就冲毁了田间工程，导致秋粮基本绝收。农业部部长沙风同志曾说过，"这哪里是曲周，倒像是非洲"，这在曲周县里一度流传很广。

第二节　不治好盐碱就不回家

在黄淮海平原上，像曲周这样盐碱灾害严重、低产缺粮的土地还有很多，总计5000多万亩，占整个平原耕地面积的15%。从新中国成立初期到20世纪70年代，国家每年都要从其他地区尤其是南方，向这里调入救济粮，被称作"南粮北运"。黄淮海平原旱涝咸碱灾害给人民生活带来的苦难成为党和国家领导人心中的国殇！

1973年，根据周恩来总理指示，由当时的国家科委领导，在河北省组织了"黑龙港地区地下水合理利用"的国家科技大会战，有来自河北、湖北、吉林等59个科技单位的400余名科技人员参加。10月，响应党和国家的号召，北京农业大学的石元春、辛德惠、毛达如、林培、雷浣群、陶益寿、黄仁安等人组成研究小组，满怀一腔热血，千里迢迢，奔赴曲周最苦最穷的"老碱窝"张庄大队安营扎寨，并在此设立了旱涝碱咸综合治理试验区，成为这次轰轰烈烈大会战的前哨兵，开始了他们后来可以彪炳史册的、伟大的"改土治碱"崇高事业。

盐卤之地，条件艰苦，可想而知。在这里，他们住的是漏雨、漏雪、漏土的"三漏房"，盐蚀、风吹、水浸，墙根已经缩进不少，土坯间也有漏出缝隙，室外光线可以透进屋里，插根树枝就能挂衣物；吃的是粗高粱拌粗盐粒，加干辣椒，但胸怀国家，使命在身，小组成员们毫不退缩，立下誓言：不治好盐碱就不回家！

这几间土房成为石元春和辛德惠等人人生新的起点，旱涝碱咸综合治理的大船从此起航，10年后全国三结合经验交流会和12年后盐渍土改良国际会议人员到这里参观；15年后李鹏总理莅临视察。韶华易逝，岁月有情，

图 3-3　原大队部，农大老师进驻后的最早住房

图 3-4　农大老师在张庄村里的住房

在历史的洪流中，他们乘风破浪终，没有辜负党和人民的期待，向共和国交上了一份满意的答卷。

一、挺身进入盐碱地

1973 年 7 月，石元春和辛德惠等一行人买好火车票，没做多少准备，就风尘仆仆登程曲周了。这些人当时已是研究生，风华正茂。林培、陶益寿和石元春是 1956 届土化系毕业生，师从李连捷和叶和才；毛达如是 1959 届毕业生，师从苏联植物营养专家沙哈诺夫教授；辛德惠也是留学苏联莫斯科大学的博士。在专业结构上，辛德惠、林培、雷浣群和石元春 4 人是土壤专业，陶益寿和黄仁安是水利土壤改良专业，毛达如是植物营养和施肥专业。他们每拉出来一个，都是"个儿顶个儿"、能独当一面的"将才"。

初次见面，县里安排了县领导、各有关局介绍概况，但他们非常急迫想了解具体地情，所以还没等完全安顿好，就要求到北部盐碱地区进行考察，以便能够尽快地开展工作。不过，虽然心里早有准备，但曲周的现状还是超出了他们的想象。

据科研组人员回忆，当时盐碱地上的庄稼长相很差，严重的地方已经荒凉得不见庄稼，只有绿色苦楝和盐碱蓬等植物点缀其中，地面上更是土丘沟壑纵横交错，满是白花花的盐粒，满眼望去，就像是一大片荒漠。明崇祯年间"曲邑北乡一带，盐碱浮卤几成废壤"的史料亦证实了这一带土壤盐渍化的久远历史。曲周北部的"四大碱"即以张庄为首的张庄、高庄、连珠村和史庄，也称"张高连史"，便是远近闻名的老碱窝。张庄村的社员说，麦收本是农村最忙最累的季节，可是这一带的农民却很悠闲，不紧不慢。收麦子不用镰刀，只需背着一个大布口袋，在稀稀拉拉的麦地里，东揪一把、西揪一把地将麦穗放在布口袋里就结束了。一年收的麦子，只够年节包饺子吃。实际上，1973 年几位老师进村的时候，张庄每年要吃掉七八万斤救济粮，领两三万元救济款。

从地貌学上看，这一带位于滏阳河冲积扇扇缘，是一个地下水位浅、补给丰富的盐分强烈积聚带，属原生盐渍化区。不仅如此，这里还是滏阳河灌区上游，灌溉水源丰富，渠水渗漏量大，灌排系统不配套，水盐运行失调，人为因素造成的次生盐渍化也很严重。再者，在农业生产上，缺肥少管，耕作粗放，技术落后，经济和物质基础极差。更重要的还在于，当地群众对治碱没有信心，这次可能还会像以前应付地县工作组一样应付他们。技术因素、社会因素和农民心理因素都是很大的挑战。

幸运的是，当时正值狠抓河北平原旱涝盐碱综合治理时期，河北省委、邯郸地委和曲周县委三级领导都十分重视，国家科委也对河北黑龙港流域组织了地下水合理利用的科技大会战项目，所以大形势是十分有利的。作为黑龙港科技大会战中的一个分战场，农大师生在曲周的工作并不是孤军奋战。

二、曲周旱涝碱咸综合治理试验区

为了攻坚克难，石元春与辛德惠等人开始就将旱涝碱咸综合治理试验区设在了盐碱灾情最重的张庄，可谓是"中心开花"之举。他们起初白天考察、了解灾情，晚上回到县城招待所居住，后来为了工作方便，干脆直接将科研组设在了张庄，接连克服饮水、住房、饮食等众多难题，将"治碱"列为他们人生当中的第一使命。

黄淮海平原的水分与盐分，多变莫测，科研组顾此失彼，屡战屡败。旱是水少，涝是水多，土壤盐渍化使地下水位太高，旱涝盐碱和地下咸水构成了一个复杂的水盐运动系统。科研组经过分析认为，虽然黄淮海平原降水多，但是雨量并不均衡，加上低洼地多，就会出现雨季脱盐旱季又返盐的情形。要解决平原上旱涝和盐碱灾难相生伴随的问题，首先就必须要搞清楚平原上水分与盐分在地下的运行规律。为此，来自不同学科的专家们，开始了他们的探索之路，不断寻求良方良策。科研组负责人石元春曾跟随导师参加中国科学院新疆综合考察，并在塔里木农场做过盐碱地改良试验工作，具有丰富的盐碱地治理经验。辛德惠也是研究土地的留苏归来专家，他们经过查询国内外各种关于治理旱涝盐碱的文献，认真学习巴基斯坦的"浅井群"和沧州地区南皮县乌马营试验区的"抽咸换淡"治理经验，并四处访问干部和群众，对张庄盐碱地的土壤和水质进行采样和化验，终于总结出了曲周县地下的水盐运动规律：这里属于半干旱季风气候，春旱夏涝，雨涝使地下水位上升，盐随水返到地面；春旱又让土壤中的水分大量蒸发，让盐分留在地表，常年恶性循环，使得盐碱地危害难以根除。简单来说就是：盐随水来，盐随水去，水随气散，气散盐存。

　　科研组在水盐运动及其调节思想基础上形成了以下"四条"基本认识：旱涝碱咸是个复杂的水盐运动系统，不能"头痛医头，脚痛医脚"，必须实行综合治理；旱是水少，涝是水多，要灌要排也要蓄，灌排蓄要协调一体才不致引起土壤次生盐渍化；开采利用浅层地下水兼有抗旱、防涝、防治土壤盐渍化和促进地下咸水淡化四重功能，是调节区域水量与地下水位的中心；在浅层地下水为矿化度较高的咸水地区，还要突破咸水利用和利用中逐渐淡化的这道"瓶颈"。

　　正确的认识与理念是成功的基石，但还必须要通过工程与技术手段才能实现。1973年10月下旬，试验区的农大老师、县水利局的袁工和两位技术员紧张地进行试验区综合治理的工程设计及施工准备工作。1973年11月8日，曲周试验区旱涝碱咸综合治理工程的第一份报告——《邯郸地区曲周县旱涝碱综合治理样方规划草案说明书》终于诞生了。这份万言书是深入思考和大量调研的结晶，是曲周试验区综合治理旱涝碱咸的第一份蓝图！是对当地旱涝碱咸的宣战书！

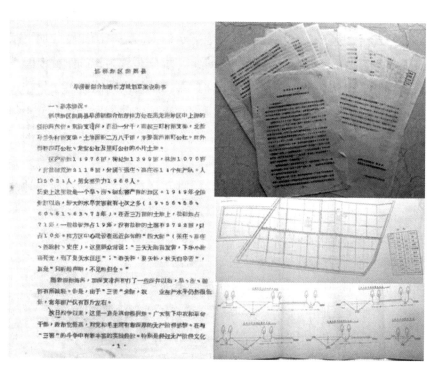

图3-5 《邯郸地区曲周县旱涝碱综合治理样方规划草案说明书》

临战前，邯郸地委李书记来到张庄，听取农大对试验区综合治理的《规划》和1973年冬季农田工程施工方案的汇报。在汇报中，他提出了一个重要建议并被采纳，即在综合治理试验区内设置一个试验小区以样板带动全局。实际上，正是李书记的这个建议，为曲周试验区的综合治理试验增设了一个亮丽的展示橱窗，至少使综合治理成效提前两三年得以对外彰显，起到了非常重要的示范和带动作用。

试验小区面积400亩，就设在张庄村南，站在农大老师的住房门口就能一眼看到，农大老师们有时端着饭碗，一边吃饭，一边欣赏施工现场，吃完饭就去"溜达"一趟，感觉非常好，还给它起了个昵称叫"400亩地"，通俗而又亲切。农大老师们先为"400亩地"做好施工前的各项技术准备，县水利局的袁海峰工程师和两位年轻技术人员不仅参加了整个试验区的工程设计，还担当起施工现场测量、放线、打桩工作，大家一起通力合作，好一派热火朝天的宏阔景象。

图3-6 民兵连施工队在挖五支渠进行水下作业

图3-7 新完成的"400亩地"田间工程

农田的土方工程基本完成后，二期工程——冬灌和盐碱

图 3-8　盐碱地压盐冲洗

地冲洗压盐随即开始部署。

　　1973年冬季，试验区和"400亩地"样方的农田工程按设计如期完成，并通过了邯郸地区改土抗旱指挥部的验收。两位王局长、公社副书记胡文英，连同辛德惠、雷浣群、黄仁安和石元春一起巡视了整个试验区工地，对工作进展比较满意。

　　1974年是曲周试验区的开局年，也是全面组织综合治理战役的头一年。工作的重中之重是全面和全力推出综合治理措施和试验。开局年的首要工作是建立化验室。年近六十的周斐德是农大老师们的师辈，讲授过物理化学和胶体化学课，他奋斗在第一线，在土壤教研组担任土壤分析课老师，成为这里的带头人；无机化学课的戴汝良和物理化学课的蒋以操，也对曲周试验区的工作抱有极大的热情，在他们的共同参与下，化验室正式筹备起来了。另外，在当地公社大队长的帮助下，他们还挑选了一批化验员，组建了一个年龄、分工合理的工作梯队。

　　不忘对农民进行培训，又是农大在治碱的过程中开创的新一种人才培

图 3-9　周斐德教新招收来的化验员化验

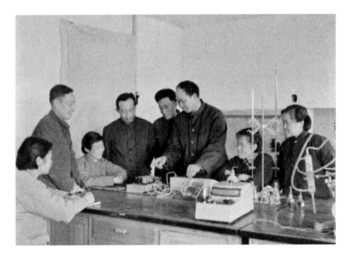

图 3-10　农大老师们和 1976 年的新化验室

养路径。"农大的同志是来帮助工作的，不是把棋子拿过来自己下，必须要让走棋的人自己下。"农大师生谨记时任农业部党组书记、中共中央农村工作部副部长、国务院农林办公室副主任兼北京农业大学校长和党委书记王观澜同志的叮嘱，开始办农民学校，培养当地人才。

创办农民学校是 1974 开年后的又一件大事。经过反复讨论，老师们写了一份《邯郸基点开门办学的初步意见》，上报到地区、县和学校领导。办学的主导思想是以 2.8 万亩"邯郸地区曲周县旱涝碱综合治理试验区"为田间课堂，教学、生产和科学研究结合，做到出产量、出科研成果、出人才。招生地区以试验区所在大队为主，照顾曲周县北部四个公社，之后逐步扩大招生范围。

1973 年冬打响了前哨战，1974 年上半年组建化验室、部署水盐情报网、创办农民学校等等，都是围绕一个中心任务——综合治理旱涝碱咸！1974年，已经吹响向旱涝碱咸全面开战的新号角！

三、向旱涝碱咸全面开战

全面开战不是眉毛胡子一把抓，而是要抓"综合治理"这一关键核心，将旱涝碱咸视为一个有机整体，抓住水盐运动这个病根，进行"辨证施治"，对症下药，方能药到病除。

黄淮海平原春旱夏涝，季节性少水和多水，需要作水量调节，要灌、要排、也要蓄，既要做到灌、排、蓄协调，还不致引起土壤次生盐渍化，这是一个很大的难题。过去就是因为"头痛医头，脚痛医脚"，所以总是走不出顾此失彼的怪圈。当务之急，是要制订试验区的综合治理作战方案。为此，科研小组在曲周试验区摆开了"以正合"阵势：一是深浅机井结合构成井组，可提高抗旱、防涝、治碱和改咸能力；二是挖深沟7000米，动土15万方，深沟间距1000米，深3—4米，具灌、排、蓄三种功能；三是修灌渠8000米，兼灌溉排咸双重功能；四是修浅排沟18000米，可及时排除地面沥水；五是平地和压盐2500亩、亩施有机肥2—3车、良种良法、精耕细作等技术措施。

对于此中的奥秘，辛德惠曾在报告中写道："这一带咸水面的坡降约1/6000，近乎停滞状态。每年雨季，雨水将盐碱土中的部分盐分淋至咸水层的表部，使之矿化度增加；旱季，咸水又通过土体蒸发浓缩。由于这种频繁的交换作用，使咸水层上部形成了一个矿化度较高的水层。"咸水利用试验连续进行了5年，科学观测数据报告显示，"旱涝碱咸综合治理1974"之战的战绩骄人。1976年春天邯郸一带大旱，曲周试验区的这一套咸水灌溉技术被成功推广应用。

1974年的小试牛刀，证明这把刀是管用的，为曲周地区的旱涝碱咸全面治理开了一个好局。在整个过程中，试验区就曾向曲周县委和邯郸地区频频发出战报。这套综合治理理念和措施的成功，收获的不仅是农民、领导的信心，还有农大老师的信心。向旱涝碱咸全面开战初战告捷，但旱涝碱咸的消退毕竟才是刚刚开始，各项措施与观测数据也仅仅是一年，需要持续执行与长期积累。他们采取的四年治理期作战策略是"稳扎稳打，步步为营"。

不过，随着治理实践与科学试验的进展和深入，他们遇到了一个障碍，即当时的试验方法与手段尚难获取到他们所需要的某些准确和量化的数据。几位老师想法一致，几乎异口同声地说道："搞模拟试验！"就是要建一个水盐运动模拟试验场。经过精心的准备和工作，水盐运动试验场于1976年开始正式投入使用。在这里，李韵珠、陆锦文做了大量的水盐运动试验，积累了非常重要的一手基础数据。可以说，水盐运动模拟试验场为提高试验区综合治理实践的科学性上立下了汗马功劳。

随着综合治理措施的不断实施，曲周试验区的成效日渐凸显，但实际上，这还离不开科研工作组的另一项法宝，即从建立曲周试验区的第一天起，就始终坚持综合治理与农业增产两手抓，收到了粮食"一年上纲，二年过河，三年跨江"的好结果。综合治理与农业增产比翼双飞，不仅增强了农民和地方领导的信心，更重要的还在于，赢得了他们的信任与支持，这是试验区良好运行的重要保证。

1976年2月，曲周县来了新书记冯文海，他对试验区的工作非常重视，到任后的第二天就来到张庄看望农大老师。此时辛德惠、林培、黄仁安和石元春春节后刚从北京回来。3月，也就是冯书记到任一个多月后，一份《曲周县革命委员会关于北部水利资源合理开发利用和旱涝碱咸综合治理工作规划意见的报告》递到了邯郸地委，计划将张庄试验区的试验研究成果推广到整个北部的23万亩盐碱地区。这是一个很大胆的设想，可以说给科研组的工作打了一针强心剂。这份报告中有详细的农田工程规划、实施计划、效益产出、资金筹措、组织领导等举措，冯书记的气魄和动作都很大。可能这是他上任后为自己筑的第一个梦，也是为当地旱涝碱咸治理筑的一个梦，只不过这个梦是人民的梦、充满希望的梦。

中国人做事讲究"天时、地利、人和"，懂得"得道多助"，将曲周试验区经验推广到曲周县北部2万亩的这个梦，不断得到了"贵人"的帮助和支持，其中有农业部部长杨立功，甚至还有联合国组织。1978年9月，农业部部长杨立功来到曲周试验区视察工作，科教司司长臧存跃陪同。当走到"400亩地"东南角的一块地地头时，视察组人员停了下来，石元春介绍说："这块地去年什么都不长，今年麦季收了一茬好麦子，现在玉米全苗，长势很好。"部长、司长面有喜色，谈笑风生。通过当时拍摄的照片可以看出杨部长何等地笑容可掬。部长有了笑容，随行人便也乐开了花。

1979年早春，农业部副部长何康在农业部科技司司长臧存跃陪同下来到曲周试验区，再次进行调研和落实农业部拨款事宜，回京不久，农业部的500万元拨款便下到了河北省。可以说，杨部长给曲周县北部8万亩盐碱低产地带来了"及时雨"，曲周试验区的综合治理成果因此得以更加及时的推广。

自1973年9月农大老师进驻张庄，建立曲周旱涝碱咸综合治理试验区到1983年的整整十年里，可谓是一个战役接一个战役，一个胜利接一个胜利，这是由曲周县委领导、试验区农民与农大老师们共同谱写的绚丽篇章，震动中外。1979年麦收季节的一个早晨，联合国农业发展基金会副总裁也来到了曲周实验区考察现场。这位外国人离开时，意味深长地说了一番话："发展中国家的这类项目我考察过很多，一般总要半个多月，这次到你们这里来，半天就够了。我认为基金会要支持这个项目，相信回去向总裁汇报后他也会同意的。"接下来，在不到一年的时间里，联合国农业发展基金会就与中国政府签订了近3000万美元的曲周旱涝盐碱综合治理项目贷款，这是曲周农业项目上第一个引进的外资。不过，刚开始曲周县政府不敢贷，担心还不起，还是辛德惠积极地做工作，帮忙算了一笔账，这才丢掉了思想包袱，成立了外资办，建立了滚动投资机制，而当曲周农民看到实实在在的收益时，也就更愿意去做了。

贷款的到来使曲周实验区一下子由几百亩扩大到了23万亩，整个曲周县北部可以说是旧貌换新颜。1983年2月22日，曲周县北部23万亩综合治理的联合国国际粮食发展基金会（IFAD）项目正式签署生效；5月13日，全国30个省（区、市）的代表云集曲周试验区，交流产、学、研三结合经验，一时声名远播，响彻海内。

总结农大教师应用推广综合治理成果的妙招，主要在于狠抓了三项措施，一是普查农业资源，二是制订综合治理规划，三是由点到面逐步实施。而为了促进大好形势的深入发展，县委、县政府更是以农大为科技后盾，制定了五条措施以加强对科技工作的领导：一是搞好中低产田科学攻关；二是推行技术责任制，实行技术联产承包；三是积极创造条件，建立县级技术推广中心；四是加强智力开发，所有农村中学都增设农业课；五是把德才兼备的专业人员选拔到领导岗位上来。如此携手互助，良性循环，终于成就了曲周试验区在旱涝碱咸治理上的典范位置，实现了当地人多少代的梦想。

农大师生长期驻扎在曲周，数年如一日，坚持不懈，实验区的土地一年比一年好，原来不能长庄稼的"飞机场"都变成了良田。1972年，张庄粮食亩产量只有79公斤，而到了1978年，竟达到了500公斤！农民开始向国家售卖余粮，从此结束了靠吃国家救济粮的历史。农村的生态环境一年比一年改善，农民的人均收入也大幅度增长，破土房变成了新砖房，农民愁容换新颜。张庄改土治碱的成功为黄淮海平原地区盐碱地的治理带来了希望！

回首往事，历历在目，试验区万亩良田，农大师生艰苦奋斗了十年，促进了当地科学技术与农业生产的迅速发展，获得了广大群众的热烈赞扬与由衷敬意。农大老师为改造盐碱地所作出的巨大贡献，会永远牢记在曲周县人民的心中！

四、曲周实验站的成立

试验区是为应某项试验研究之需而建，具有单一性与临时性；而实验站则是某单位在某地设置的、有建制的、具有长期性质的试验研究单位。显然，从试验区到实验站是个质的转变。

自1973年建立曲周旱涝碱咸综合治理试验区，到20世纪70年代末，形势发生了很大变化：一是试验区在生产实践和科学研究上取得了较好的发展，影响日渐扩大；二是由于国家改革开放和对黄淮海平原治理的需要，试验区承担的国家科研任务越来越重；三是1977年全国高校恢复招生，驻曲周试验区老师的校内教学任务逐渐多了起来。可想而知，那种无教学任务，全职驻点研究和来去自由的松散组织形式，已经跟不上形势变化的要求，固有的体制缺陷越来越制约着曲周试验区的进一步发展。

科研组开始认真思考这个问题，经过大家的讨论和商量，决定在原有试验区的基础上成立实验站。规划实验站大院面积约40亩，南半部是工作区，北半部是生活区，院墙外东北角有个高高的水塔，为实验站生活和工作供水，而在进大门处留有一块面积不小的绿化区。正对大门的是两层的实验楼（主楼），主体部分三层。实验楼东是一排平层的东厢房，为测试中心，与实验楼有玻璃走廊相连。主楼的西南单建一座宽敞明亮的多功能厅，可用作教室、陈列室、接待室和大会议室。以围墙分割出的北部生活区内，有东4排和西4排的8排宿舍，供教师、研究生、实习大学生及客人住宿。4000平方米建筑面积盖起来很快，但附属设施较多，实验室要求较高，所以施工用了约一年时间，1981年春才正式投入使用。从1973年进驻张庄时的"三透房"到现在的实验站，农大师生们用他们的奋斗筑起了一座新的丰碑。

图3-11　曲周实验站亮丽登场（1985年春摄）

五、苦生活乐寓其中

谈到曲周实验站著名的"三对半夫妇"，还要从农业部的何康部长说起。1979年，何康还是农业部的副部长，头一次到张庄，和张庄试验区的农大老师们谈得十分投机，工作上和生活上无所不聊。

"你们到张庄蹲点，是学校安排的吗？"何副部长问。

"没人安排，是我们自己愿意下来的。"农大的老师这样回答。

"谁和谁是一家子？"一下子引起了副部长兴趣。

"林培与邵则瑶，雷浣群与周斐德，还有石元春与李韵珠。"

"老辛，你的夫人怎么没来？"他哈哈大笑后问辛德惠。

"我爱人在北京林业大学工作，现在还在昆明，来不了。"

"好！好！好！农大老师在曲周试验区有三对半夫妇。"副部长非常高兴，随之神情又严肃起来说，"你们很不容易，这里的艰苦条件且不说，你们把老人和孩子放在家里，一心在这里治理盐碱地，这种精神就十分可贵。"

从张庄到曲周县、从邯郸地区到农业部，何副部长回程的一路上逢人都会讲着"三对半夫妇"的故事。曲周县委听到这个"新闻"后，马洪宾书记亲自到张庄找到辛德惠和石元春说，过去县里不知道，对农大老师关心不够，现在知道了，一定要给三对夫妇单独安排房间，家庭生活所需条件县里全部提供。这三对"两口子"一商量，意见非常一致："我们下来是工作的，和每个老师都一样，不能'脱离群众'，领导的关怀只能心领了。"

在张庄工作的农大老师都是40岁上下的中年人，上有老下有小，每家都有一本难念的经。石元春一家四口挤住在土化系的一间仓库里。平时大部分时间都在张庄，只好将一个上小学和一个上初中的两个孩子托付邻居刘友文夫妇照顾。大的是男孩，念初中，小的是女孩，念小学。中午兄妹俩吃食堂，下午放学回来后，哥哥出去打篮球，妹妹在家做饭，倒是培养得女儿后来

图3-12 四男四女中有三对夫妇

99

能做得一手好菜。林培和邵则瑶家里有两个上中学的孩子，全靠有病的七旬岳母一人照顾；雷浣群和周斐德也有两个上中学的孩子，两个小姊妹相依为命；黄仁安在张庄的时间更长更久，他还在上小学的女儿全靠上班的母亲一人照顾，这会有多难。每家都有一本难念的经，但是没有一个人谈论家里的困难，更没有一句怨言。似乎是时代培养了这一代人在对待家庭和生活上的这种韧性与坚毅。

刚到张庄那几年，农大老师们生活很苦，大队部两侧的住房由于盐碱腐蚀和风吹雨淋，垒砌的土坯间露出了缝隙和小洞，室内外既通风又透光。因为房间的透风性好，只要外面有点风，床铺上必是一层土，这事好办，盖上一层塑料布就行。地面潮气很重，铺上油毡可隔潮。难办的是怕连阴雨，屋外下雨屋内漏，屋外停雨屋内还滴答。知识分子下农村要过好"三关"，思想关、劳动关和生活关，在张庄蹲点还要过好"肚子关"。这一带是重盐碱地区，饮用的浅井水又咸又涩，所以平时很少喝水，吃饭时多喝些汤，反正汤也是咸的。问题是饮用水中含有硫酸镁盐，就是平时说的"泻药"，所以凡到张庄蹲点者，先跑三五天肚子才能适应过来，改造思想要先改造"肠胃"。

1975 年夏天，学校高鹏先校长到北京农大的各个开门办学基点视察工作。在张庄住了一天，首先接受考验的是肠胃，免不了要多跑几次厕所。所谓厕所，就是在农大老师住房的房后挖两个土坑，垫上四块砖，用玉米秸一围就齐了。正好这两天下雨，高校长上厕所时，一不小心就容易滑倒。后来听说，高校长在涿州校部介绍下放点情况时说："我下到各个基点上看了看，条件最艰苦的要算是土化系的曲周基点。"

在张庄蹲点的农大老师的精神状态特别好。在张庄蹲点生活虽然苦些，但专业对口，能发挥所学，可以有所作为。看到试验区的生产条件在变、土地在变、庄稼在变、农民生活在变，农大师生就有一种生活充实感和事业满意感，心情特别好。这批中年老师整天工作在一起、吃住在一起，充满着欢乐。同时，农大老师和张庄、大街、王庄等试验区的各个大队的老乡关系特别亲密。因为想的都是同一件事，把碱治好，把庄稼产量和老乡生活搞上去。和他们一起挖沟平地，一起劳动，一起开会聊天，心是连在一起的。加以治碱上和生产上又有了成效，所以"农大老师"就成为一个

"昵称"，一个可以依靠的代名词。有时大队干部讨论工作中意见分歧，统一不了，就说："走！听听农大老师怎么说"；有时两口子吵架，到不可开交时候也会说："走，找农大老师去！"至于生产上遇到什么问题，更是要去找农大老师了。

第三节　成功的经验，动人的故事

曲周治碱大作战倾注了无数农大师生的青春与热血，曲周的经验是成功的，曲周的故事是动人的，他们足可引以为傲，足可功成身退，甚至是扬名立万，但这些师生从未如此想过，责任、担当和奉献才是他们永恒的追求，祖国正在召唤他们去开创更伟大的事业。

自 20 世纪 70 年代开始，针对黄淮海平原旱涝盐碱的综合治理和农业发展，国家组织了一场长达 28 年的科技大战役。虽然曲周试点和建试验区为黄淮海平原的治理奠定了基础，但要使全局性的科技大战役取得胜利，还有更长的路要走。1978 年，我国发布了《1978—1985 年全国科技发展规划纲要（草案）》，国家科委继续将黄淮海平原中低产田治理列入"六五""七五"国家科技攻关项目。在国家科委、农业部、水利部和林业部共同主持下，有冀、鲁、豫、苏、皖五省和京、津二市的 100 多个科研教学单位的 1000多名科技人员参加了这次规模空前的科技大战役。

黄淮海科技大战役的目标是要寻求对黄淮海平原近 2 亿亩中低产地区进行旱涝盐碱综合治理和农业发展。一个试验区取得的成功治理和开发经验，一般只在它所代表的条件相近的同类型地区具有推广应用价值，而黄淮海平原的自然地理和农业生产条件非常复杂，那就需要针对黄淮海平原的主要中低产类型分别设置试验区，做到点、面的密切结合与匹配，方能百战不殆。为此，需要更多的实验、更多的实践、更多的数据和更多的辛苦，困难可想而知。

农大师生从不畏惧，不断挑战科学高峰不正是他们自孜孜以求的目标吗？！星星之火，可以燎原。他们怀揣梦想，牢记使命，不忘初心，肩负国家和人民的重托，再次整装待发，继续投入到另一场更伟大的战役中去，燃烧自己，照亮星空。

一、备战阶段（1979—1983 年）

1978 年秋，农业部杨立功部长亲临曲周实验区考察。对实验区改土治碱的成效和做法给予了充分肯定，于是决定拨款 400 多万元，推动试验区成果向曲周北部 6 万亩盐碱地推广。河北省领导也多次考察曲周试验区。1979 年，张庄旱涝碱咸渍综合治理试验区科研组还获得了国务院嘉奖。各级政府和国内外专家认为，曲周治理盐碱地的综合治理的经验具备引用外资、推广经验和进行大面积试验的基础。1982 年 11 月，农业部、河北省与世界农业发展基金会正式达成了"河北农业发展项目贷款协定"，金额 2294 万元。外资引进使治碱工作如虎添翼。

1982 年 6 月在济南召开的"黄淮海平原农业发展学术讨论会"，是黄淮海战役最重要的舆论准备会。根据这次济南会议，《人民日报》于 1982 年 8 月 25 日发表了题为《加快黄淮海平原农业的发展》的社论。这次济南会议是黄淮海平原发展历程中的一座里程碑，是黄淮海科技战役的一次群英会和誓师会。

二、"六五战役"阶段（1983—1985 年）

根据中央的"全面安排，突出重点"方针，国务院于 1982 年将 1978 年公布的《八年科技发展规划纲要》中的 108 项内容，调整为涉及农业、电子信息、能源、交通、环保等 8 个领域、38 个攻关项目，纳入国家"六五"计划实施。

"六五"计划实施取得了一批有价值的成果，促进了黄淮海平原的农业发展，带动了经济建设，在国内外产生了良好的影响。与此同时，黄淮海课题"六五"技攻关项目顺利，这就更加坚定了国家推进黄淮海治理与开发的信心和决心。

1985 年 5 月，农业部在山东济南举办"国际盐渍土改良学术讨论会"，来自美国、日本、加拿大、澳大利亚等 14 个国家的 30 多名外国友人与中国 50 多名专家一道，参观中国重点土壤改良试验区，开展科研交流。而筹备这次国际会议工作的总指挥，正是曲周实验站负责人石元春，参观交流的首站也设在了曲周。他们对中国人创造的奇迹惊叹不已。

三、"七五战役"阶段（1986—1990 年）

"七五战役"是黄淮海科技大战役中的关键一役。为此进行了周密部署，分 12 个试验区和 6 个重大超前技术"两线作战"。整个攻关过程中，严格要求，强化管理，在综合治理、粮食增产、农民增收和科技研究上都取得了重要进展。

1988 年 6 月 14 日，国务院总理李鹏和国务委员兼秘书长陈俊生、中央农村政策研究室主任杜润生、农业部部长何康等领导同志及工作人员一行 31 人，在河北省委书记邢崇智、省长岳岐峰等陪同下，专程到曲周县农业利用外资项目区进行视察。

李鹏总理到曲周试验区视察，他站在盐碱小土堆上，看着东西两边相差巨大的粮食生产状况，由衷地感叹："你们干得不错！"对攻关试验区的盐碱地治理给予高度评价。看到沧海桑田的变化，李鹏总理意味深长地说："我就是要看看旧貌换新颜的！"并邀请科技人员代表到北戴河做客休假，国务院还颁发了嘉奖令。同年，曲周农民在农大校园立碑铭谢："改土治碱，造福曲周。"

四、拓展和综合开发阶段（1990 年以后）

20 世纪 90 年代初，盐碱地治理取得阶段性辉煌成绩之后，农大的科研团队没有功成身退，而是又开始了新的征程。他们根据曲周经验，向国家有关领导提出《农业农村发展三阶段战略》的农业开发的建议，以此不断探索从传统农业向现代化农业的致富之路。

《农业农村发展三阶段战略》的主要内容为：第一阶段是综合治理阶段，主要攻克对盐碱地的治理，以提高粮食产量，解决粮食短缺的问题，到 1993 年已基本实现；第二阶段是综合发展阶段，主要目标是要推进其他各个产业的发展，在此阶段，粮食短缺问题已经得到解决，而粮食销售问题突出；第三阶段是城乡一体化阶段，加大农业三产融合，逐步消除城乡差别，实现农民城市化，实际是最早的农大版的乡村振兴规划战略部署。按照"三阶段"战略，曲周农业发展已经进入综合农业阶段，正在迈向城乡一体化阶段。在此阶段，曲周实验站开展了科研、社会服务和人才培养方面等多方面的工作。

1993 年，曲周县委政府在曲周实验站立碑。1996 年，中国农业大学协助曲周县并以曲周实验站为核心，建成了以高新技术为先导，集科农工贸于一体的省级农业高新技术产业园区，大力发展特色经济，组建了 26 家农业产业化龙头企业，带动了全县经济跨越式发展。"十五"期间，还积极帮助曲周县编制了《绿色产业发展总体规划》，确立了"举绿色旗、走现代农业路"的战略方向，将曲周经济和现代农业发展推上了快车道。

与此同时，农大人的科研工作也是硕果累累，与农业综合开发成效相得益彰。1996 年，"曲周盐渍化改造区高效持久综合农业发展优化决策研究"获农业部科技进步奖二等奖，"盐渍化改造区农牧结合形式、规模和效益研究"获得河北省科技进步奖三等奖。1999 年，黄淮海项目作为国家科技代表团成员参加了在俄罗斯举办的"中国年"。2001 年，黑龙港上游农业高效持续发展研究获得国家教委科技进步奖二等奖。2003 年，"黄淮海平原持续高效农业综合技术研究与示范"荣获国家科技进步奖二等奖。中国农大驻曲舟科研组因野外工作成绩突出而获得科技部的先进集体称号、石元春被评为突出贡献奖、郝晋珉被评为先进个人和周光召奖。

中国农大师生们积极推动旱涝碱咸治理成果走出曲周，造福黄淮海，成功推动了黄淮海平原、三江平原、黄土高原、北方旱涝和南方红黄壤等五大区域的农业综合治理与开发研究。成为国家科技攻关计划，实施了长达 12 年的全国性中低产田治理（1988—2000 年），涉及 20 个省市、3.8 亿人口和 4.7 亿亩耕地，使得全国农业开发区的粮食累计新增量占全国总产新增量的 2/3。为我国区域治理和区域经济发展作出了非常巨大的贡献。

在这场轰轰烈烈的盐碱综合治理战役中，涌现出了无数爱国者、奋斗者和奉献者，他们几十年如一日，勤勤恳恳，任劳任怨。

黄淮海科技大战役进入 20 世纪 90 年代以后，我国一度出现卖粮难的问题，作为应对之策，发展畜牧业成为当时消化多余粮食和改善居民膳食营养结构的重要战略。此时，辛德惠毅然决定将研究重点从土地转变为农牧结合、饲料和酵母蛋白生产等问题。就这样，辛德惠通过不断的专业知识学习和自我完善，力争保持与时代发展的同步，以期为国家和人民事业作出更多的贡献。但常年战斗在工作一线，定然是付出了常人难以想象的辛劳。1999年，辛德惠去宁波参与考察，乘轮渡到象山，在船上突发心脏病，紧急送医院经抢救无效而去世。噩耗传来，晴天霹雳，人们莫不悲恸！就这样，一位对农业生态科学发展有重大贡献的学者、一位真正的"工作狂"，在他自己的岗位上悄然地离开了我们。

辛德惠去世以后，怀着对他无比的崇敬之情，曲周县人民请求把辛德惠的骨灰埋在当地，以便能让他长留在曾经奋斗过的这片热土上。后经商议，曲周县委县政府决定留一半的骨灰埋在曲周实验站，并修建了辛德惠的墓碑。在学校的追悼会上，农业部、科技部、教育部等部委同志亦悉数到场。辛德惠因公殉职，一生为人民服务，浩气长存，他的顽强毅力和坚持不懈为国家、人民忘我工作的精神，永远值得我们后辈去学习和传颂！

第四节　继承优良传统，再创百年辉煌

进入新世纪以来，随着我国经济、社会的发展，农业需求与日益短缺的资源和环境的压力不断增长。曲周实验站所在的华北地区面临的同时保障国家粮食与生态环境安全的形势更加艰巨。如何走出一条既高产又高效的道路，成为农业发展面临的突出问题。

新时期，曲周县的粮食产量总体水平仍然不高，粮食生产面临水资源匮乏等问题，因此，从技术及其实现途径上寻求作物产量与资源利用效率、环境保护和经济效益协同提高的可持续农业发展道路迫在眉睫。历届县委、县政府都将曲周县与中国农业大学的合作放在重要地位，把"立足县校合作，依托科技进步，发展曲周农业"确定为基本思路，还提出了"举全县之力加强和中国农业大学的合作，以促进曲周社会与经济发展更上新台阶"的发展策略。站在新的起航带点，中国农业大学在大有可为的同时，亦肩负着更为重要的责任，站在巨人的肩膀上，传承创新，砥砺奋进。

一、在发展中不断推陈出新

曲周实验站先后探索了农业合作社模式和农民培训模式，成立了曲周农业新技术推广协会，创办和引进了农业企业，建设了科技服务一条街等，不断推动农业产业化发展，促进农民增收。"十五"期间，曲周农业的发展逐步进入了"城乡一体化"阶段，曲周实验站将功能拓展为"服务教学、服务科研、服务地方经济"，积极协助曲周县进行曲周绿色规划、次中心城市规划，推动区域经济发展。

曲周实验站又依托高产高效农业发展道路研究基地和科技小院，针对曲周所在的黄淮海地区农业生产急需解决的实际问题，建立起了农民参与式 DEED 全新农业技术创新模式。2009 年，张福锁带领农大师生进驻曲周白寨乡农家小院，零距离开展科研和社会服务工作，群众亲切地称这个农家小院为"科技小院"。师生在这里生活、学习、工作，融入农民群众之中，随时跟农民进行交流，吃农家饭、干农家活，成为农民的朋友和自家人。与此同时，科技小院扎根基层，在"三农"一线开展科研、社会服务和人才培养，推动农业发展方式、农业生产关系转变，实现了与农民、企业和政府"零距离"开展科技创新、技术服务和人才培养的三位一体新模式。

随着化肥产量的提高，我国农作物陷入"吃撑了"的窘境。张福锁指出："过量施用氮肥 30 年就使我国土壤显著酸化。土壤酸化不仅影响作物根系生长，甚至造成铝毒，导致作物减产，而且还会造成重金属元素活化、土传病虫加重等一系列问题，进而严重威胁农业生产和生态环境安全。根据有效监测数据显示，我国陆地生态系统大气氮沉降近年来增加了 60%，其中 2/3 来自化肥等农业源，其中：小麦、玉米、水稻粮田里，70% 的酸化是因为过量施氮造成的；果树蔬菜田里，过量施用氮肥对酸化贡献高达 90%。"对此，他带领的研究团队联合农科院、中科院等及河北农大、西北农林科技大学等全国 18 个科研单位，建立了全国协作网，共同破解"作物高产、资源高效"的理论与技术难题。从 2010 年到 2015 年，该团队在我国三大粮食作物主产区实施了共计 153 个点 / 年的田间试验。研究发现，土壤—作物系统综合管理使水稻、小麦、玉米单产平均分别达到 8.5、8.9、14.2 吨 / 公顷，实现了最高产量潜力的 97%—99%，这一产量水平与国际上同期生产水平最高的区域相当。张福锁强调创新是实现农业绿色发展的关键，减肥增效只是第一步，同步改善品种、栽培、灌溉等综合管理技术才是实现农业高产高效的核心环节。充分利用秸秆、有机肥沉降环境养分是实现提质增效、绿色发展、保护环境三位一体的重要前提。

经过多年探索，曲周实验站已建立起以实验站为中心、以科技小院为载体的多元化农业人才培养体系，而且依托这一体系，为学校、地方、企业培养各层次国内、国际人才。其中，经多年探索而形成的科技小院专业学位研究生培养模式获得了国家教学成果二等奖，获得社会各界广泛好评，为我国农业院校研究生培养改革提供了借鉴。与此同时，还依托曲周实验站，建立了中国农业大学思想政治理论课曲周实践教学基地、邯郸市爱国主义教育基地等，开展针对广大教师、研究生和当地中小学生的思想政治教育，通过从老一辈中国农大人奉献"三农"的事迹中汲取精神力量，坚定不移地为我国社会主义培养建设者和接班人。

为此，中国农业大学支持成立了国家农业绿色发展研究院，校地双方密切互动，依托曲周实验站打造国家绿色农业研究院，将曲周打造成为国家绿色发展示范县，引领京津冀一体化绿色发展；以邯郸乃至河北为中心把华北地区打造成全球绿色发展示范区，推动、引领和辐射全国；以华北为中心打造成小农户绿色可持续发展全球示范区、推动"一带一路"沿线的绿色发展，引领全球小农户为基础的未来现代农业的可持续发展！为未来的发展规划了新的航向！

党的十八大、十九大之后，我国的社会发展又出现了新的变化、新的气象。在国家实施"绿色发展、乡村振兴"战略大背景和难得的历史机遇面前，中国农业大学提出了建设"双一流"大学和推进京津冀一体化的响亮目标，邯郸市委市政府提出了坚定走加快转型绿色发展跨越提升新路，曲周县提出了推动农业生产由传统资源消耗向绿色生产方式的根本转变的目标。

二、新时代交上新答卷

紧跟时代潮流，不断创新开拓，秉承"责任、奉献、科学、为民"的曲周精神，中国农大的师生们敢于担当，积极进取，向党和政府、向曲周人民、向学校交上了一份满意的答卷。

曲周实验站经多年建设，已经成为重要的实践教学基地，承担着中国农业大学和河北农业大学、河北工程大学等兄弟院校本科生等教学实习任务。十余年来，先后接待了 4000 余名本科生的教学实习任务。与此同时，曲周实验站还与曲周县一起建立了以实验站—农牧局—科技局—职教中心四位一体的农村实用人才培养体系，依托田间学校、科技小院等为地方、企业培养各层次人才，先后培养农民科技骨干 500 多名，培训职业农民 5000 余人，惠及群众 3 万多人，推动了曲周农民科技素质的整体提升。

新思想引领新征程，新时代呼唤新作为。中国农业大学师生将以习近平新时代中国特色社会主义思想为指导，以培养德智体美劳全面发展的社会主义建设者和接班人为己任，扎根中国大地办好人民满意的高等农业教育，教育师生、宣传师生、组织师生传承和发扬"曲周精神"，弘扬爱国奋斗精神、建功立业新时代，加快建设具有中国特色、农业特色的世界一流大学，继续推进曲周实验站、科技小院建设，为早日实现中华民族伟大复兴的中国梦再创辉煌！

不到曲周，就难以真正领略几代农大人的伟大壮举，难以体会到一种科学改变命运的精神震撼，更难以理解曲周人民对中国农大师生的水乳深情。曲周的成功为我国黄淮海地区中低产田综合治理和区域可持续农业发展道路的探索作出了重要贡献。

几代农大人献身曲周造福人民的光荣传统，已经形成了铭刻在中国农业大学师生和曲周人民心中的"曲周精神"，这也是中国农业大学精神的重要组成部分。扎根曲周的研究生们，把论文写在大地上，以自身经历书写别样青春。这些凝聚着真情的文字，将激励更多的同学勤奋学习，实践成才，奉献社会。

新的历史时期，在国家"绿色发展、乡村振兴"的战略指引下，为解决华北地区绿色发展面临的严峻问题，推动乡村文明建设和农业可持续发展，中国农大和曲周县再度紧密合作，决心在曲周共建国家农业绿色发展示范区，探索解决农业由弱到强的绿色发展之路！

三、永恒的"曲周精神"

自 20 世纪 70 年代初以来，几代农大人与河北曲周县的广大农民群众，心连在一起，汗流在一起，急农民之所急，想农民之所想，深入基层，聚焦民生，艰苦奋斗，无私奉献，科学治碱，综合开发，理论联系实践，不断开拓创新，形成了"责任、奉献、科学、为民"的曲周精神，正是这种精神支撑着农大人和曲周人民，不断克服各种困难，砥砺奋进，创造了中国乃至世界的农业科学奇迹。

（一）责任，源于解民生之多艰的笃定信念

中国农大师生时刻以听从党的召唤，把党和人民的事业摆在最高位置，以破解农业科技难题、推动农业科技进步、助力农业农村现代化为己任。20世纪70年代，周恩来总理作出"北方干旱半干旱地区水力资源合理开发利用"的指示后，老一代农大人应邯郸地委请求进驻曲周县北部盐碱地中心的张庄村，建立"治碱实验站"。那时学校刚从延安迁回北京，教师住在实验室和教室里，家没安置好、孩子没人照顾，但在责任面前，农大人义无反顾，一头扎进盐碱地，"改不好这块地，我们就不走了"是师生的豪迈誓言。新时期，科技小院的师生舍弃学校舒适的学习、生活和工作条件，与曲周农民同吃同住同劳动，进行科学研究和社会服务，凭的都是对党和人民的无限忠诚和对"三农"事业的责任担当。

（二）奉献，源于无私无畏的使命传承

中国农大师生淡泊名利、无私奉献，总是想农民所想、急农民所急，鞠躬尽瘁、忘我工作，为了曲周的事业不求回报、持续接力、默默奉献、砥砺前行，用自己的言行生动诠释社会主义核心价值观的真谛和要求。辛德惠是20世纪50年代留苏的"洋博士"，受过周恩来总理的亲切接见。从1973年第一次蹚着秋涝积水来到曲周，到1999年因病去世，他在曲周工作了27年，其中有一年超过了300天。他把自己最宝贵的一生献给了农业，献给了曲周大地。他的光辉形象深深地烙在曲周人民心底，他的奉献精神更激励着一代代农大人扎根曲周、服务"三农"。现在，接力棒交到了更具创新活力的"80后""90后"手里，新时代农大人在曲周续写着不求索取、无私奉献的故事。

（三）科学，源于对农业发展的不懈探索

中国农大师生始终弘扬科学报国的光荣传统，追求真理、勇攀高峰的科学精神，勇于创新、严谨求实的学术风气，把个人理想自觉融入"三农"

事业发展，在农业科技前沿孜孜求索，在重大科技领域不断取得突破。46年前，老一代中国农大人把实验室的瓶瓶罐罐搬到盐碱地旁的土坯屋，勘察、采样、测量、分析，长期扎根盐碱滩，艰苦扎实做研究。他们遵循科学规律，潜心试验、刻苦钻研，创造了改造盐碱地的"浅井深沟体系"。改土治碱成功后，师生开始了高产高效现代农业的系统研究，帮助曲周人民战胜资源紧缺的困难，实现了经济社会发展。新时期，中国农大师生创造了以科技小院为典型代表的科学研究与技术示范紧密结合的服务"三农"新模式，并把这一创新性成果发表在世界顶级期刊《Nature》上。

（四）为民，源于不忘初心的执着情怀

中国农大师生始终站在人民群众立场上，保持着与农民、与群众的密切联系，真心实意地为农民、为群众做好事、办实事、解难事，为国为民的赤子情怀已经融进了师生的基因和血脉。46年来，从改土治碱，到建设规划，再到产业发展，中国农大师生坚持一切为了曲周人民、一切依靠曲周人民，他们入驻村民家中，吃群众锅里饭，睡群众家土炕，与曲周人民形成了水乳交融的亲情：

——1988年9月8日，曲周县委、县政府主要领导和农民代表驱车前往北京农业大学树碑："改土治碱，造福曲周。"

——2013年10月，曲周实验站建站40周年之际，附近村民在实验站立碑两块，上书"恩重如山""鱼水情深"。

——2018年10月，恰逢曲周实验站建站45周年，曲周县为中国农大师生专门编演了一台豫剧《天绿》，深入传承"曲周精神"。这是对一心"为民"最宝贵的回馈！

第四章　动科动医　肉蛋奶安

深夜的太平洋，暮色深邃，烟波浩渺。一艘夜航的邮轮，拖曳着长长的尾线，划破这片宁静。顶层甲板的餐厅和娱乐厅，依旧霓虹闪烁，乐音袅袅。晚宴的余韵随着进出穿梭的燕语莺歌，不时流溢到两侧的船舷，又倏忽间便被湿柔的海风吹散。一群身份各异的过客——观光者、投机家、归乡人……用摩登的外表，小心翼翼地各自掩藏着属于自己的秘密。

图 4-1　1939 年
在爱丁堡大学准备博士毕业论文的汤逸人

在这喧闹之外，甲板的尽头，一位西装革履的中年人，独自半倚栏杆，迎着船头略显清冷的海风，久久地凝望着远方。从沉静的表情中，没有人看得出他内心热切激荡的波澜。他深深地看向远方，眼神里闪烁出一抹坚毅的光芒。这位归国的游子，正是著名畜牧学家、家畜生态学科的创始者汤逸人。

汤逸人的归来不是偶然。1949 年 10 月 1 日，老北京矗立的城楼上，一句宣言似惊雷号角，震动世界，让一批批负笈海外的知识分子看到了中华民族崛起的新希望。他们放弃国外优越的工作条件，掀起了一场"归国潮"，而新中国的现代科学研究与教育的发展和腾飞之路，也就此蓬勃开启。汤

111

逸人就是这归国海外赤子大军中的一员。甫抵国内，汤逸人便受聘北京农业大学畜牧系，出任系主任。此时，在他的身边，早已聚集起了一群同样心怀报国志的赤子：熊大仕、吴仲贤、安民等。他们怀揣一腔热血，身负从当时世界科技前沿阵地学就的知识和技术，最终汇聚到北京农业大学一间间简陋的实验室、一方方育人的讲台，"为新中国的畜牧、兽医事业拓荒斩棘"，共同奠定了我国畜牧、兽医事业的坚实基础。

第一节　创业时艰

畜种的改良培育是畜牧业实现科学发展的基础。汤逸人、吴仲贤等共和国的第一批畜牧科学的奠基者们，从动物遗传领域入手，取得了良种繁育在理论和实践上的双突破，引领着中国畜牧科技走向世界。

一、行走在畜牧科学的道路上

投身祖国畜牧生产和科学研究一线的汤逸人，很快就接到了国家交给他的一项重大科研攻关任务。1954 年，为解决我国毛纺织原料供给短缺的问题，政府着手在全国范围内实施绵羊改良计划，而优质绵羊种的选育就成了落实计划的关键。这副重担无可争议地落到了专研动物遗传学的汤逸人肩上。汤逸人深知这担子的分量，但责任感和自信让他义无反顾。他脱去洋装革履，换上粗衣布鞋，踏入广袤美丽的内蒙古大草原，从察北牧场和五一牧场开始了他的绵羊育种和杂交改良工作。在完成对蒙古羊的杂交改良任务的同时，他又远赴新疆和东北，指导当地的绵羊

图 4-2　1960 年
在内蒙古五一牧场指导学生的汤逸人（右二）

育种工作，在实践中不断推广和完善了杂交育种理论。这一做就是十三年。在汤逸人的绵羊杂交育种思想指导下，"东北细毛羊"和"内蒙古细毛羊"先后选育成功。新中国的第一个国产杂交种"新疆细毛羊"也经汤逸人的进一步杂交改良，完成了品种优化，并在几大牧区普及推广，成功实现了毛纺织原料的自给自足。

行走在牧区的汤逸人，身兼畜牧科学家、牧业技术员和教师的三重身份。作为畜牧科学家，他专注于绵羊良种的杂交选育，通过多代杂交的实践观察，摸索制定出一整套绵羊杂交种指导方针，拟定了羊毛的分级标准，有效推进了各大牧区细毛羊的良种改造进程。作为牧业技术员，他亲力亲为，跟随育种委员会，春天进行种羊鉴定，秋季检查育种羊群的配对计划和执行情况，并随时随地地为牧民提供技术指导。作为北京农业大学的教师，他把牧场变成了课堂，带领着一批批前来实习的大学生，深入牧羊生产的各个环节，认真观察，详细记录下杂交羊生产发育、繁殖性能和适应性等方面的资料，撰写翔实的实习报告，为培养新一代畜牧科技工作者打下基础。

长期的牧区绵羊育种科研生活，不仅让汤逸人见证了畜牧业的快速发展，品味了科研促生产的艰辛和快乐，同时也激发了他更宏大深远的忧思：祖国幅员辽阔，气候和地形地貌条件多样，环境条件同样在很大程度上影响甚至决定着畜种的品质，育种不能仅仅局限于家畜遗传内因的科研改良。此外，他也敏锐地洞察到了在单一追求生产规模和效益的背后，国家正悄然支付出的生态环境代价。能否将"家畜遗传内因和环境条件等外因"这两个矛盾的两个方面统一起来？"如何平衡生态与畜牧之间的关系？"自20世纪60年代初起，汤逸人就开始了长久的思考，并产生了设立一门新兴的学科——"家畜生态学"的想法。到了1963年，汤逸人的设想终于找到了落地生根的机会。在由党中央和国务院联合组织召开的全国农业科技发展十年规划会议上，汤逸人提出在我国开展"家畜生态学研究"的倡议，最终获得大会批准。

1964年，汤逸人出版了《家畜生态学》一书，较为系统地阐述了家畜生态学的定义、研究意义、研究途径，细致分析了影响畜牧业生产的社会经济因素，并尝试探究使家畜和生态条件协调的途径，搭建起了"家畜生态学"的学科理论基础。此后，"家畜生态学"很快发展成畜牧科学研究的一支生力军。

与汤逸人一样，只小他半岁的吴仲贤也是为新中国畜禽育种改良研究作出了奠基性贡献的归国学者。他在动物数量遗传学领域的不懈探索和创新，更是让中国的动物遗传学研究迈进了国际的前列。1939年，吴仲贤从英国爱丁堡大学和剑桥大学学成归国，先后任教于西北大学、西北农学院和中央大学。1946年，受俞大绂的邀请，吴仲贤受聘北京大学农学院教授。1949年新中国成立之际，北京大学农学院与清华大学农学院、华北大学农学院合并组建北京农业大学，吴仲贤也由此成为新大学的众多奠基者之一。初识这位中年教授，人们往往为他圆脸上谦和温润的笑容所动。很少有人会想到，数十年后，他将带领中国的动物遗传学研究走向世界。

与汤逸人集中投身新中国的绵羊良种培育牧场实践，并从实践出发拓展理论研究领域不同，吴仲贤则致力于通过对动物遗传学理论研究的系统突破，用紧追国际前沿的科学方法，为畜牧业的育种生产提供指导。为了全面规范和推进我国家畜家禽的育种改良工作，吴仲贤一方面继续坚持自己在数量遗传学方面的理论探索，对该理论进行简化和系统化；另一方面，

图4-3　吴仲贤（右）

他又着力将数量遗传学理论应用于生产实践，推导出一系列能够直接指导并应用于畜禽育种实践的方法和公式。在育种计划中，他推导出主要畜禽的繁殖速率的公式，算出历年繁殖数的总表。根据这些表格，可以直接查出按一定的生殖率和成活率，在一定的使用年限内可以达到的繁殖总头数。在杂种优势研究中，他改变了过去用一般配合力和特殊配合力来分析杂种优势的方法，改用杂种遗传力的概念，把遗传效应分为加性的和非加性的，简化了对杂种的优势预测。在育种值估计中，他推导出根据家畜本身、系谱、全同胞、半同胞和后裔来全面评价种畜的公式。此外，他还借助报纸，向国内各界科普动物遗传学的新进展，如 DNA 的结构、遗传密码在营养、遗传工程和进化中的意义等，填补了国内动物遗传学的空白。

二、家畜繁殖、营养学的起步成长

畜牧业的发展，除了由畜禽遗传育种提供必要的优质种源之外，繁殖和养殖技术也是不可或缺的关键环节。20 世纪 50 年代，动物繁殖学和动物营养学逐渐在国内发展成为独立的学科，针对这两个领域的学术探索也在生产与科研的密切结合中如火如荼地开展着。

面对一个欣欣向荣的新社会，满怀报国理想、朝气蓬勃的安民浑身充溢着耗不尽的能量，他心无旁骛地投入到动物繁殖学的工作上。为了提高北京市的奶牛繁殖率，预防奶牛生殖疾病，他经常顶着风雨暑寒，骑着自行车，背着沉重的器材，去往市郊的各个奶牛场，为牛作发情鉴定、采精、输精、妊检、配种。他还改进了现有的人工授精器材，使之更方便、高效，其成果逐渐在全国各地得到了推广。与此同时，为了进一步探索提高自身的家畜繁殖技术，他不辞辛劳，奔赴辽宁铁岭种畜场、吉林公主岭农研所、黑龙江萨尔图种畜场等多地，深入繁殖育种生产一线，指导当地科技人员和牧民的畜牧生产。正是通过这段时间的勤奋努力，安民将自己从国外学到的先进知识转化成了与国情地情相结合的实践性技术，并在实践的积累中渐渐练就扎实的研究能力，为他成长为学用兼通的动物繁殖学专家奠定了坚实的基础。1954 年至 1957 年期间，安民带着教研组的年轻教师骑车跑遍了北京郊区，最终在巨山农场设计建造了全国第一个钟楼式牛舍，在北京平西府设计和首创了全国第一处横列式挤奶厅。他们还在全盘考虑采光、通风、温度及排水等因素的前提下，设计了极具创新意义的6种单列式小型猪舍。1965年，安民指导研究生在我国首次获得家兔胚胎移植成功。1983年，由他主持的以黄牛作为奶牛受体的胚胎移植工作获得成功，在国内首次由黄牛生产出奶牛犊。

与动物繁殖学类似，我国的动物营养学在新中国成立初尚处于起步阶段，这一学科领域几乎完全是由国内自行培养的新一代学者辟就。1949年9月，27岁的戎易开始关注动物营养学的国内外知识和资料。他先后主持参加了"现代化蛋鸡生产体系的建立与良种蛋鸡的推广""鸡的饲养标准及饲料配方研究""以可利用氨基酸作为指标配置蛋鸡日粮的研究和应用""早期断奶乳猪料配制技术及营养参数"在内的多项应用性课题研究，为我国畜禽养殖和营养科学化规范化体系的建立作出了开创性的贡献。他主持完成的"以可利用氨基酸作为指标配置蛋鸡日粮的研究和应用"研究，已达到国际领先水平，并荣获了国家科技进步奖二等奖等多个奖项。

三、动物医学的探索实践

如果说遗传育种和繁殖领域的科研突破是为畜牧业生产打下了繁荣的先天性基础的话，那么要提高畜牧生产的效率、潜力和效益，最终还要通过养殖环节来实现。兽医学技术就是决定这一生产环节成败的关键。

现代兽医学对中国的影响和传播始自清末民初。1907年，我国开始有首批少量赴日本学习西方兽医学的留学生。20世纪30年代，早期留洋的一批青年学子回国，将西方现代兽医高等教育理念和农业科学技术带回，在部分大学开设了专门的畜牧兽医学科。新中国成立后，动物医学处处体现了党在各个时期的领导和关怀，始终浸透着老一辈科学家对兽医事业发展所作出的毕生努力。

孔繁瑶于1924年出生于河北省满城县，1944—1948年就读于北京大学农学院。读书时，他就在《新青年》上发表文章，文理兼修，成绩很好。由于读书时听北大农学院教授熊大仕的报告而对兽医产生兴趣，转而攻读兽医学。1949年，任教于北京农业大学兽医系。

自20世纪40年代末至60年代中期，孔繁瑶主要从事马属动物和反刍兽线虫的分类学研究。他查阅了大量的资料，检查核对了大量的标本，在马属动物圆线虫的地理分布和广义盅口属的分类方面，取得了国内外最系统完整的资料，并发现一些新种和建立了新属。特别是他对广义盅口属分类的修订见解和方案，已为国际上许多学者所承认和采纳。20世纪70年代，孔繁瑶在圆线虫分类方面的卓越成就被美国学者李奇顿·费尔誉为圆线虫分类的四大权威学者之一。

由于长期潜心研究，孔繁瑶对兽医领域的整体发展和寄生虫学各分支的发展均有较为清醒的认识。20世纪50年代，作为熊大仕和苏联寄生虫学家叶尔绍夫的主要助手，他参与组织举办了全国寄生虫学师训班。"文革"后，他又再次主持举办数届寄生虫学师训班和讲习班，为我国寄生虫学学科培养了一批批教学科研骨干。80年代以后，他在国内率先进行了线虫体外培养、球虫的生活史、生化及电镜结构和锥虫的免疫与地理株的研究，使我国的寄生虫研究由形态描述发展到实验研究与分子寄生虫学阶段，为探索线虫的免疫、药物筛选、抗药性测定以及线虫生理生化的研究创造了条件。

新中国成立初期，家畜解剖学的队伍十分弱小，又缺乏合适的教材和参考资料。张鹤宇开始组织从事解剖学工作的教师，翻译出版了日杰诺夫著的《家畜解剖学概论》、博格达舍夫著的《农畜的乳房》，田中宏、大泽竹次郎著的《马体解剖图》，谢逊等著的《家畜解剖学》。上述译著和试用教材的出版，给全国从事家畜解剖学的教师和科研工作者提供了有益的基础资料，至今仍然具有很大的参考价值。

1951年，张鹤宇被选派赴苏联深造。他被分配到列宁格勒兽医学院解剖学教研组攻读博士学位，在苏联著名家畜解剖学家博格达舍夫指导下进行解剖学研究。张鹤宇亲自动手，认真细致地解剖并制作研究用标本，绘制详细的线条插图，查阅文献，进行分析，至1956年完成了题为"马盆腔脏器的血管、神经分布"的博士论文。论文对解剖学理论和临床实践具有重大学术价值。在论文答辩会上，一向态度严肃、很少赞扬别人的委员、动物学专家维诺格拉多娃，对张鹤宇亲手绘制的10多幅插图十分惊讶，给予高度评价。张鹤宇也成为第一位获得苏联生物学博士的中国学者。

张鹤宇自苏联回国后，一面教学，一面坚持科学研究，为新中国家畜解剖学和兽医临床事业作出了重要贡献。在20世纪50年代，张鹤宇和他的同事一起先后开展了对大熊猫的解剖学研究，在《动物学报》先后发表了《大猫熊消化器官的解剖》《大猫熊颅骨外形及牙齿的比较解剖》。这对大熊猫的分类学及生理学研究，提供了可靠的形态学基础资料，具有重要的学术价值。

张鹤宇常常以荀子的一句名言来勉励自己："闻而不见虽博必谬，知而不行虽敦必困。"当他研究大熊猫牙齿时，发现它既不同于肉食动物，也不同于草食动物，大熊猫位于切齿和臼齿之间的前臼齿很发达，而且排列紧密。为了对这种形态结构作出机能上的解释，他曾多次去北京动物园观察大熊猫的采食方式，终于明白大熊猫正是用前肢抓起一把竹枝，放在一侧颊部，用前臼齿切断，经咀嚼后吞咽下去的。

张鹤宇主持和创建的北京农业大学解剖学教研室，至今仍然保留下这样的作风：在教学任务繁忙的情况下，坚持科学研究。他一再强调，作为一名教师，首先必须把教学搞好，科学研究不能影响教学。同时，教师必须积极开展科学研究，否则，教师的科学水平和知识面就不会有较快的提高和拓宽，并影响提高教学质量。多年来，解剖教研室正是按照他的思想，坚持在搞好教学的前提下，积极开展科学研究，为我国畜禽形态学的发展作出了显著的贡献。

与此同时，农大也十分重视对中兽医古籍的发掘和整理，几十年来，不遗余力，成绩卓著。于船等老一辈农大人查阅历代艺文志和各家书录，发现从汉代以来曾出现过100多部畜牧兽医古籍，但大多散失。甚至著名的《元亨疗马集》（附《牛驼经》）明代原本也已不见，而流行的却是清代乾隆时李玉书改编的版本。于船几经查找，终于在琉璃厂旧书店找到了一部由丁宾作序的原本（汝显堂梓，大德松藏版）。并在他的主持下，整理出版了《元亨疗马集校注》本，使该书的原貌重现于世。至于流传最广的乾隆时的改编本，由于多次翻印刊误很多，也在他的审订下还出版了《元亨疗马集许疗注释》本。此外，他还是《元亨疗马集》重编校释本的主要完成人之一。在他的发掘、整理的主持下，几部散在于民间的清代著作如《牛经切要》《疗马集》（清·周维善著，原刊藏书人周海蓬）、《串雅兽医方》（由赵学敏《串雅外编》辑出）等得以印行。在他的审订下，出版了《痊骥通玄论注释》（元·卞管勾著）、《新编集成马医方牛医方校释》（明·朝鲜人赵浚等编著）等古著。1959—1962 年，根据国务院古籍整理出版规划小组计划，他还主持了《中国古代畜牧兽医丛书》的编选工作。

熊大仕、孔繁瑶、李宝仁、蒋金书、张中直、汪明曾先后担任兽医系主任或院长，张鹤宇、王洪章、罗仲愚、吴学聪、王树信、申葆和、于船等教授先后在这里执教。七十年来，在上述专家带动下，取得了举世瞩目的成就：从育种改良取得重大突破到数量遗传走向世界，从家畜繁殖学和动物营养研究的探索实践到动物医学的坚实起步，张仲葛先后主持了"农大 1号""北京黑猪""泛农花猪"等新品种的培育；蒋英等合作进行中国美利奴羊繁育研究，完成原有细毛羊向更高品质羊种的转化；冯仰廉等倡导的利用冷冻精液改良中国地方黄牛，为农民增收和地方畜牧业的发展发挥了重要作用。

第二节　砥砺奋进

乘着党和国家政策的东风，畜牧、兽医业进入了快速发展的春天。农民的积极性空前高涨，大牲畜、生猪等传统养殖业发展迅猛，蛋鸡、肉鸡饲养规模化进程加快。农大畜牧系、兽医系的前辈和后起之秀们，在良种繁育、畜禽品种改良、发展饲料工业、支持产业发展方面，以倍增的热情和斗志，继续贡献着自己的力量。

一、育种改良重大突破

国家加速发展推进畜牧业现代化目标的提出，将畜禽良种的培育工程直接推到了畜牧科研攻关的前沿。正是背负着这一新时代的使命，吴常信在探索畜禽育种和遗传资源保存的科研道路上埋头前行。

1957 年初夏，大学毕业在即的吴常信意气风发，却又心事重重。此刻，他正面临着一场重要的人生抉择。与多数同学向往留在繁华的城市、过安逸的生活不同，他在深思熟虑之后，郑重地将祖国南端的海南岛填写为第一志愿。在他看来，最偏远落后的地方才是立志与祖国共命运的热血男儿施展抱负的战场。可命运的力量总是看似不经意实则暗藏必然。鉴于吴常信在校期间的优异表现和在科研教育方面崭露出的潜力，加之工作的需要，学校最终还是决定留他在校任教。

吴常信从基层开拓畜牧生产事业的理想没有实现，却就此开启了他用科研改进我国畜牧产业的科学家之路。1979 年，44 岁的吴常信在了解到国外遗传育种科学的新进展之余，深感自身在理论研究方面的不足和落伍。于是，在组织的委派下，他前赴英国爱丁堡大学遗传系，进修动物遗传育种学。1981 年，吴常信负箧归来。两年如饥似渴的学习让他脱胎换骨，无论是视野还是能力，都已经成为国内该领域的佼佼者。重回科研岗位的吴常信进入了学术研究的爆发期，并迅速成长为国内动物遗传和育种领域的领军者。

从 20 世纪 80 年代至 90 年代，吴常信从理论到技术、从宏观到微观，对畜禽遗传资源的保存和利用作了系统的研究。他相继提出数量性状存在隐性有利基因的假设和"全同胞—半同胞混合家系"概念，主持完成"畜禽遗传资源的保存和利用"的系统研究、太湖猪高繁殖力的遗传基础研究，

图 4-4　吴常信在实验室

将我国畜禽遗传学研究推进了一大步。由他主持的"畜禽遗传资源保存的理论与技术"项目前后历时 13 年，研究阐明了畜禽遗传资源保存的理论，分析了影响保种的遗传因素，提出了保种的优化设计，解决了保种群体的大小、世代间隔的长短、公母畜最佳的性别比例和可允许的近交程度等一系列保种的理论与实际问题，体现出很高的理论水平和学术水平，对我国和其他国家的畜禽遗传资源的保存有重要的指导意义。

他的研究成果多次在国际会议上进行交流，得到了国际学术界的积极反应。1992 年，联合国粮农组织邀请他作为主讲教师之一，在亚洲动物基因库培训班上讲授他的保种理论与方法。与国内外已有的同类研究相比，该项研究无论是广度与深度，还是在理论与技术，都有独到之处。特别是他的保种理论和保种优化设计，体现了高水平的学术创见。在研究方法上，该研究也把计算机技术、分子生物技术、实验动物模拟和地理信息系统等技术综合应用于畜禽遗传资源保存的理论与实践，已经居于国际领先地位。该项目于 1999 年获农业部科技进步奖一等奖，2001 年获国家科技进步奖二等奖。

在做好畜禽遗传资源保存工作的同时，吴常信在家禽品种改良方面同样成果卓著。在国家"建立良种繁育推广体系，做好畜禽品种改良工作"的政策倡导下，他在北京白鸡纯系与配套系的选育、畜禽遗传规律、蛋鸡合成理论、小型蛋鸡的选育、畜禽遗传资源保存的理论与技术等方面取得了多项成果。由他主持研究完成的"节粮小型蛋鸡的育成"项目，经过 8 年的选育，成功地将肉鸡中的小型（dw）基因引入中型褐壳蛋鸡，育成小型蛋鸡纯系。再与普通型蛋鸡杂交，培育出了世界上的首例商业化的矮小型蛋鸡。与普通蛋鸡相比，这一小型鸡的体重小 20%—25%，可提高饲养密度 25%—30%。在一个产蛋周期中，虽然少产 1—1.2 公斤的鸡蛋，但可节省 8—10 公斤饲料。每只小型鸡可比普通蛋鸡增加收入 8—10 元，料蛋比达到 2.1∶1，超过了国际上当时优秀普通型蛋鸡测定站测定的水平，对我国利用有限饲料资源生产更多的鸡蛋有重要意义。通过企业，小型蛋鸡已累计推广近 10 亿羽，总计为国家节省饲料 80 亿公斤。

吴常信坚持理论联系实际，长期以身作则地推动畜牧技术的基层推广工作。工作再忙，他都要挤出时间到北京周边的牛场、猪场、鸡场，现场考察和指导工作。他也多次远赴西藏、贵州、云南等地，实地调研和开展技术服务，指导当地通过畜禽养殖精准扶贫。经他之手，全国建起了 10 余个院士企业工作站，切实为企业解决生产中遇到的实际问题。他还应邀到各地举办各类学术讲座和技术培训，积极参加科普宣传。他还提出了"后研究生教育"的理念，鼓励教师们既要注重在读研究生的培养，也要关心他们毕业后的再提高，把博士后流动站和院士企业工作站作为他们后研究生教育的主要方式和平台，用前者提高理论素养，经由后者让他们在生产实践中不断成长。

1984 年，刚刚留学回国的张沅选择动物遗传育种，确定了自己感兴趣的奶牛为研究对象。20 世纪 80 年代的中国，奶牛遗传育种研究工作仍相对落后，自主选育优秀种公牛的能力不强，靠传统的后裔测定法选种，既耗时长，对奶牛产奶量的提升也效果有限。要彻底改变这一现状，就必须摸索一套全新的种牛选育方法。他把研究目光放在了最实际也最重要的优秀种公牛选育上，试图利用自己所掌握的先进胚胎移植技术，在较短时间内，花费有限的人力物力，实现优秀种公牛和高产母牛的成批培育，建立并实施"MOET（超数排卵与胚胎移植技术）核心群育种体系"。

功夫不负有心人。5 年的刻苦钻研终于取得了喜人的成果：张沅不仅成功建立了在奶牛遗传改进中应用胚胎移植技术的计算机育种规划系统，集成了与之相关的配套技术系列，而且形成一套高效率、实用化的胚胎移植技术规范。实际应用于大规模高产奶牛群中后，达到了平均超排处理获可用胚胎 6.38 枚，平均移植成功率（鲜冻胚合并统计）53% 的水平。通过实施 MOET 核心群育种体系，张沅的实验室仅用了 4 年多时间就选育了 18 头优秀种公牛，使牛群每年的遗传进展加快了 20%—30%，育种效益提高了 25%。张沅所建立的育种体系和选育成果，不仅在当时的国际上属于首创，而且其大批量产业化的胚胎移植技术水平迄今都保持着国际领先水平。"中国荷斯坦奶牛 MOET 育种体系的建立与实施"项目所带来的科研、社会、经济效益，最终荣获了 2000 年国家科技进步奖二等奖。20 世纪 90 年代中后期，胚胎工程技术和分子生物技术异军突起。张沅敏抓住先机，开始了名为"中国荷斯坦牛基因组选择分子育种技术体系的建立与应用"的研究。

从"中国荷斯坦奶牛 MOET 育种体系的建立与实施"到"中国荷斯坦牛基因组选择分子育种技术体系的建立与应用"，张沅始坚守着对奶牛遗传育种工作的探索，先后担任国家重大科技专项"奶牛选育与快速护繁关键技术研究与开发"专家组组长、"948"计划"奶牛遗传改良关键技术引进与良种牛群的扩繁"首席专家，带领中国农业大学的奶牛遗传育种团队进入了国内该领域的领先行列。

二、饲料资源的高效利用

建成于 1958 年的北京农业大学猪公馆，在 1990 年的初春迎进一位学成归来的"洋博士"——38 岁的李德发。所谓猪公馆，其实就是一排红砖筑起的低矮平房，沿着外墙用简易围栏、塑料布、石棉瓦垒起了成排的猪舍，其中饲养着品种大小各异的实验用猪。猪公馆的一切对阔别学校 4 年的李德发来说并不陌生。这是他的硕士研究生导师杨胜先生从事科研和教学的主要场所。他自己也追随着先生，在这里度过了两年中的无数个日夜。为了守住杨先生留下的猪公馆，更为了尽快开展科学研究，李德发选择了留在这里，单枪匹马，白手起家。

20 世纪 80 年代中期，北京市开始发展规模化养猪。全市总投资 4.5 亿多元，以饲养 100 头成年母猪，年产 1500 头商品猪为一个"规模"，在全市 15 个郊区县共建成 1254 个规模猪场，其中成年母猪的总头数达到 125400 头。所有猪场全面满负荷投产，每年生产商品猪可达 190 万头以上。发展现代化规模养猪，饲料建设是先决的物质基础。为此，饲料工业的建设被纳入了北京市畜牧业发展的重点。这一切，无疑为正谋求在自己的专业领域干一番事业的李德发积聚了巨大的社会需要和良好的政策环境。

猪公馆临时腾出的办公室低矮、狭小，塞进几张简单的桌椅，一个旧立柜，便已显得拥挤不堪。更让人难以忍受的，是从墙外猪舍弥漫进来的恶臭味道。初春的北京，乍暖还寒，屋子里没有取暖设备，手便冻得生了疮。对于工作环境的艰苦，李德发却甘之如饴。身居陋室，目视寰宇。他目睹了美国畜牧业生产水平的先进程度，也促使他更迫切地想要了解中国畜牧业和饲料产业的真实现状。怀着这样的想法，李德发免费担任了正大集团的技术顾问，5 年间跑遍祖国大江南北的养猪场、养鸡场、饲料厂，深入了解了中国畜禽生产和饲料生产的实际。田野调查的真实见闻，不仅让李德发深刻地认识到畜牧科技、饲料技术发展对于改变中国畜牧生产落后面貌的重要意义，也让他开始思考：与美国等发达国家相比，制约中国饲料工业整体发展水平的因素到底是什么？如何改进和解决这些问题？

在全面了解国内畜牧生产现状、立足国情开展有针对性的科学研究的同时，李德发积极寻找机会，为建设单胃动物营养实验室创造设施条件。从1991年购置的第一台万分之一感量天平，到150公斤试验用混合机，再到简单的代谢试验设备，日积月累，聚沙成塔，李德发建设国际一流实验室和动物试验基地的设想一步步落地、生根、发芽。

图4-5　参加学术会议的李德发

除任正大集团的顾问外，李德发还受聘为世界银行贷款扶持中国饲料工业发展总项目的顾问，因此得以参与到相关项目的考察和制定工作中。担任顾问的三年间，尽管少有报酬，李德发却不以为意。考虑到我国饲料工业的发展现状，他向农业部提出创建"饲料工业中心"的设想。1995年3月，"农业部饲料工业中心"创建方案拿到了世界银行的贷款，成为世行扶持中国饲料工业项目中唯一的软件项目。一年半后，农业部饲料工业中心大楼在中国农业大学正式落成，李德发出任中心主任。从猪公馆的一间平房到中心的一栋大楼，这条路，他筚路蓝缕，走了整整六个年头。

农业部饲料工业中心的成立，对于怀揣着建设国际一流实验室梦想的李德发来说，仿佛一场跑完了一棒的接力赛，摆在面前的不是终点，而是新的起点。饲料工业中心开展包括基础研究、应用技术开发推广、饲料营养检测检验技术研发、高级人才培养、饲料信息资源平台建设和推广在内的多项工作，在动物营养与饲料科学基础研究、饲料安全与检测技术开发研究、行业共性技术平台建设、成果转化与工程支持等多个领域取得了行业公认的成绩。2000 年 6 月，经科技部批准，以农业部饲料工业中心和中国农科院饲料所为依托，新的国家饲料工程技术研究中心开始筹建。2003 年 11 月，经农业部批准，依托饲料工业中心，农业部饲料效价与安全监督检验测试中心（北京）开始筹建，并于 2004 年 10 月通过国家计量认证和农业部机构认可。从 1990 年梦想拥有自己的实验室，到 2000 年建设国家级研发中心，再到 2004 年成立双认证机构，李德发将建设国际一流实验室的追梦路，越走越宽，越走越广。2012 年，时任中国农业大学动物科技学院院长的他，将建立可提供环境可控、与生产相结合的标准化动物试验条件和规模化试验动物的动物试验基地提上日程，并在当年建成集母猪试验区、生长育肥猪试验区、营养代谢实验室、试验鸡舍、饲料中试车间及办公生活区六大部分于一体的河北丰宁动物试验基地。

正是在实现建成国际一流实验室的梦想的道路上，李德发和他的科研团队取得了骄人的科研业绩，各项科研成果陆续生枝散叶、开花结果。2000 年，李德发主持的"猪优质高效饲料产业化关键技术研究与推广"成果通过验收，该成果聚焦影响我国猪饲料工业健康发展的关键问题，修订了中国猪饲养标准并建立与完善了饲料数据库，为形成高性能、低污染的饲料配方奠定了基础。确立了猪饲料加工工艺参数，使生产优质高效的全价配合饲料成为可能。其研发的理想蛋白质配制日粮技术、营养需要动态模型以及代谢调控技术，使对动物营养的研究从静态逐步转向动态，从孤立的单因素探讨转向系统的多因素研究，为调节畜产品品质提供了可以选择的技术路线。

2007 年，李德发主持完成的"猪健康养殖的营养调控技术研究与示范推广"项目，以我国猪健康养殖的饲料营养问题为主线，建立猪免疫应激模型，系统、多方位研究并阐明日粮重要营养素对免疫功能和肠道健康的调控机理，为提高猪抗应激能力和肠道健康的日粮配制做了丰厚的技术储备。成果对猪饲料养分利用率的测定方法予以了改进，测定了 62 种饲料消化能，系统研究了 3 种新型饲料和 21 种非常规蛋白饲料的营养价值，开发 4 种提高饲料利用率的酶制剂，为缓解资源短缺、降低环境污染的日粮配制提供了重要数据；开发出 3 种可部分替代抗生素、增强免疫力和抗病力的添加剂，为健康养殖的日粮配制提供了物质基础；形成了我国主要饲养模式下猪健康养殖的营养调控技术，制定了五阶段饲养的饲料配制方案；首次建立起猪饲料中 13 种违禁药物的同步检测技术及转基因豆粕生物安全评价技术，制定了 6 个有关饲料安全的国家和行业标准，在示范区内建立饲料和生猪安全生产 HACCP 管理体系，为健康养殖提供了重要的技术支撑。2002 年至 2008 年的 6 年间，以这两项研究为主要内容，李德发两次摘得国家科学技术进步奖二等奖的殊荣，在健康养殖、饲料工业的可持续发展方面，取得了突出成果。

2016 年 12 月，一场以"我对饲料行业的初识"为主题的中小学生科普课在刚刚落成的中国农业大学饲料博物馆举行。从展现饲料行业的历史与现状的综合厅，到让观众了解教育在饲料行业发展中的启蒙与引领作用的科教厅，再到用地图展示国内主要饲料原料产地和饲料国际贸易，用实物

图 4-6　中国农业大学饲料博物馆

和标本展示饲料原料和饲料添加剂，用二维码方式展示其来源、生产工艺与使用的原料厅，最后是展示饲料机械发展历史与现状的机械厅。一路走来，每一处都透露着用心和情怀。作为世界上第一个以"绿色、安全、健康、环保、天然"为主旨，系统回顾饲料行业发展历史，关注行业发展现状，展示饲料工业成就，集教学、科研、科普、文化传承为一体，引领饲料行业发展的博物馆，一直秉持着"传承过去、记载当代、激励后学、引领未来"的理念。开馆2年来，为饲料学科相关的6门专业课提供现场教学服务。接待了来自六大洲60多个国家的嘉宾来访，参观人员超过12000人次，服务校内外相关专业师生现场教学1000余人次。这座世界第一的饲料博物馆的建造者，就是李德发。

20世纪70年代末至21世纪初，在国家政策的有力引导和支持下，我国畜牧业发展表现出了相对迅猛的势头，实现了畜产品供需基本平衡的历史性跨越，畜牧科研、教育事业也得到了快速的发展。据资料显示，1996年，我国畜牧业产值达7083亿元，占农业产值的比重达到26.9%，比1978年提高11.9%；大牲畜年底存栏数16649.5万头，比1979年提高77.2%；猪年末存栏数45735.7万头，比1979年提高51.8%；肉类总产量达到4584万吨，居世界第一，比1979年增加4倍多。同时，畜禽出栏率和良种率大幅提高。1996年，猪、牛和羊的出栏率分别为119.2%、27.6%和70.2%，分别比1978年提高64%、23%和54%；猪、肉牛、奶牛、羊、蛋鸡的良种覆盖率分别为90%、30%、60%、55%和70%，肉鸡基本实现良种化。

中国农业大学一代代的畜牧科研工作者，在为我国畜牧业的快速发展作出重要贡献的同时，在新的社会需求和实现农业农村现代化的时代使命面前，不断推陈出新，永远行进在科研创新的路上……

第三节　健康养殖

党的十八大之后，我国进入了生态文明建设的新历史阶段。在"绿水青山就是金山银山"这一理念的倡导下，以农业供给侧结构性改革为主线，以绿色发展为导向，以体制改革和机制创新为动力，走出一条产出高效、产品安全、资源节约、环境友好的农业现代化道路，成为实现农业现代化必由之路。中国的畜牧产业发展和兽医科研事业迎来了又一次新的历史机遇。

一、畜禽良种培育技术的产业化

在国家实施畜禽良种工程，建立符合我国生产实际的畜禽良种繁育体系，积极推进种畜禽生产企业和科研院所相结合以逐步形成以自我开发为主的育种机制的政策条件下，2008年11月27日，中国农业大学上报的建设畜禽育种国家工程实验室项目得到了国家发展和改革委员会的批准。批复中要求，在建设和发展过程中，实验室"应紧密围绕良种产业发展需要，提高畜禽育种领域的自主创新能力，积极完成国家有关部门委托的科研课题，开展相关产业关键技术攻关、重要技术标准研究制定，凝聚、培养产业急需的技术创新人才。"

经过两年半的建设，畜禽育种国家工程实验室正式投入使用。由杨宁任主任，吴常信等11位国内专家组成技术咨询委员会，内设基因资源挖掘、分子标记辅助育种、胚胎工程与体细胞克隆、转基因育种4个研究室。实验室主要围绕提高畜禽良种培育技术水平和良种扩繁效率，开展大规模分子检测及标记、动物胚胎工程规模化生产与高效体细胞克隆、转基因育种等关键技术的研发，构建我国动物遗传资源利用、育种和繁殖产业化技术平台。通过加强与国内畜禽育种龙头企业的合作，推进畜禽良种培育新技术的产业化进程，提升国产品种的市场竞争能力。

以吴常信为代表的动物遗传资源与分子育种实验室团队，针对我国特色动物遗传资源，克隆并鉴定了一批影响重要经济性状和高原适应等特色性状的新基因，解析基因的功能及其调控网络。围绕畜禽重要经济性状开展了转录组、蛋白组和代谢组研究。并且在猪、鸡、羊、马等畜种品质、繁殖力和抗病、抗逆性状的重要基因克隆及功能基因组研究方面有所突破。近十年，该团队承担了国家自然科学基金、"973"计划、"863"计划、国家转基因重大专项、科技支撑计划等多个重要项目，获得国家发明专利20余项，国家和省部级科技奖励8项，发表SCI论文200余篇，出版专著9部。在"畜禽遗传资源保存理论与技术""畜禽遗传资源多样性及特色性状功能基因挖掘与鉴定""畜禽对高原适应的生理和遗传机制"等项目研究方面取得了重要进展，保持了在研究与产业应用等方面的国际先进水平。

以杨宁为代表的家禽育种团队，重点开展包括畜禽高繁殖力、品质、产量以及抗病抗逆等重要性状的分子育种研究。进行系统准确的畜禽性能测定、规模化分子标记检测技术、多基因聚合模型的建立和效果检测等多项研究开发。在蛋鸡育种领域，团队通过提高育种的科技创新水平，健全良种繁育体系，已培育出适合我国饲养环境的优良蛋鸡品种，基本摆脱了对国外品种的依赖。同时，他们还取得了包括利用 dw 基因培育"农大 3 号"节粮小型蛋鸡、鸡绿壳蛋基因的挖掘与育种应用、"凤芯一号"蛋鸡品种基因分型芯片等在内的多项应用成果。此外，该团队还以技术支撑的方式，与各大育种公司积极合作，直接参与培育高产和特色蛋鸡品种 10 个，助推我国蛋鸡品种的国产化比例超过三分之二，商品代市场占有率超过 50%。

二、开启"产学研"一体化探索的先河

1986 年 3 月 2 日出版的《中国畜牧杂志》第 49 页，刊登着一则篇幅不长的简讯，被细纹边框围住："当前，配合饲料工业在全国范围内蓬勃发展，为适应形势发展，北京农业大学畜牧系业经农牧渔业部批准成立动物营养及饲料科学专业，并于 1984 年开始招收本科生及大专班学生，为提高教学质量，为学生创造理论联系实际的场地，为科研成果尽快变成生产力，该校经半年来的积极筹备'北京农业大学实验饲料厂'业已建成，并经北京市工商行政管理局批准营业。"作为国内第一所由高等学校创办的企业，北京农业大学实验饲料厂的成立，开启了"产学研"一体化探索的先河，使科研成果的就地转化成为可能。在成立后的十余年间，北京农业大学实验饲料厂取得了良好的经济效益，形成以"震亚"为代表的知名饲料品牌，并在产业反哺科研、学生实习实训、创新创业人才培育方面发挥了重要作用。

就在这则简讯发布的半年前，呙于明考入北京农业大学畜牧系动物营养与饲料专业，攻读硕士研究生。毕业后，呙于明留校任教，最终将研究领域聚焦在了 20 世纪 80 年代以来我国家畜、家禽普遍存在的营养缺乏病上，开展有关家禽营养与免疫方面的研究。针对肉鸡养殖业肉鸡存活率低、饲料转化率低，消费者对无抗生素、无病原菌、无重金属残留的优质安全

产品的期望值增高，社会发展对养殖业的绿色环保、生态节能提出新要求等现实情况，呙于明开始探索如何通过饲料营养技术，增强肉鸡免疫机能和改善肠道健康，提高肉鸡存活率，保障鸡肉鸡蛋营养安全，实现绿色高效养殖。他主持的"肉鸡健康养殖的营养调控与饲料高效利用技术"项目，在肉鸡早期快速生长和后期代谢病控制技术、增强免疫力和改善肠道健康的饲料营养技术、日粮类型针对性酶制剂应用，及营养释放当量、氨基酸平衡日粮技术、宏量和微量矿物元素减排技术等多个方面均取得了可喜的成果，实现了包括高效生产、产品安全、节约资源、绿色环保等在内的综合性效益。该项目也作为国内最早的家禽营养免疫技术成果，于 2011 年荣获国家科技进步奖二等奖。

随着改革开放以来现代化规模养猪的发展，我国的养猪产业形成了以大豆为主的蛋白质饲料结构，由此造成了氮排放污染严重这一环境难题，而庞大的饲料大豆需求也带来了对进口市场的严重依赖。近年来，国家和社会对于畜牧业的环保要求越来越高，改变猪饲料的配比结构就成了解决问题的关键。另一方面，随着中美贸易摩擦的出现和深化，进口大豆原料的价格升高，也给饲料行业和养殖业带来了发展危机。当这一涉及经济和社会发展的现实问题转向畜牧科研领域，向科研工作者们寻找解决方案的时候，早已未雨绸缪的谯仕彦进入了人们的视野。早在 2003 年，谯仕彦敏锐地意识到，改变猪饲料传统的配比结构将是未来养猪产业持续繁荣的关键。一方面，他在李德发的指导下，通过深入解析大豆抗营养因子对畜禽的危害机理，发展钝化消除技术，大幅提高大豆资源的利用效率，推动大豆制油与深加工技术的进步。另一方面，通过系统研究苏氨酸等关键必需氨基酸在猪体内的代谢转化机制，创建猪低蛋白质饲料技术体系，并以此为基础研制低蛋白质饲料。经反复验证，与高蛋白质饲料相比，新型低蛋白质饲料使猪的瘦肉率提高 8% 以上，氮利用率提高 10%—15%，豆粕用量减少 20% 以上，氮排放和猪舍氨气浓度则分别降低 25%—35% 和 20%—30%。预计在全面推广后，每年可减少大豆用量 1100 万吨，降低氮排放 38万吨以上，能够有效缓解大豆高度依赖进口和养猪业氮排放污染的问题。

与此同时，经过近 10 年的探索，谯仕彦创建了以甲酸铵等为原料，通过连续微波反应和微波干燥制备促进源氨基酸合成物质 –N– 氨甲酰谷氨酸

（NCG）的新工艺。实现了饲用 NCG 安全高效生产，填补了国内外促进畜禽氨基酸内源合成产品的空白。其产品出口到韩国、泰国等 9 个国家，并荣获农业农村部新饲料添加剂产品证书 2 个、发明专利 6 项。除此之外，谯仕彦带领团队系统研究罗伊氏乳杆菌改善仔猪的作用机制，研发微生物制剂、抗菌肽、免疫调节肽制备技术和产品，为无抗养殖提供了技术支撑和产品支撑或储备。

三、致力于奶牛健康与生产

1987 年，李胜利大学毕业，被分配到新疆昌吉州西边的一所国营种畜场——呼图壁种牛场担任技术员。在这里，他接受了踏上畜牧业科技工作岗位的第一次挑战。在艰苦的条件面前，李胜利一边忘我地工作，一边不忘学习，日子过得充实而忙碌。

1990 年，李胜利考取了新疆农业大学动物营养与饲料科学专业硕士研究生。三年后，顺利考取了中国农大动物营养与饲料科学专业，攻读博士研究生，师从反刍动物营养创始人冯仰廉先生。从新疆到北京，横跨整个中国的距离，对一心求学的李胜利而言，日后恐怕"只道是寻常"。又一个三年，李胜利在忙碌的学习中度过。博士毕业后，李胜利留校，集中从事奶牛饲料与营养方面的科研工作。基层牛场的工作经历和经验，让李胜利看到了我国奶牛养殖的前景与希望，也看到了现实存在的困难与瓶颈：单产低、乳蛋白率低、饲料转化率低、营养素环境排放量高……生产上遇到的问题要到实验室里来寻找答案，这道题，李胜利一解就是 17 年。

从 1994 年到 2010 年，针对在饲料与营养方面存在的制约我国奶业发展的重大技术问题，李胜利以"奶牛饲料高效利用及精准饲养技术创建与应用"为主题，围绕奶牛主要营养素代谢基础理论、饲料营养价值评定和精准饲养技术体系，开展了系统的理论和技术研究。通过研究，他发现了关键营养素对奶牛营养代谢机理及调控作用，解决了提高乳蛋白率和饲料转化率的关键技术难题，制定出以小肠可消化蛋白质和赖氨酸、蛋氨酸平衡以及产奶净能为核心的中国奶牛营养需要和饲养标准，建立了中国奶牛饲料营养价值数据库，为我国奶牛的科学饲养提供了依据。不仅如此，他还建成了以数字化信息平台、标准化养殖技术、牛群饲养效果评价和甲烷、氮、磷减排技术为核心的奶牛精准饲养技术体系，为改变我国奶牛饲养粗放和生产水平低的局面提供了综合技术措施。作为我国奶牛养殖从数量增长型向质量效益型转变的重要理论和技术支撑，该研究成果也于2014年获得国家科技进步奖二等奖。

穷理以致其知，反躬以践其实。30年来，李胜利以呼图壁种牛场为起点，走进基层、了解基层、服务基层，以科学家的责任感和使命感，让社会所需的科技成果在生产一线落地生根、开花结果。

四、确保动物性食品安全

改革开放以来，畜牧业一直保持稳定健康的发展势头，目前已成为农业和农村经济发展的重要支柱产业。随着畜牧生产的集约化和规模化，兽医公共卫生、食品安全、乡村发展以及畜禽产品的贸易，都越来越受到动物传播疾病的影响。随着经营范围的不断扩大和畜禽及其产品流通渠道的增多，疫病传染流行的客观条件也逐渐形成，导致一些常见高发疫病不能得到及时有效的诊断和控制。甚至某些早已受控的传染病又重新抬头，并呈扩散蔓延之势，造成了极大的经济损失。据测算，我国畜禽每年因疫病死亡造成的直接经济损失达200多亿元。2004年初，高致病性禽流感疫情直接经济损失达80亿元。因此，兽医兽药已不仅仅是支撑畜牧业健康发展的重要手段，它正日益成为经济、社会健康发展的重要保障。

自20世纪80年代始，片面追求经济效益和标准以及监管的缺失，最终导致了我国动物饲料安全问题的普遍爆发。动物饲料中人为添加了越来越多的兽药，霉菌毒素污染居高不下，使动物源食品中化学性危害物更加多样化和复杂化。化学性危害物残留在食品中，不仅引起人体的直接中毒、过敏反应、激素样作用等严重后果，还直接影响人民健康和生活质量，给食品安全监控工作带来了严峻挑战。

1998年，沈建忠团队经研究发现，许多新型兽用抗菌药物临床疗效往往与实验室结果不尽相同，有的甚至相差甚远。他对动物身上的大肠杆菌、金黄色葡萄球菌、沙门氏菌等致病菌进行药敏试验，发现有些细菌在药物长期作用下产生了耐药性。沈建忠意识到，如果这些耐药细菌大量繁殖、广泛传播，最终会造成畜禽治疗无效和药物残留加剧。更严重的是，

图 4-7　学术研讨会上的沈建忠

动物源耐药菌和耐药基因有可能会通过食物链和环境传递给人，造成全球性的重大公共卫生问题。为此，沈建忠多次向农业农村部、科技部、卫健委就耐药性防控建言献策，阐明利害。在他看来，"人的多重耐药菌感染，其中相当一部分来源于动物，它们可通过食物链传递给人，所以只管人而不管猪鸡牛羊等食品动物是不行的。"他也由此意识到，及时准确地检测动物源食品中的兽药残留刻不容缓，最大限度地降低兽药残留的严重危害，是当前亟须解决的任务之一。他带领着团队，建成我国重点养殖区动物源细菌抗菌药物耐药性数据库，预测了畜禽主要病原菌耐药性的变化趋势，并在其延伸领域作出了重大贡献。这些研究，为防控重要耐药菌/耐药基因沿动物性食品生产链或环境的传播扩散提供了理论依据。

沈建忠带起来的是一支特别能战斗的团队。这支团队"以动物源食品安全为主要研究对象，力争突破检测技术发展的技术瓶颈，为建立我国动物源食品安全的监控体系提供技术支撑"。早在十几年前，他们便就开始探索食品安全快速检测技术和产品，也是国内最早开始这方面研究的团队之一。那时，团队主要使用国外的相关试剂，但存在着价格昂贵和不符合我国国情的双重问题。沈建忠觉得，我国动物源食品在生产上存在小规模、分散性的现状，这就要求检测试剂盒既要方便携带，还得价格便宜。为了解决这一问题，沈建忠团队启动了"动物性食品中药物残留及化学污染物检测关键技术与试剂盒产业化"项目。2006 年，课题结项，廉价便携式试剂盒被研发出来，并投入生产和市场推广。凭借这一项目成果，沈建忠团队荣获了国家科学技术进步奖二等奖。

2008年，我国食品领域爆发了三聚氰胺事件。当时，由于缺少现场快速检测手段，政府部门启动的监管工作陷于被动。相关部门为尽快解决问题，迅速组织各大院校、科研院所和企业，进行检测技术开发，以阻断非法添加三聚氰胺的奶源进入加工领域的道路。沈建忠的科研团队就在其中。在沈建忠看来，"牛奶属于生鲜产品，检测要求现场、实时、快速。如果使用色谱、质谱等分析方法，不仅操作烦琐、耗时，还需要昂贵的仪器设备和专业技术人员。"为了寻找更便捷的快速检测方法，沈建忠团队经过几个月的无数次尝试，终于发明了三聚氰胺快速检测试纸条：滴几滴牛奶，一两分钟后即可准确判定结果。从而为该事件的后续解决和推动我国牛奶市场的全面科学监管提供了可靠的技术保障。

2011年，动物源食品安全检测技术北京市重点实验室经北京市科学技术委员会认定，中国农业大学成为依托单位，沈建忠则顺理成章地出任实验室主任。有了高水平实验室的支持，沈建忠团队的科研成果更是层出不穷。2015年，他们高质量地完成"基于高性能生物识别材料的动物性产品中小分子化合物快速检测技术"项目，获国家技术发明奖二等奖。2016年，团队研发成功4种化学性危害物快速检测试剂盒和检测卡产品，研发成果在北京市被推广应用，为维护首都食品安全的国际形象，保护人民健康，促进当地经济社会发展提供了重要的技术支撑和实物保障。2017年，沈建忠团队又发现了一种超级耐药基因。它在家禽养殖环境中产生，并可伴随整条产业链，从上游种鸡场一路传播到销售点。"人们从超市货架上采购肥鸡肥鸭的时候，一些携带耐药基因的细菌也许正悄然逼近。"以此为对象，团队正紧锣密鼓地开展相关研究，以帮助市场制定应对策略，减少这些耐药性基因"侵入"农业领域。

截至目前，沈建忠及其团队已在 *The Lancet Infect Dis*，*Nat Microbiol*，*Anal Chem* 等国内外重要学术刊物上发表论文300余篇，承担"973"项目、"十二五"科技支撑计划、"十三五"重点研发计划、国家自然科学基金重点项目等各类项目60余项，与全国800多个检测机构和200多家食品企业开展合作。团队在兽药等小分子化合物高性能生物识别材料创制以及动物源细菌耐药性形成和传播机制研究方面处于国际前沿，为我国在该领域争取到了国际话语权。在抗体资源库的构建、快速检测技术及产品研发、生物样本前处理及食源性病原微生物检测技术等方面的部分研究成果，也填补了国内空白，达到了国际先进水平。

五、推进动物医学社会化服务发展

中国农业大学动物医学院畜禽疫病诊断研究中心成立于1985年，2017年成为校级研究中心，是面向畜禽养殖企业的综合性社会服务平台。主要承担家禽、猪、牛等经济动物疫病的监测、诊疗及预防与控制的技术咨询和指导，同时承担动物疫病诊断技术和试剂研发的科研任务，是兽医学科本科生和研究生的临床实践基地。中心在为规模化养殖企业或相关职能部门提供动物疫病监测与诊断、预防和控制技术培训等方面，发挥了良好的社会服务职能，取得了显著经济效益和社会效益。中心先后与首农集团、中牧集团、正大集团、温氏集团等80余家国内外知名的大型企（事）业单位建立良好合作关系，促进技术成果转化和应用。每年为养殖企业进行大量临床样品或病例的诊断与检测，2012—2017年检测临床血清样品118.85万份、接诊临床病例9367例，为5000余家养殖企业提供诊疗技术服务，涵盖全国30余个省区市。同时，中心针对主要畜禽疫病开展诊断技术研发，建立各种诊断技术和方法30余项，申请国家发明专利20余项。开展了鸭坦布苏病毒、猪繁殖与呼吸综合征病毒、猪伪狂犬病病毒、禽腺病毒血清4型等多种新发病原和再现病原的分子流行病学监测，建立了相应的病原数据库。2012—2017年，中心共开展主要疫病防控技术培训350余次，累计培训5万余人，中心专家亲临全国养殖企业进行疫病防控现场指导，累计出诊920余次。

依托中国农业大学兽医学国家重点学科，国家先后投资5000余万元，建立了国家兽药安全评价中心、国家兽药残留基准实验室、农业部兽药安全监督检验测试中心（北京）等专业中心/实验室，形成了一支包括院士、长江学者、杰青、优青、百千万人才、新世纪优秀人才等在内的结构合理、优势明显的兽药安全评价与兽药残留检测技术科研团队。国家兽药安全评价中心是最早获得农业部授权和国家计量认证，专门开展兽药安全性评价、兽药残留检测与仲裁、兽药残留检测方法复核等工作的质检机构之一。它积极参与国家兽药残留监控计划、农业部生鲜乳质量安全监测计划、瘦肉精和三聚氰胺专项整治行动、北京 APEC 会议等重大活动的食品安全监测工作，发挥了重大作用。2013—2017 年，中心负责了多个省市动物性产品中兽药残留监测、多个部级中心技术复核以及京津冀地区动物产品兽药残留风险监测任务，检测样品近 1 万份。承担了浙江海正、山东齐鲁、美国硕腾等 40 余家国内外兽药企业 80 种兽药的安全性和有效性评价试验项目，试验经费超过 7000 万元，为保障食品安全作出了贡献。

同时，中心致力于兽药、非法添加物和霉菌毒素等有害化合物检测技术及产品研发。近年来通过产学研用结合，研发出快速检测产品 45 种，均已实现产业化。2013—2017 年，中心主持制定兽药残留检测方法国家和行业标准 25 项，发布 18 项。上述产品及方法标准已在北京、山东等 30 个省份的 1000 余家检测机构及伊利、雨润、三元等 1500 余家养殖、屠宰和食品加工企业的兽药残留监测中使用，检测样品超过 6000 万份。此外，近 5 年，中心为全国各级检测机构及伊利、雨润等大中型企业培训检测人员超过 8000 名。上述工作大大推动了我国兽药残留快速检测行业的科技进步，提升了残留检测试剂产业水平，促进了养殖业的健康发展。

中国农业大学教学动物医院成立于 1949 年，现有经营、教学科研面积近 3000 平方米，设有内、外、产、中兽医 10 个诊室，配备有检验室、影像科、手术室、住院部等 10 个部门，在骨科、肿瘤、心脏、皮肤病、内分泌、中兽医等专科领域处于国内领先水平，拥有 16 排螺旋 CT、多普勒彩色超声仪、X 光机、全自动生化分析仪等先进诊疗设备，是目前国内开展诊疗项目最为齐全、诊疗技术最为先进的单体动物医院。2013 年至 2017 年间，中国农业大学教学动物医院累计接诊病例 313699 例，其中三分之一是各地转诊来的疑难病例，转诊病例数量呈逐年上升趋势，病例遍及国内 20 余个省市和地区。

作为国内外动物医疗技术交流的窗口，教学动物医院每年接待国内外参观考察团体 50 余个。目前已同康奈尔大学、艾奥瓦州立大学、明尼苏达大学、爱丁堡大学、诺丁汉大学、首尔大学等知名高校建立密切合作关系。2015 年起，中国农业大学教学动物医院牵头举办"首届国际教学动物医院院长论坛"，国内外 40 余所高校的近百位教学动物医院院长出席会议。作为中国畜牧兽医学会和中国兽医协会的小动物临床理事长单位，动物医院经常性参与和组织全国性小动物临床医学会议，数量和规模居行业之首，极大推动了我国小动物临床教育的发展和从业人员技术水平的提高。

在国家的大力支持和一代代畜牧兽医工作者的不懈努力下，我国的畜牧兽医业终得稳步发展，茁壮向阳。

如今的中国农业大学畜牧学科，依托动物科学技术学院，面向我国畜牧业及相关产业发展的重大需求和重大科学问题，以解决畜禽健康养殖、高效生产安全优质畜禽产品的基础和应用科学理论及关键技术问题，以培养具有坚定正确的政治方向、脚踏实地的奋斗精神、扎实的专业知识并能解决畜牧生产实际问题、愿献身祖国"三农"事业的畜牧科技创新与行业管理的拔尖创新人才和行业领军人才为己任，高举为畜牧业现代化发展服务的大旗，推动学院教学、科研和人才培养的全面发展。力争做到"以人为本，培养创新人才，服务国家需求；立足产业，引领科技发展，成为世界一流"。

中国农业大学的兽医学科则定位于领先国内同类学科，突出和强化学科优势及特色，把握国家和兽医行业发展需求，在基础研究、应用基础研究、科技创新、人才培养及社会服务等方面均衡发展。秉持发扬传统和坚持创新相结合的理念，新老血液相扶相融。动物医学院在学术科研方面，基于兽医学科特点，结合国际和我国兽医学科发展需求以及学院学科优势，在加深原创性基础研究的同时，强化创新性应用研究，提升学科的科技创新能力和增强社会服务功能。在教育育人方面，坚持社会主义办学方向，坚持立德树人。立足中国特色，对标国际一流，发展兽医科技，保障人类健康，以引领中国兽医高等教育发展为己任，坚持培养"有理想、有文化、有道德、有纪律"和"勤学、修德、明辨、笃实"的复合型兽医人才，服务经济和社会发展。

如何实现畜牧业增长的绿色、环保、安全、优质、高效，是摆在畜牧养殖业者面前的重要问题，也是激励我国一代代畜牧兽医科研工作者不懈钻研、攻坚克难的不竭动力。对于中国农业大学的畜牧兽医科研工作者们而言，前行的道路没有终点，不断地创新才是目标。一代又一代的老农大人，用自己的热血和勤奋不断书写着责任和光荣，也激励着一代又一代的新农大人，用使命和担当为学校、为国家和人民继续书写新的灿烂篇章。

第五章　食品科学　营养健康

2012 年 9 月 15 日，一个晴朗的秋日，又是一个具有历史意义的时刻。这一天，位于清华东路的中国农业大学东校区，沐浴在初秋的阳光里，天朗气清，风和景明。一早开始，校园里的人们来往忙碌着：今年的全国科普日的北京主场活动就在这里拉开帷幕。上午，时任中共中央政治局常委、中央书记处书记、国家副主席习近平等领导同志，来到中国农业大学，同首都群众和大学生一起参加全国科普日北京主场活动。习近平强调，要广泛普及食品与健康相关知识，推动全社会更加关注食品安全，坚决遏制各类食品安全违法犯罪行为，提高群众消费安全感和满意度。

第一节　大学校园承载使命，食品科技传播大众

科普日活动由中国科技协会发起。早在 2003 年 6 月，中国科协及各级科协组织为纪念《中华人民共和国科学技术普及法》的颁布和实施一周年、为在全国掀起宣传贯彻落实《科普法》的热潮，在全国范围举办了一系列科普活动。自此而后，每年组织全国学会和地方科协开展科普日活动，成为科协系统的制度安排。一直以来，全国科普日活动都得到了中央领导同志，特别是中央书记处的高度重视和关心。从 2008 年起，科普日活动体现科学发展观的鲜明要求，对"节约能源资源、保护生态环境、保障安全健

康"的主旋律一以贯之，但每年主题各有侧重，2008 年活动以"建设生态文明"主题开篇，随后三年分别是"创新引领未来""走近低碳生活"和"节约保护水资源"，所涉主题与人们日常生活息息相关，意义重大。2012 年这次在北京主场活动主题则是"食品与健康"。食品的质量决定了人类生命的质量，所以，食品必须是安全的并且有益健康的。

在食品科技飞速发展的今天，"科普"即"拉近科学与公众距离"成为一项现代社会十分重要的文化现象。琼·玛丽·勒盖在《普及科学的四项任务》一文中指出：普及科学的第一项任务，是要告诉人们科学为人类作出了哪些贡献，即它已经使哪些东西成为现实，并对其加以探讨；第二项任务，是告诉人们科学是怎样发挥作用的，研究是如何进行的，科技工作者是怎样工作的；第三项任务，是展望未来，即我们将从科学那里得到什么，我们可以向科学家索取什么；第四项任务，是科学的文化作用，像音乐和绘画一样，能提高人类享受生活的能力。与公众饮食健康密切相关的"做了什么""怎么做的""未来怎样""有何作用"是食品科学相关学者开展科普工作的关键点。

一、科普活动亮相大学校园

在全国科普日活动举办的第 10 个年头，北京主场活动第一次在大学校园举行。在此之前，科技馆所、科研机构、科创中心、科技园区，先后都曾经承办主场活动。组织者的思路也随着时代的发展在不断创新与突破：承办"食品与健康"年度主题科普活动，能不能选定一家高校作为主场？他们对在京高校进行了一番摸底和比照。中国农业大学以其高质量的科研教学水平和雄厚的综合实力进入视野，成为备选目标之一。通过和学院、学校的接触后，他们进一步相信：反映"食品与健康"这一主题，中国农业大学是最有代表性的高校。

在得到中国科协确认以后，经过一番精心准备，2012 年 9 月，在中国农业大学校园中一场科技的盛会筹备完毕，静待亮相。15 日上午 9 时 30 分许，时任中共中央政治局常委、中央书记处书记、国家副主席习近平等中央领导来到主题展览区，与师生、市民一道参加活动，由此揭开全国科普日活动的序幕。对于农大人而言，这是一个具有历史意义的时刻。在北京主场活动中，中国农业大学作为高校主场，在这一单元展示了食品从田间播种到端上餐桌的全过程，展现了与公众饮食健康密切相关的科技创新发展的巨大进步，同时普及了饮食健康常识、食品营养与安全的基本常识及科学知识。

有人形象地把科学喻为一只"智慧鸟"。它的两翼，一边是探索与创造，一边是普及与传播，两者要相得益彰、不能偏废。习近平同志在出席活动后的讲话中说，中国农业现代化的根本出路在于科技，我们在这方面要加紧努力。通过农业科技推进农业现代化，是我们建设创新型国家、科技强国的基点和重点。他指出，高校是科技人力资源最丰厚的所在地，科学创新和科学普及一定要动员利用高校的力量。他特别指出，高校不仅抓教学、抓科研，还要抓科技普及，面向社会、面向基层、面向群众做好工作。党和国家领导人欣慰地说，"我感到从中国农业大学看到了这支力量的作用所在"。这句话是对这所大学几十年来在食品科学技术创新、食品安全保障和食品科技普及方面作出努力的充分肯定。

二、技术创新一路披荆斩棘

党的十一届三中全会以后，改革开放激发了群众的内蕴活力，粮棉油和肉蛋奶的产量不断刷新纪录，米袋子和菜篮子逐步充盈以后，大学的科学研究和社会服务的主攻方向相应升级：选育更好品质更优经济性状的新品种，拓展和丰富农产品加工链，实现生产过程降耗增效，在促进农业产业发展的过程中为人们"吃好"提供科技储备。

进入新世纪以后，时代要求科教工作者们要着眼科学发展理念，以资源友好、环境节约的视野，努力为人们吃得更营养和吃得更健康作出新的探索和贡献。由此来看，"食品与健康"是内蕴于这所学校发展历史并不断取得实绩、体现国家进程的一个鲜明主题。

中国农业大学在食品科学普及和技术创新方面交了一份让党和国家、公众满意的答卷，为此无数农大人付出了种种努力。这些努力体现在不同学科、不同时代的人那里，表现为不同形式的求索与耕耘：

"神奇的生物技术"正成为现代农业的技术储备——戴景瑞团队自主选育的抗虫玉米果穗又粗又长，籽粒饱满。分子育种、杂交育种等生物技术，在农业生产领域中的应用是大势所趋，在中国农大的一批科学家正在抢占这一制高点。

信息技术为现代智慧农业发展的关键支撑——李道亮研制的"水产养殖物联网系统"，是农业物联网的典型应用。养殖者可实时监测和远程智控，保证水产品在最佳环境下生长，提高水产养殖集约化水平，提升水产品产量和品质，降低养殖成本和养殖风险。

超高压加工技术是国际食品加工业的新增长点和推动力——胡小松团队通过产学研紧密结合，打破了发达国家的技术封锁和装备垄断，在解决类似我国远洋食品供应、大型抢险救灾活动中的饮食保障难题等方面已经取得了可喜的成果。

食品营养安全全产业链保障——这是沈建忠团队的主攻方向。他们自主开发的三聚氰胺快速检测专利技术产品，打破国外垄断，在应用中灵敏度高、使用简捷、检测时间短，广泛应用于养殖场、屠宰场、农贸超市、奶站等基层检测单位。

……

科普日现场展示的，是中国农业大学在食品产业发展、农产品生产、食品加工制造、食品营养安全、食品质量保障等方面代表性的科技进展。除此之外，这所大学立足作物学、园艺学、植物保护、畜牧兽医、农业工程、资源环境、食品、生态等大农业学科基础。以农立校、特色兴校，追踪前沿创新发展，"营养与健康"是学校服务国家、社会和人民的基本命题。比如，为了让国人消费有质有量的肉蛋奶，几代师生青蓝相继、孜孜求索，在节粮型品种选育推广、精准配方与饲喂、绿色健康养殖、食品安全监控、现代加工工艺等做足了全面功课，既有衔接协同、又有明确分工。从灯火通明的实验室，到运转不息的产业中心、工厂，到商超琳琅满目的货架，全链条汇聚着以科技创新服务营养健康需求的努力。

三、科普实践力求深入人心

科普日活动结束以后，时任中国农业大学校长的柯炳生，应邀做客人民网。在主题为"科普"的访谈中，他提出鲜明观点"科普做得好，首先要学术好"，强调创新和科普的统一性。针对"末流科学家做科普"的流行说法，他有自己的观察和分析：确实有一些好的科学家，因为个人性格特点，如不太善于表达，没有开展科普工作；但同时也有很多非常棒、会表达的科学家，面向公众开展了非常棒的科普工作。而科普工作最本质的任务就是要用深入浅出的、通俗易懂的方法，让公众接受生活中各种事物和现象所蕴含的自然科学与社会科学知识，研究则是科学家开展科普工作的前提。"如果自己都没懂，怎么给别人科普？"

中国农业大学在科普活动中能够得到中央领导和广大群众的支持与肯定，食品科学与营养工程学院居功至伟。学院自创建的那一天起，就高举"食品科学与营养健康"的旗帜，续写农业学科发展及产业进步的新篇章，成为中国大学弘扬科学观念、传播科学知识、提高公众科学素养的一面旗帜。全院师生广泛参与，他们活跃在不同层面和场合、面对不同人群与问题、利用不同的手段和方法，倡导和传播着健康营养的科学理念和生活方式，引导和修正着公众对于食品安全的认识与理解。

（一）一次特殊的讲课

2007 年初，时任食品科学与营养工程学院院长罗云波接到一个任务：准备作一次食品安全为主题的专题报告。

对罗云波来说，作食品安全问题的专题讲座，是看家本领，食品科技

图 5-1　正在作报告的罗云波

的各种专业问题更是信手拈来。他是国内食品界的知名专家，主讲的课程曾获得国家教学成果奖励。他多次在公开场合作食品有关的学术报告或给领导干部、企业家专题讲座，也接受过难度更大的电视台现场采访和大型网站视频直播的节目。每次讲课，他都是莘莘大方、侃侃而谈。即便如此，对于这堂课，他也不敢有丝毫懈怠，花了一个月时间认认真真地备课。

2007年4月23日，中南海怀仁堂，十六届中央政治局举行第41次集体学习的"课堂"。这次学习的主题是"我国农业标准化和食品安全问题研究"。党和国家领导人围绕食品安全进行集中学习，这是新中国成立以来的第一次。这次集体学习持续了三个小时，其中一半时间是由农业领域的两位专家受邀进行专题授课，罗云波即是其中之一。他授课的重点是食品安全现状以及国内外对比。罗云波多年致力于保障食品安全营养技术的研究，登上过无数次讲台，但如此高规格的讲课是第一次。当天会议以圆桌会议形式进行，两位专家与中央政治局委员们坐在最里层，相关部委部长（副部长）、各省省长（副省长）在外层，加起来大概有七八十人。两人讲授时间各为45分钟左右，他们主要从自己研究的角度，谈农业标准化的必要以及食品安全相关内容、做法，自己的思考等等。

他记得现场的情形，"我们讲的时候，领导们始终都听得很认真，没有打断；（胡锦涛）总书记一直在埋头做笔记，特别认真。我们俩讲完后，领导们开始提问，进入广泛的交流环节，最后总书记总结讲话。"党和国家领导高度关注食品安全给他的印象特别深刻，"领导们都很重视这次学习，基本上除了出国考察外，党和国家所有的高层领导人都到场了，这很不容易，毕竟他们都日理万机。会议持续了足足三个小时。令我没想到的是，领导们对食品安全的现状了解很深，一些基层的情况也很清楚。所以，他们把相关部门主要领导召集起来，请专家去讲，想从更客观的角度，了解食品安全问题。"

作为食品研究方面的专家，不仅是客观介绍情况，同时也要提供积极的建议。罗云波在讲授中提出：食品安全的监管重心必须前移，从源头抓起，无论是直接进口还是加工制作，食品的源头都是农业，在此基础上，经过严格筛选、精准把控，生产出来的农产品才是安全的、健康的、营养的。如果源头把握不好，再多的投入和监管都是徒劳的，只会造成人财物力的浪费。

通过这次特殊的课堂罗云波也了解到，党和国家领导人通过大量的调研工作，对农业和食品安全的基本情况基本情况很了解，政府确实千方百计想要解决食品安全问题。这次"集体学习"提出了解决我国食品安全的新方向：将监管关口前移，从农田到餐桌，从农业标准化出发，保障和提高食品安全水平，"总书记在总结时，提到了我们讲话中的主要观点。他说，食品安全关系到广大人民群众身体健康和生命安全；实施农业标准化，实现从农田到餐桌全程质量控制，对保障食品安全至关重要。他还要求各级党委和政府要增强责任感，把实施农业标准化和保障食品安全作为一件大事，纳入经济社会发展总体规划，列入重要议事日程，加大对农业标准化和食品安全的投入，加强农业标准化技术推广队伍和食品安全监管队伍建设。"

（二）一档特殊的节目

20 世纪 80 年代以来，随着人们对生活质量要求的提高，食品营养、安全方面的需求应运而生。然而，时间进入 21 世纪以后，人们逐渐发现"食品越来越不安全"了，各种各样的食品质量事件频频曝光，很多人忧心忡忡——"还有哪些食品让人放心？"

"1993 年以前我们还在定量供应；1999 年，我们总体上解决温饱大问题；

图 5-2　现场直播中的胡小松

现在我们特别希望了解、高度关注食品安全问题，这反映了社会的极大进步"，在主流媒体上，经常出现这样一位有理性、有颜值的青年教授。"事实或数据充分表明，我们的食品安全和过去相比大大提高。但我们处在前所未有的资讯时代中，不准确的传播放大了我们的食品不安全感。"在焦虑、疑问和困惑面前，他以平和的态度、睿智的分析、风趣的语言，赢得了大家的认同。很多人记住了他的名字：胡小松，中国农业大学食品学院教授。

进入新千年，中央电视台经济频道敏锐地捕捉了人们对信息的需求，开辟了《每周质量报告》。这是21世纪第一个十年中具有时代性的一档节目，也是当时唯一一档以消费者为核心收视人群的新闻专题栏目。向心存疑问、焦虑甚至愤怒的观众讲清楚食品的前前后后，对专家是个极大的考验。食品行业有一位院士曾经这样表达作为专家的难处：在不理性的观众面前，专家努力表达的客观，往往有被误认成替不良企业违法行为的辩解、对"不安全"食品市场的遮掩的风险；而少数媒体在热点事件面前，为了突出效果，喜欢脱离具体语境，截取其中一两句话或"浓缩"一个观点，或者将"专家意见"作为个人理解甚至偏见的注脚。这位院士无奈地表示，新媒体放大了这种变形的、扭曲的专家访谈，把专家推到了"砖家"的风口浪尖。因此造成了这样的现象：在公共事件发生以后，急需专家挺身而出、理性地引导社会公众的时候，专家们不愿甚至不敢接受媒体的邀约。

胡小松就是在这种氛围中出现在公众视野。他主要从事果蔬贮藏加工理论与技术研究，同时对食品安全科学与品质控制、农业与食品产业发展战略也有独到的研究，曾先后参与《国家突发重大食品安全事故应急预案》《国家突发重大动物疫情应急预案》《食品安全法》等法律、法规的论证工作，"十五"至"十三五""食品安全""农产品深加工""食品安全与加工""农产品现代物流"等重大科技专项和"973""863"等食品领域科技发展与项目规划的论证工作。凭借着广博的专业学识，胡小松从2003年开始作为央视《每周质量报告》食品安全质量的特约专家，并主持央视《消费者学校》栏目。

镜头前的胡小松，既坚持理性又带有感性，讲究科学、有时也"蛮不讲理"，这样矛盾的形象却偏偏吸引了观众：当镜头展现食品企业的各种造假治劣，他也坐不住，从言语、行动乃至每一个细微表情，都和大家一样，是生气、是愤怒；当介绍食品科技带来的进步、食品安全的推进时，他以大家身边事实举例，用大家了解和认同的数据加以佐证。纵使再高深的内容，他讲出来，大家也都一定能听得明白、听得入耳；当一些看似"钻牛角尖"、实则无道理的问题抛来时，他明白纠缠无益，就"蛮不讲理"地笑着说："我就这么吃，不信你就试，有问题找我。"关注过这档栏目的观众或许对其广告语记忆犹新："生活需要质量，消费需要安全"，"你看到的，是你想不到的；你所质疑的，就是我们要求证的"。作为专家的胡小松，以其通俗风趣的语言、对现象的精准分析和内容的客观评点，成为这档节目最恰当的形象代言。

2014 年，中国科学技术协会、世界食品科技联盟向他颁发一项荣誉——科学精神奖。继陈君石、孙宝国两位院士之后，他也获得了这份荣誉。颁奖词这样总结和评价："他是一位优秀的科学家，在果蔬、非热加工及食品安全领域尽显风采，他是一位明星学者，在食品安全的'和平时期'，用充满幽默而又智慧的语言与央视合作，进行大规模的公众科普，捍卫着中国食品工业的尊严。而当中国食品行业面临风险时，他更是一位有良知的学术界代表，仗义执言，理性而精准确表达科学的事实。他用大量的科学研究支撑行业健康发展，更用逆耳的忠言，警示行业的隐患与不足。他的科学与严谨，真诚与担当，代表着科技界对工业界的责任与期待。他担得起值得信赖和感谢的科学家的称号！"这份荣誉反映的是行业的认可，同时也得到了公众的认可：不少同学及家长因为慕他之名，因此报考中国农业大学或食品科学与营养工程学院。

（三）一名特殊博主

在食品学院中，最有影响力的科普人物是入选"十大科学传播人"的范志红。她是中国食品科技协会营养支持委员会理事、营养膳食推广工程专家顾问团顾问、中国科协首批科学传播专家团队成员。同时，她也是十多家报纸杂志的特约专家及专栏作者，先后给 40 多家报纸杂志撰写食品营养方面的文章 600 多篇。此外，她还开通了"原创营养信息"博客，坚持每周撰写一到两篇营养与健康方面的原创科普文章，至今已经发表了 400 多篇文章，点击率高达 1130 万，读者的精华评论跟帖达 1.7 万篇。她的影响力，已经超过了很多专业的健康媒体。她博客里的每一篇文章既讲究严谨，也注意使用大众喜闻乐见的语言和形式。有人评价她的博客是"中国健康第一博"，"最好的原创博客"。可在范志红看来，普及、推广科学知识是高校的责任，也是一名科教工作者的责任。"知道别人的饮食因我的科普而变得更健康，他们因此心情更快乐、家庭更幸福，我就觉得很有成就感。"在范志红的影响下，有许多研究生是全职或者兼职从事跟科学营养传播有关的事业，其中有三人就在食品界著名专家陈君石院士的科学营养传播中心工作。

（四）一群特殊的老和少

在中国农业大学的食品学院，对老师和同学来说，从事科普工作就像吃饭、上课、做实验一样平常。除此之外，还有让人心生敬意、特别值得称道的人群——一批离退休老专家。20世纪90年代以后，随着公众对食品质量和安全、健康和养生的关注与重视，食品或营养方面的节目、专栏雨后春笋般涌现，这些有专业知识、热心服务社会的老科学家成为最早一批科普人——蔡同一、冯双庆、南庆贤……这些人们耳熟能详的农大老教授，大多数也都是来自食品学院。

蔡同一是其中最早一批"吃螃蟹"的人，也是非常活跃的老专家之一。2003年退休以后，他以更多的热情活跃在食品科普工作一线。退休时正赶上发生"非典"，当时还担任北京食品学会理事长的他，组织专家编著《健康与科学饮食》系列科普宣传册，送到北京各个街道社区，减轻和消除大家的恐惧心理和紧张心情；2007年编著的《餐桌上营养学》系列丛书在北京师范大学出版社出版，2013年9月主编的《中国老年健康营养》丛书在中国农业大学出版社出版；2002年起参与奥运食品安全保障工作，并被聘为北京奥运食品安全专家委员会委员，在奥运食品原辅料选择、供应商评估等方面提出了大量建设性建议，通过各种媒介热情洋溢地介绍北京奥运食品是怎样炼成的；出任中国老年学会老年营养与食品专业委员会第一任主任委员，潜心研究老年饮食营养，积极倡导社会重视老年健康营养餐，提高老年人生活水准，同时积极争取企业与政府的支持，推动老年营养餐的开发与推广。2018年9月，80岁高龄的蔡同一乐观地向大家介绍以后要做的工作：与中国老年学会、老年医学会、老年营养食品专业委员会合作，全面推动中国老年健康营养餐供应体系，"我们将与中国烹饪协会一道优化原料辅料、各加工操作单元的技术及合理方便的包装。将我们研制的充满生命爱意的老年餐送到老人的手中，营养、安全、可口，让他们吃好、吃得健康。"老专家身上展现出了青春活力，青年学子自然更加意气风发——比如侯彩云发起的"食品安全星火爱心传递行动"。每个假期，总有一群青年"聚是一团火，散作满天星"，薪火相传奉献社会。

图 5-3　2018 年，共同庆祝周山涛一百岁、刘一和九十岁、蔡同一八十岁寿辰

2004 年震惊全国的"阜阳劣质奶粉事件"刚刚平息，侯彩云就在自己的办公桌上看到了一篇题为"江苏淮安再现大头娃娃相关部门全然不知"的报道。事后了解到，是她的研究生从网上打印后悄悄地放在那里的。侯彩云坐不住了，"我们去帮帮他们吧！"她的两名研究生的积极响应，师生三人当即南下淮安，在"大头娃娃"的家中，为孩子的父亲和乡邻传授了奶粉质量快速鉴别技术，并将两袋在当地买到的经鉴别没有问题的奶粉送给了"大头娃娃"的家人。

此后，侯彩云借助国家级星火计划重点项目——"京郊地区奥运食品安全科技服务示范"，为村镇食品安全提供技术支撑。她多年坚持利用暑期奔赴全国各地，开展食品安全星火爱心传递行动，为农村村民进行以传播食品营养与安全知识、传授食品质量快速鉴别技术为主要内容的食品安全科普宣传。

时至今日，农大师生依然每年开展相同主题的活动。由同学们组成的"大学生食品营养安全中国行"专项活动将在暑假期间启动，作为2019年全国食品安全宣传周国家市场监管总局部委主题日重点活动之一，此次活动围绕"一老一少"重点人群，组织全国17个省份30所高校96支队伍大学生深入基层，通过开展"知·食"营养健康讲堂、"食·趣"夏令营、"食·研"营养状况调研等专题活动，向老人和儿童群体宣讲食品安全营养知识。最近一周，同学们刚刚举行完行前培训。对他们来说，科普的故事刚刚开始……

第二节 建校百年不忘初心，学科发展与时俱进

食品是最直接体现国计民生的行业、领域。将"食品"纳入高等教育视野进而作为科学研究对象或学科发展主题也经历一番艰难的探索。1940年，南京大学、复旦大学、武汉大学及浙江大学等10余所高校中食品相关的系（科）设立，但是，食品学并不构成完整的学科体系。新中国成立以后，院系调整带来了农产品加工学的发展，成为食品学科发展的第一个重要阶段。经过全国性院校调整，为适应国民经济社会发展需求，一批工学特别是轻工院校陆续独立设置食品有关专业。其中，最突出的是无锡轻工业学院的成立。

1958年，原南京工学院食品工业系独立，整建制前往无锡，以此为主体组建无锡轻工学院，设立食品工程、粮食工程、油脂工程等专业，成为以食品为特色的轻工院校。与此同时，考虑到教学研究、社会需求及生产实践的结合的原则，山东农业大学、沈阳农业大学、东北农业大学等农业高校，也基于农学、园艺、畜牧兽医等基础和优势，拓展农产品、园艺产品（或果蔬）、畜产品（以及蜂产品）等加工储藏专业，为食品学科的创立积累资本，并形成各自的传统和优势。从改革开放开始，农产品生产的繁

荣、人们物质生活提高基础上产生的更高需求，催动食品学科进入新的发展阶段。几乎所有涉农高校都成立了食品工程或食品科学专业，并呈现科学与工程相互促进和合流的发展趋向。

最近 20 年，食品学科进入了发展的快车道，在已有发展的基础上更加注重生物学、医学等基础性研究的结合，不断跨越传统意义上的学科边界，实现基础研究和应用研究的深化对接。

一、合并组建新学科 小荷才露尖尖角

学科的发展，从来与国家社会的发展紧密联系。国家实施改革开放战略，农产品实现了比较充分的供给，中国农业大学明确而集中地将"食品"作为学科发展主题和研究对象，这一决策的实施从贮藏加工领域率先开始，此后迅速向加工工艺与装备、营养均衡等领域延伸，形成全方位态势。食品学科便是按照这一发展脉络演进至今。

新中国成立后，以原北京大学农学院园艺系为基础，清华大学、华北大学具有相关研究的师生汇聚一起，形成北京农业大学的园艺系，建系之初全系教职员不过 17 人，著名园艺学家陈锡鑫教授出任园艺系第一任主任。

陈锡鑫是中国老一辈园艺学家。他曾经留学日本十年，在京都帝国大学园艺系专攻园艺利用，九一八事变爆发后毅然回国从事教育和研究工作，先后受聘于金陵大学、西北农学院、北京大学农学院，讲授"园艺学通论""果树园艺学""蔬菜园艺学""园艺产品贮藏加工学"等课程，并先后筹建西北农学院和北京大学的园艺系。陈锡鑫是农大初建期园艺系的擘画者，同时也是新中国园艺教育的践行者。

当时从事园艺专业研究的，还有比陈锡鑫年轻十多岁的后起之秀沈隽教授。他毕业于中国园艺教育的重镇——金陵大学，其后考取清华大学公费留学生赴美，在康奈尔大学研究院果树系获得博士学位。抗战胜利后，他还在国外就收到正积极筹建清华大学农学院的汤佩松发出的聘书。汤佩松的好友、北京大学农学院院长俞大绂向他推荐年轻的沈隽博士。清华大学农学院成立后，沈隽成为这所大学的新聘教授之一。在三校农学院合并的过程中，他成为农大最年轻的教授之一，并在几年后继任为园艺系第二

任系主任。

后来成为园林学重要奠基人之一的汪菊渊院士，这时任园艺系的副教授。在北京农业大学园艺系期间，他提出发展造园学，"新中国建设展开后，造园专材各方均迫切需要，都市计划委员会希望我们能专设一组，系里都赞成，但设组需与清华建筑系合作，曾经与清华梁思成先生及周（培源）教务长商洽，已荷同意"。1951 年，校委会据此报告决议，"在目前不增加学校负担的条件下，同意园艺系与清华建筑系合作办理造园组"。在次年的院系调整中，学校根据全国农学院院长会议决议，原有的 11 个系调整为 6 个系 9 个专业（森林系抽出组建北京林学院），园艺系因此设有果树蔬菜、造园两个专业（1956 年 8 月，造园专业并入北京林学院）——园艺系也成为中国现代园林学的两大源头之一。

那时系里活跃着一批年轻的教师，学校合并及随后几年间调入的有：来自原华北大学的年轻教员陆子豪、郑开文、潘季淑，有来自北京大学的孙自然、吕启愚，也有来自清华大学的周山涛等。一个有趣的事实是：这些年轻人大多数具有南京金陵大学或中央大学园艺系教育背景。回顾中国园艺学科 / 教育史，我们知道：从 1920 年到抗战前夕，南京一直是中国园艺学教育的大本营。南京之所以具备这样地位，就在于这两所学校园艺学的发展，包括吴耕民、陈锡鑫、胡昌炽、章文才等大批园艺学知名人物在那里任教，又先后从那里走向全国各地的高校开枝散叶。陈锡鑫、沈隽以及这些年轻人，在北京农业大学园艺系中的相聚，也把近似教育背景下形成的园艺学传统——注重植物生理研究、着眼从机理中发现"钥匙"，进而回应现实生产中具体现象或现实难题，带到这里。历史地来看，这种传统或者说风气，成为以后的园艺学科及新生的果蔬贮藏加工专业、食品科学系、食品学科发展中，相沿成为鲜明的学科特色和精神标记。

中国农业大学食品学科的基础，就产生在 70 年前的园艺学系中。建系初期，下设果树、蔬菜、贮藏加工三组。1951 年增设造园组。陈锡鑫别具慧眼，主张兴办园艺：果、蔬、花是近代以来园艺学的基本领域，自是不可或缺；其中果实与蔬菜是共和国建设初期社会发展稳定和人民生活保障的刚需；花卉是人们精神文化的消费品，其重要性也不可小觑。陈锡鑫教授亲自主持果蔬贮藏加工教研组，为中国农业大学食品学科的发展奠定了基础。

新中国成立 30 多年后，食品学科蓬勃发展，人们发现在学校组建、系别交融的初始期，新学科的种子已经被先行者播种，悄悄孕育，慢慢萌芽，等待破土而生。

二、学科发展遇困难　柳暗花明又一村

建系之初，陈锡鑫亲自主持果蔬贮藏加工教研组，带领助手，包括周山涛——后来食品学科的主要开创者之一，直接开启了新中国成立初期相关的教学和研究。此番工作任重道远，路途艰辛。

新中国成立前，只有极少数学校设置有果蔬加工教学计划。仅有 1946年自美国回到金陵大学任教的丁钧文教授率先开设的果蔬贮藏讲座。后来被称为果蔬贮藏"星星之火"的这一讲座，主要内容也只是介绍当时美国已经普遍采用的苹果通风贮藏库结构和管理经验为主。可以想见当时果蔬贮藏方面的教材和参考资料的紧缺程度。

陈锡鑫开创果蔬贮藏加工教学时，可以依赖的仅有一本苏联教科书《水果蔬菜贮藏加工学》，但苏联的气候条件与我国迥异。果蔬贮藏加工教研组怎样为果树、蔬菜栽培两个专业的学生讲授好"果蔬贮藏加工"课程？陈锡鑫和他的教研组认识到，这种课程如果仅仅依靠教材和资料讲授，是无法让学生掌握真正技术的——"纸上得来终觉浅，绝知此事要躬行"。好在我国南北各地蔬菜水果产地的农民、相关经营管理人员，积累了比较丰富的实践生产经验。向他们进行讨教学习和调查总结是一种既直接又快速的积累教学素材的方法。

陈锡鑫亲自带领助手到京郊考察大白菜冬季贮藏方法。在卢沟桥农场，为摸清窖藏条件及技术措施，他住土炕，认真观察记录，有时彻夜不眠。在充分调查研究的基础上，他们进行了窖型改进试验，并进行推广。在此基础上，他们发表了题为"北京白菜贮藏的经验总结及其初步改进"的论文。同时，陈锡鑫也在中国传统园艺产品加工利用方面进行了许多开创性的研究工作。作为最早对中国传统的酱腌菜技术开展研究并应用科学理论进行解释的研究者，他摸清传统酱菜和腌菜的保绿、保脆机理及其技术要点，对冬菜、干菜等也进行了试验研究。

那几年中，陈锡鑫带领年轻助手，经常到基层和市场调查研究，从北

京郊区果农那里、从果品蔬菜公司那里，实地了解北方水果蔬菜贮藏情况，总结其中的经验和原理，边学边用，边研究便提高，从实践中掌握第一手资料和数据。数据不合适，他们就到工人和农民中去交流和请教；专业知识还不够，就抓紧时间翻译和学习俄文资料；没有可用教材，就自己动手来编写。

学科建立的初期，编写教材的过程其实也是研究的过程。一方面深入基层调查研究获得丰富经验，另一方面也亲自动手试验研究，得到大量数据以丰富教材，同时也着实为农民实际生产提供了许多帮助，解决了实际技术难题。如：对京郊蔬菜贮藏的调查研究，菠菜冬藏技术，核桃漂白技术，京郊和天津附近农民贮藏洋葱、大蒜的经验，北京某果品公司利用北海三百年历史的老冰窖贮藏蔬菜、水果和花卉的经验，我国出口苹果出现"虎皮病"后所开展的相关研究工作等，都写入了教科书，利于更多人学习和借鉴。

陈锡鑫的助手中有一位刚过而立之年的名叫周山涛的年轻人，他本是金陵大学园艺系的毕业生，毕业以后经过论文导师金陵大学园艺系主任胡昌炽推荐，北上清华大学担任沈隽的助教。北京农业大学园艺系成立以后，他被陈锡鑫挑中，成为果蔬贮藏加工教研方面的主要助手之一。陈教授以实践求真知不辞辛劳奔走各地的做法在这个年轻人身上留下了很深的学科烙印，"科学研究要与教学结合，更要走到生产实践中去"成为后来的周山涛教授常挂在嘴边的口头禅。比周山涛年轻10岁的刘一和，从福州协和大学园艺系毕业后分配到北京农业大学工作。在周山涛的推荐下，他被留在园艺系果蔬贮藏加工教研组担任助教。当他们在生产中奔走的时候，或许没有想到，这段时期经历，会积淀成为一种学科烙印。回首曾经走过的路，正是陈锡鑫、周山涛、刘一和等老一辈农学家在新中国成立初期所做的努力，使得农学院在果蔬贮藏课程方面迈开了第一步，在果蔬加工供需薄弱的基础上取得了开拓性的进展，而对果蔬贮藏加工的探索，就是食品学科的最早起源。不辞辛劳的苦干，终于开辟出了一片新的天地。

三、三位一体教研产 不破楼兰终不还

果蔬贮藏加工教研组像一株冬天的树那般，在静默中积蓄力量，等待

春天的生机。跟着周山涛教授的思绪回到食品科学系成立之前的时光，当时不过是四五个园艺系的人，组成了果蔬贮藏加工课程的研究队伍，研究条件和生活条件都极其简陋，资金配置也无从谈起，可偏偏在这种情况下，这支队伍却仍旧蕴藏着一股无限的力量，从教材编写到课程设置、从实地调研到科学研究，每个人的肩上都承担着不小的压力，正所谓"逆水行舟，不进则退"，他们将压力转化成了动力，驱动着这支队伍一往无前。

1958年前后，北京农业大学从罗道庄搬到马连洼，随着学校的不断发展与壮大，北京农业大学园艺系也日渐成熟，划分为果树和蔬菜两个专业，招生规模也得以扩大，每年招生人数达到60名，果蔬贮藏加工教研组也就相应地增加了实验室，并购置了新的仪器设备。在北京大学农学院工作时期，陈锡鑫利用争取到的包括罐头生产设备在内的一批援华物资，建立了一个小型的加工场，作为园产品加工贮藏教学实验基地。后来，随着农学院的重新合并组建与发展，加工场搬到新址以后，又建了一个小冷库，教学条件得到改善，保障了很多教学内容都可以进行规模的小型实验。

当时教研组试验研究主要是依靠下拨的用于教学及试验课程的行政费用，各个教研组统一在系里报销，数目也非常有限。为了解决经费紧张的问题，教研组拓宽思路，采取了与生产单位合作的形式，根据生产单位所提出的问题进行专项研究，带着少量的小型仪器、药品以及一些实验材料到生产单位去，由生产单位提供场所、必要的人员和实验材料，这又大大地降低了实验成本，实现了与生产单位的双赢。他们因此自称出差有"三自"："自己解决交通工具、自带粮票、自己承担所有费用"。从生产中了解问题、草拟研究方法、商讨解决途径，教研组因此与北京食品厂、天津外贸、北京外贸、北京果品公司、北京菜蔬公司和铁道科学研究院等单位建立了广泛的联系，也取得了不少成果，更增进了各方面人员的感情。当时，果蔬贮藏加工课程要安排学生到工厂、仓库实习，而有关单位无不表示热烈欢迎。

循着教学、科研和生产服务紧密结合的方向，教研组的科学研究主要以生产中现实需求或存在的问题作为课题，深入实际去观察实验和研究。青年刘一和1953年加入教研组中来，是北京农业大学食品学科的另一位重要创建人和历史见证者。在他眼里，"当时我们的想法就是：国家需要的、社会需要的，就是我们的课题，就是我们的研究方向"，这也就是说，技术结合生产，保障人民生活需要，就是大家的道路和方向。

国家处在困难时期，不得不压缩本就供应紧张的水果、蔬菜、肉禽类产品，以换取必需的工业品。出口的苹果遭遇了"虎皮病"，大大降低了商品价值。周山涛迎难而上展开了关于"虎皮病"的研究。多少个夜晚实验室灯火长明，多少次论证被推倒重来，功夫不负有心人，科研实验不怕跌倒，就怕失去奋斗的勇气，周山涛教授终于找到了病根。罐头出口苏联，需要挑选合适的桃杏品种，周山涛、刘一和前往北京房山桃、杏产地，一住就是十几天，通过对不同品种的性状观察、贮藏技术研究，最终遴选出适合罐藏的品种。农产品转运半个中国再向苏联或东欧出口，长距离贮运需要技术支持，教研组老师与铁道科学研究院合作试验，他们登上火车，从广东、四川、河南、河北等地转运肉类和果蔬，一路观察一路试验，他们已经习惯了以农地为家、以列车为家。

社会及人民日常生活需求，自然而然地也进入了他们的视野。当时北京地区面临柿子脱涩问题，原来普遍采取的热水处理的催熟技术效果不佳。经过不断探索，周山涛提出用 CO_2 对柿子进行脱涩处理。循着这个方向，他们反复实验，终于肯定了这个推论。他们带着自己的成果在果品公司进行商品性实验大获成功，新的方法就这样被推广开来了。用 CO_2 脱涩不仅方法简便卫生，更能保持果实脆硬，深受广大经营单位的欢迎。一个问题解决了，新的问题又出现了：香蕉催熟是当时果蔬产品流通中的又一个现实难题。教研组老师就带头走进果品公司，引进国外用乙烯催熟香蕉的经验，与工人们一同实验，最终，将成功的实验成果推广到了实际生产中。

非常难得的是，在需求以外，教研组还常常主动出击，从劳动人民的实践经验和积累的智慧中发现科学。北京市郊白菜贮藏经验远近闻名，周山涛就曾带着棉被走进白菜窖取样检测调查，寻找其中的科学道理以应用于其他蔬菜贮藏。京津地区农民有贮藏洋葱、大蒜等大宗菜蔬的好方法，他们就深入到小村镇去考察总结。教研组还别出心裁，带着仪器走进北京果脯厂的车间与老师傅一起熬制果脯来观察结果，发现经验中的科学，最终著成了《北京果脯》一书，还发明了真空渗糖技术。每一次的实践与总结，肩负着的是为人民服务的使命，凝聚着的是每一位劳动人民智慧的结晶。不要小看这餐桌上的一事一物、一餐一饭，它小到关系着每个人的生存与生活，大到关系着一个国家的发展与富强。

与实践的结合，不断锻炼了这支年轻队伍的专业能力和"综合素质"，储备了他们厚积薄发的力量。"人努力，天帮忙"，奋发有为的他们也赶上了国家振兴科教和加快农业发展的历史机遇——1979 年 9 月《中共中央关于加快农业发展若干问题的决定》中，明确指出"中央要办好中国农业科学院和北京农业大学等几个重点的高级农业科学研究院和高等农业院校"。学校据此提出，"把农大办成既是农业教育中心，又是农业科研中心，成为一所能代表国内先进水平，并争取在国际上成为农业教育和科研中心之一"的目标。

时光飞逝，1984 年初，教育部、国家计委等向国务院请示将十所高等院校列入国家重点建设项目，获得国务院的批复，"是贯彻中央关于把教育列为国民经济发展战略重点的一项重要措施"——北京农业大学就是十校中的一所。学校深思熟虑后提出在现有基础上组建多学科、综合性的农业大学的目标，"把北京农业大学办成一所综合性的农业大学"，"既是一个农业教育中心，又是一个科研中心，逐步形成教学、科研、推广三结合的新体系"，提出要积极创造条件有计划地促进包括遗传学、生物化学、细胞生物学、分子生物学、营养化学、生态学、农业环境保护学、食品科学等在内的新学科的发展。对办好综合性农业大学"两步走"作出规划：第一步在办好现有的系、专业、重点学科的同时着手发展若干新学科，农牧产品贮藏加工作为考虑的重点之一；第二步是在 5 年内逐步建成 5 个学院（随后修订为 5 院 1 部），食品科学系被列入学校重点建设发展的议事日程。

1984 年 9 月 24 日，北京农业大学食品科学系正式成立。在有些发黄的校报上，我们可以找到这样的文字简介《发展食品科技 满足人民需要 我校食品科学系成立》："经上级批准，我校食品科学系正式成立。九月二十四日（1984 年）下午，学校领导，各系部门和单位负责同志以及食品科学系全体同志，各方代表共计七十余人出席了成立大会。"这支年轻队伍凭借超强的专业能力和过硬的综合素质迅速脱颖而出，承担国家科技攻关任务、承接人才培养要求，从高起点上开始食品学科的发展。

四、食品科学初长成　梅花香自苦寒来

食品科学系的成立离不开每一位成员的不懈努力，"不经一番寒彻骨，怎得梅花扑鼻香"。原本在园艺系中，果品贮藏加工只是其中一小部分，有必要脱离园艺系而独立吗？周山涛、蔡同一曾经到全国考察，最终形成统一的意见：在果蔬贮藏加工基础上全面发展食品学科。从引进优秀人才和完善学科体系两方面入手，在国外学习的优秀教师韩雅珊、杨洁彬等受邀一起参与筹建，在果蔬加工的基础上融入化学、微生物的基础，同时延请农学系农机教研组老师参加，开设食品加工方面的课程，因此拥有了果树贮藏加工、食品化学、微生物、食品机械等研究方向，此举既保持了学科的完整性，又推动了学科比较均衡全面的发展，建立了集理工为一体的新系。

由于筹备工作得当，科研成果丰富，北京农业大学园艺系果蔬贮藏加工教研组以及由此发展而来的食品科学系，得到了安民校长的充分肯定。周山涛、刘一和等一批专家建立食品科学系、填补学校学科发展空白；他们先后开展的一系列研究，也填补了我国食品科研与社会服务中的很多空白。科研成果不胜枚举：

——红香蕉苹果储藏中虎皮病发生规律及其防治。红香蕉苹果采收成熟度与虎皮病关系密切，早期采摘的果发病率最高，其适时采收期以盛花后 140 天为宜。果实储藏到第七周，致病因子 α–法尼烯在皮层中的含量达到最高值，并迅速下降，其氧化产物共轭三烯相应增加，防止虎皮病的处理措施应在 α–法尼烯产生高峰和大量氧化之前进行。高 CO_2 和低浓度氧作采后段时间处理，可减少虎皮病的发生。焦炭分子筛气调机，有脱除乙烯的效果，虎皮病发病率也大大降低。

——果品储藏期病害防治技术。根据植物生态病理学原理，调节果树的微生物环境，使苹果获得对苹果炭疽病的人工免疫；利用血清手段鉴别苹果轮纹和干腐烂果病，澄清了我国苹果主要病烂果的原因，有利于苹果的安全储藏。初步提出了霉心病的检验和测报方法。研究了苹果霉心病、干腐烂果病、鸭梨烂果病的浸染期，提出了防治方法。

——青椒储藏技术研究。通过对青椒品种耐藏性、收采期、贮藏条件及方法等方面的研究，确定了青椒贮藏的最佳方案。即：选用当地耐藏性能好的品种，并在果实着色期前采收无病无伤的果实进行贮藏；同时，严格

控制贮藏温度和湿度。采用此项技术可将晚秋采收的青椒贮藏两个月以上。好果率达 80% 以上。

——焦炭分子筛气调机在番茄贮藏中的应用研究。在适宜温度条件下，并掌握适宜的气体比例，可将夏番茄贮藏 45 天，商品率达到 84.53%；秋番茄贮藏 50 天，商品率达 94%。该项技术用于果蔬贮藏，可减少旺季腐烂损失，秋季贮藏可增加市场蔬菜供应种类。

这些研究工作在"六五"（1981—1985 年）期间完成，并在随后的国家"七五"科技攻关计划中进一步延伸和发展。那时，农产品生产由农业部主管，而农产品（食品）贮藏流通等方面的一系列问题，则是由商务部主抓，每一个问题的提出，要么来自经济社会中最急迫的需求，要么来自进出口中的现实需要。

通过全体成员的不懈努力，北京农业大学园艺系果蔬贮藏加工教研组以及由此发展而来的食品科学系，在果蔬采后生理、采后病害方面取得了全国学科优势地位：1986 年，他们研发了动态气调贮藏方法，保持实验室 24 小时动态维持贮藏环境，此方法后来被应用于板栗近冰点贮藏、柿子脱涩与长期保鲜、猕猴桃周年贮藏等研究。同年还在国内外开创性地发现鸭梨黑心病的发生机理并研究出防治方法，进一步确立了在国内果蔬采后生理方面的优势。1988 年获得农业部特批，建立国家农产品贮藏保鲜中心。

在果蔬采后贮藏研究保持较高水平的同时，食品科学系在果蔬加工方面也取得了受同行和业界称赞的成就。他们 1986 年开展了对苹果、柑橘、梨等水果的果汁加工、果皮与果渣综合利用方面的研究，着手制造蔬菜混合汁，并成功开发出 6 个新产品。同年成功研发出中国第一瓶鲜榨苹果汁并投入商业化生产。作为研究的延伸，在果蔬汁无菌包装方面的研究也取得实质性突破，研发出可以承载 50 吨的无菌大容器。

改革开放为社会打开了面向世界的窗口，也为农产品贮藏加工的发展带来了巨大机遇。当时各地需要农产品加工的项目，企业需要农产品加工的技术，面对需求，食品科学系在 1988 年成立了贮藏加工研究室，一方面承担国家的科研攻关课题（项目），一方面为企业进行产品开发的研究。在中德农业综合发展项目下，成功研发了混浊型蔬菜汁——维乐蔬菜汁，并在 1987 年实现了工业化生产。产品不仅畅销国内，还出口到新加坡、韩国、日本、美国等国家，达到国际同类产品水平，并由此获得全国星火计划项目奖励和北京市科委星火科技一等奖。

与此同时，教研组及整个食品科学系对果蔬汁加工中存在的五大科学问题——褐变、混浊、沉淀、香气变化、营养物质损失的研究，取得了丰硕的成果，从而使教研组在果蔬汁加工基础研究处于行业领先地位。

当时的食品科学系以生物学科为基础，凝聚了食品化学、微生物学、畜产品加工以及食品机械学等方面的人才。系内的农产品贮藏加工学科在1989年被确定为国家级重点学科，这在当时全国首屈一指，此后，果蔬产品加工实验室被评为北京市重点实验室。前期奠定的基础也极大地推动了食品科学系的发展，创造了很多第一：第一个农产品贮藏与加工硕士点，第一个农产品贮藏加工博士点，第一个博士后流动站……

五、深化加工求变革　吹尽黄沙始到金

食品工程系成立以后，沈再春教授曾经仔细分析农产品（食品）加工在1980年的趋势：随着农业生产体制的改革，农业经营形式和生产结构发生了巨大的变化，中国农业生产在深度和广度方面获得了全面发展，产量和质量不断提高，商品性生产范围迅速扩大，千方百计地使农产品进行深加工和综合利用，使其增值以提高其经济效益和社会效益，成为他们新的奋斗目标。

发展农产品加工已成为当时中国农村劳动致富的重要手段，也成为发展中国乡镇企业经济的必由之路。当时人们已经意识到，农产品加工包括以食用、饲用与农用纤维三方面的农业原料为对象的加工内容，其种类繁多，内容丰富，而农产品贮藏则是农产品加工的一种特定方式。实际上，农产品加工是整个农业生产过程的一个重要环节，它是农业生产的继续、深化和发展。可是1978年以前，在中国这个重要环节却很少受到重视。时间进入1980年以后，巨大的变化正在发生，这包括：

产业之变——从传统意义的种植、养殖，走向农林牧副渔全面发展，向农产品初加工、深加工和综合利用快速发展。农产品加工越深入综合利用率越高，增值越大。到20世纪80年代末，我国农产品与加工品产值之比达到1:0.8，相比同期美国为1:2，日本为1:2.3，联邦德国为1:25，进

步的同时昭示距离，也比较出我国农产品加工的潜力和空间。

重心之变——1990年前后我国百姓温饱问题基本得到解决，"吃什么？如何吃？"成为国人眼前的问题。粮食是重要农业原料，中国人均粮食400公斤，怎么有效加工及合理利用有限的粮食？农产品加工科技工作者作出了巨大努力，在代用品、粗粮细作和油料籽粒加工及综合利用等方面已取得了一些成果。

技术之变——十年里从国外引进、消化了大批先进的农产品加工新技术、新工艺和新设备，极大地提高了中国农产品加工的技术水平。其中包括乳品加工、果品加工、饲料加工、农产品贮藏保鲜等最为突出。十年前我国农产品加工局限于碾米、磨面、薯类切片、榨油和轧棉花等初级加工；而经此十年，随着农村经济发展和讲究经济效益，已深入扩展到能加工生产出多种新产品，包括不淘米、强化米、胚芽米、方便米饭、专用粉、通心粉、方便面、薯类淀粉和全粉、油炸土豆片、膨化食品等，既满足了市场，也繁荣了经济。其间，我国开发研制成功多项具有国内外先进水平的农产品加工科技新成果，例如果汁膜分离浓缩、水果蔬菜空气放电贮藏、大豆蛋白组织化机制腐皮加工技术、畜禽血粉和羽毛粉的加工利用等科技成果，均取得了明显的经济效益和社会效益。

人才之变——全国几乎所有的农业高等院校和许多工科高等院校都设立了农产品加工与贮藏、食品工程、食品科学、食品发酵、食品机械、油脂加工和油脂贮藏等专业。全国几乎所有农机、轻工、商业和粮油系统的科研单位都成立了农副产品加工、食品工程、食品发酵、粮油贮藏、冷藏和食品机械等研究所（室），从事农业原料的初加工、深加工和综合利用，为发展中国的农产品加工作出了巨大贡献。数据还显示：1978年以后的十年里，中国食品工业的产值和利润平均年递增9.5%和13.6%。1987年食品工业的产值在国民经济总产值中占22%，利税占14.55%，出口创汇占37%，食品销量占社会商品零售总数的53.9%。食品工业已成为仅次于机械、纺织的第三大产业。

农产品贮藏是十年间发展最为迅速、经济效益最显著的行业之一。没有贮藏的农业是不完整的农业。农产品是有生命的有机体。收获、采集、捕捞、捡拾和屠宰后应及时贮藏和冷藏，以防发霉、腐烂、变质。1978年，当时全国冷库容量不足 100 万吨，1987 年已超过 1000 万吨。为了有效、合理地贮藏农产品中的水果、蔬菜、肉、禽、蛋及水产品，除传统贮藏方法外我国已开发研制成功超低温冻藏、气调贮藏、薄膜包装贮藏、辐射贮藏保鲜、化学药剂（防霉剂、抗氧化剂、植物生长调节剂）处理水果贮藏，物理处理（采用负离子净化空气，杀死空气中的细菌，延长贮藏期和鸡蛋涂膜保鲜）贮藏以及速冻等加工技术。对于小麦、玉米等谷物原粮，广泛采用钢板筒仓贮藏，原粮的进仓、卸料、倒仓、仓内原粮的温度和湿度等操作工序全部实行机械作业和自动控制，节省时间和劳力，提高了原粮品质。对于食用油脂已研制成低温贮藏、充氮贮藏、密闭缺氧贮藏和添加抗氧化剂，防止油脂酸败等先进贮藏方法。

在当时，尚未获得独立发展的饲料工业，还是农产品加工的重要内容。1978 年以前中国饲料工业还是个空白，1980 年全国配（混）合饲料的产量也仅 100 万吨。十年中，中国从国外引进了 150 余套先进的饲料加工设备。自主研制了几百种适合中国国情的中小型饲料加工机组。1987 年全国配（混）合饲料产量为 2400 万吨，1988 年达到 2700 万吨、青贮饲料 2200 万吨。此外还开发研制了浓缩饲料，预混合饲料添加剂、颗粒料、膨化饲料和液体饲料等，为发展中国畜牧业和养殖业起到十分重要的作用。

以改革开放为主线的社会发展进程，带来了农业业态及农产品的繁荣和发展，也呼唤中国农产品加工业取得更大发展和技术进步。

六、呕心沥血获殊荣　直挂云帆济沧海

今天位于清华东路 17 号中国农业大学东校区的食品科学与营养工程学院，合并成立的时间是在 2002 年。当年 6 月底，学校主持召开食品学院全体教师大会，宣布两校区食品学院正式实质性合并——这也是学校跨越式发展前夕学院调整的序幕。此前 20 世纪 80 年代中期，北京农业大学食品科学系、北京农业工程大学食品工程系先后成立，并获得较快发展；1995 年中国农业大学合并组建，两系合并成为食品学院，事实上依然两水分流；2002 年的实质合并最终促成了彻底融合，由此实现了优化资源，整合和提升学院凝聚力、学科实力。

从取得的科研成果来看，这的确是一场彻底的、富有成效的合并。整

合以后的食品学院，研究领域涉及畜水产品加工理论与技术，果蔬产品加工、贮运、保鲜理论与技术，粮油食品加工理论与技术，现代农产品加工技术、装备和品质检测技术，天然生物活性成分的分离与应用技术，功能食品和新食品资源开发，现代农产品流通理论与产业发展战略，转基因食品的理论方法、检测技术和安全性研究；食品微生物学、发酵工程、食品活性成分的分离技术、生物反应器技术，葡萄的栽培和葡萄酒酿造技术，食品化学、食品营养学和食品安全与质量控制等。先后承担一批国家"973"计划、"科技支撑计划"、"863"计划、自然科学基金等国家项目及国际合作项目、横向合作项目。作为合并成效最鲜明的指标之一，合并以来仅从这里诞生的国家奖励就达到 6 项，这在全国任何高校的一个学院，都是值得称道的。有人曾经统计，进入新世纪食品科学领域获得国家三大奖励（自然科学奖、技术发明奖、科技进步奖）74 项，其中技术发明奖 16 项，科技进步奖 58 项。而在中国农业大学食品学院，就独揽其中 1 项发明奖、5 项进步奖。

对食品学院来说，从 2002 年实质性合并以后的十余年厚积薄发，迎来了发展的黄金时期。每一位农大人都树立了"奉献不言苦，追求无止境"的目标，才有了现在丰硕的成果。从 20 世纪 60 年代开始，全世界开始关注低聚木糖的制备方法，大家公认玉米芯是理想的制备原料。然而，玉米芯在我国农村大多当柴烧掉或遗弃。1989 年，日本一家公司就取得了低聚木糖制备关键性突破，一直垄断技术和生产，获得高额利润。1994 年，李里特在日本学术交流时得知，日本正从中国大量进口玉米芯制备低聚木糖。从此，李里特带着他的团队，开始破译玉米芯"宝藏"密码。十年磨一剑，2007 年，李里特主持的"玉米芯酶法制备低聚木糖"项目获得 2006 年度国家技术发明奖二等奖。我国企业利用这一技术建成了年产万吨低聚木糖工程项目，打破国外技术垄断，成为世界最大规模的低聚木糖生产企业。

这种先进技术如何应用？课题组经过多年不懈努力，发掘了具有自主知识产权的优良嗜热真菌菌株如嗜热拟青霉和嗜热棉毛菌等，开发了利用农业废弃物高效生产耐热木聚糖酶的方法，其中嗜热棉毛菌产酶为所见微生物产木聚糖酶的最高水平，大幅度提高了木聚糖酶的产量，生产中实现如下技术指标：耐热木聚糖酶的最适反应温度为 70℃—75℃，比其他商业木聚糖酶高 15℃—20℃；获得的木聚糖酶水解特性优良，水解木聚糖的产物主要为木二糖和木三糖，用于低聚木糖的实际生产中显著提升了产品的质量，提高了生产效率，降低了生产成本约 30%。此外，两种木聚糖酶的耐热性能优良，所得木聚糖酶酶学性质适用于高品质低聚木糖生产、面制品品质改良等领域。该项目带动了中国酶制剂向"高档次、高活力、多品种"的方向发展。在 2011 年度国家科学技术奖励大会上，李里特团队获得国家科技进步奖二等奖。从 2008 年到 2010 年，仅山东一家企业应用相关技术就实现新增利税 1.35 亿元，消耗玉米芯 10 万吨以上，为农民直接增收 8000 万元。

2009 年，罗云波也获得国家技术发明奖，同样打破了国外技术垄断。他参与的研究项目，创建的两项检测方法被《联合国关于危险货物运输的建议书·规章范本》采用，在一向由欧美发达国家和地区垄断的国际危险货物运输领域，我国实现了话语权零的突破，并且首次在商品包装、储运这一领域，达到世界先进水平。

这项针对商品包装、储运技术的项目，瞄准我国产品出口受阻的技术瓶颈——在国际贸易中，我国关于商品包装、储运安全标准体系及重要的技术标准，几乎是一片空白。课题组经过 10 年刻苦攻关，创建了 2 项化学品与包装安全试验方法，经联合国相关部门讨论通过，成为国际通行的检测方法，打破了欧美等发达国家和地区在危险货物运输领域的长期垄断地位；建立了食品接触材料有害物质高通量检测技术 196 项；研发具有自主知识产权的逻辑智能技术装备 34 台；创建了番茄花和果实的基因沉默技术体系，并成功应用于果蔬保藏。研究成果获国家专利授权 27 项，其中发明专利 12 项；制定国家标准 208 项，行业标准 153 项。发表论文 184 篇，其中 SCI 收录 69 篇；出版学术专著 6 部，成果总体达到国际领先水平。项目研究建立了商品包装制造、安全性评价与检测的一系列新技术和新方法，极大地提高了我国包装质量和产品国际竞争力，推动了包装行业的科学技术进步，取得了显著的经济社会效益。

从 2009 年起，食品学院迎来收获国家奖励的丰收期。任发政四年间为学院揽回两块国家科技进步奖章。2010 年，他主持完成"青藏高原牦牛乳深加工技术研究与产品开发"项目。牦牛是世界上生活在海拔最高处的哺乳动物，草食性反刍家畜。在我国，青藏高原是自然生态脆弱、经济落后区域，牦牛乳是牧民赖以生存的宝贵资源和增收的重要途径。但长期以来，牧民仅采用传统方式加工牦牛乳制品"曲拉"，牦牛乳加工利用率很低，且效益低下。本成果探明了牦牛泌乳特性及微生物菌相变化规律，探明了曲拉不良色泽与风味的产生机理，攻克了牦牛乳曲拉溶解与改性、干酪素护色与干燥等技术难题，实现了牦牛乳加工技术的自主创新与技术突破，有效促进了我国牦牛乳产业的跨越式发展。研发了系列牦牛发酵乳和高品质干酪素生产新工艺和新产品，建立了国内最大的牦牛发酵乳及干酪素加工基地，年加工利用牦牛乳曲拉1万余吨，占我国全部牦牛乳曲拉的40%，拉动藏区20万户牧民毛收入增加21亿元，对带动藏区经济，促进藏区牧民增收，维护藏区社会稳定具有重要意义。

三年以后，还是在乳业领域，他完成另一项重要研究"干酪制造与副产物综合利用技术集成创新与产业化应用"。干酪是由液态原料乳经杀菌、添加发酵剂和凝乳酶凝固处理后，再经凝块切割、排乳清和压榨成型，或经进一步成熟而制成的一种固态浓缩乳制品。通常10公斤牛乳能制成1公斤干酪，因此干酪具有很高的营养价值。在欧美等发达国家，干酪在乳制品中占有超过50%的市场份额，已成为全球交易量最大的乳制品。但是我国乳制品行业中干酪的发展仍然滞后，人均干酪消费量（0.23公斤/人）很低。随着我国国民经济的发展和人民群众对食品营养需求的不断增长，近年来我国干酪市场发展迅速，2009—2011年间干酪进口额增长了近一倍，干酪产业在我国具有巨大的市场空间和发展前景，被认为是当前我国乳品工业发展新的增长点。国家科技部也将干酪产品的研发和产业化作为"十一五"规划的重要内容予以支持。

任发政与多家研究中心、乳品企业和设备制造公司共同完成了马苏里拉干酪加工关键技术与设备研究及产业化开发，全面系统地研究了影响马苏里拉干酪品质的因素，其中包括原料乳的要求、发酵菌种及酶制剂的筛选、加工工艺关键技术参数等；并开展了马苏里拉干酪关键生产设备的研究与开发工作，通过马苏里拉干酪中试及工业化生产，建立了马苏里拉干酪加工生产标准与产品标准，并建立了我国第一条年产300吨马苏里拉的干酪生产线，实现了我国国产干酪的工业化生产。同时也完成了夸克干酪、农家干酪、Feta 干酪、奶油干酪、再制干酪的研发和研究工作，现作为科技部"十一五"奶业科技支撑项目的主持单位与南京农业大学、天津科技大学等科研院所以及光明、伊利、蒙牛等乳品企业合作共同进行多种干酪产品的开发和产业化研究，并且对乳清的综合利用进行大量的研究工作。

胡小松主持的"苹果贮藏保鲜与综合加工关键技术研究及应用"项目，是食品学院在果蔬加工方面的最新研究成就。

我国是苹果生产大国，产量占世界的 48%，占我国水果总产量的 16%。但我国苹果产业却面临很多难题：贮藏技术、标准水平低，损失率约 10%—15%，远高于发达国家的 3%—5%；苹果浓缩汁作为苹果加工的最主要产品，由于技术落后，褐变、二次沉淀、棒曲霉素及农药残留超标等质量安全问题突出，缺乏国际竞争力；同时，浓缩汁加工过程中产生约 160 万吨皮渣，由于缺乏综合利用技术，造成资源浪费与环境污染。针对上述问题，项目对苹果浓缩汁加工、综合利用、贮藏保鲜等开展原始创新和集成创新研究，取得了多项突破：构建了适合我国苹果浓缩汁加工的技术体系；建立了苹果加工副产物综合利用技术体系；系统研究了苹果虎皮病发病机理和保鲜技术。

胡小松团队的研究突破了多项苹果浓缩汁加工关键技术，创建了苹果浓缩汁加工新工艺，率先建立了我国苹果加工品种的特征指标体系，解决了果汁褐变、二次沉淀以及耐热菌、农残和棒曲霉素超标等难题，提升了我国苹果浓缩汁国际竞争力。同时，创立了苹果果胶生产新工艺，突破了高倍天然苹果香精及籽油等产品的制备技术，为苹果全利用提供了新途径。进一步明确了苹果虎皮病发生的生理生化途径，提出了抑制病害发生的新措施；发明了 CO_2 高透性保鲜膜，构建了"低温 + 自发气调袋 + 保鲜剂"的简易气调贮藏模式；建立了苹果采收、贮藏等技术标准。产生经济效益 179.1 亿元，转化苹果 1961.5 万吨，带动 251 万果农增收 137.3 亿元，经济、社会和生态效益显著，全面提升了我国苹果产业的技术水平和国际竞争力。

从 2200 多项专利申请中脱颖而出，捧回沉甸甸的国家荣誉的是国家果蔬加工工程技术研究中心副主任倪元颖。2018 年底，倪元颖的"一种浓缩苹果清汁大容量罐群低温无菌贮存方法"入选国家 30 项专利金奖之一。该专利首次在果蔬加工行业内采用大容量罐群低温无菌贮存，将果汁贮存的大容量罐与空气无菌过滤器有机结合，无须采用高温杀菌。浓缩果汁更好地保持了果汁的营养成分和风味，有效防止果汁褐变，确保了产品品质，包装贮存成本降低 50% 以上。从 2010 年将本专利投入生产开始，不仅使包装储存成本降低 50% 以上，还带动了 200 多万农户实现直接增收 43.7 亿元，同时本专利对相关行业也有很好的借鉴作用，在果蔬加工行业及相关领域具有极大的应用潜力。

此外，韩东海"生鲜肉品质无损高通量实时光学检测关键技术及应用"获得 2017 年国家技术发明奖二等奖；廖小军、胡小松、陈芳"番茄加工产业化关键技术创新与应用"获得 2017 年国家科技进步奖二等奖；江正强、杨绍青"半纤维素酶高效生产及应用关键技术"获得 2018 年国家科技进步奖二等奖。

2015 年，中共中央、国务院在人民大会堂正式召开国家科学技术奖励大会，表彰为我国科技事业发展和现代化建设作出突出贡献的科技工作者。会议结束后，科技工作者们的笑脸与庄严的国徽，飘扬的国旗和肃穆的大会堂一起被记录在相机里。在这些笑脸中，我们看到了熟悉的身影，任发政、胡小松……当然，一直还会有无数农大人带着初心与信念，在这神圣的时刻，被相机记录。

最新版的《中国农业大学章程》明确指出："学校坚持社会主义办学方向，贯彻落实党的教育方针，以农立校，特色兴校，围绕人类的营养与健康，以国家农业科技重大需求和国际学术前沿为导向，以培养高质量农业科技创新与管理人才为主要目标，开展高水平科学研究、社会服务和文化传承与创新"。"营养和健康"成为学校办校中的重要词汇。民以食为天，食以安为先。如何发展、应用现代科学技术，用越来越少的资源，为社会提供更多、更好、更安全的农产品与食品，成为所有农业院校直面的最大挑战。作为研究型大学代表的中国农业大学，更应该把促进人们的营养与健康，作为最核心使命。回溯历史，从无从着手到遭遇瓶颈，从发现问题到刻苦攻关，从实现技术到打破垄断，从填补空白到国际领先，无数科学工作者们的辛勤付出终于换来了我国在食品科技史上质的飞跃。正所谓科技上的一小步，带动国家发展的一大步。在 2017 年底，最新一轮的学科评估结果发布，在参评的 70 多家单位中，中国农业大学食品科学与工程学科再次获得"金牌"；同年，跻身国家"双一流建设学科"行列。

第六章 节水减肥 绿色发展

　　皴裂的土地、风干的河床，昔日水丰草肥的草原上只剩下几棵嶙峋的胡杨挣扎地指向天空。水资源对国民经济和社会发展有着不可替代的作用。随着人口增加，工农业用水猛增导致水资源紧缺以及水环境日益恶化，已经严重威胁到人类自身的生存；全球气候变化和全球水资源的分配不均更加剧了水资源贫乏地区生态环境恶化与社会经济的不持续性，水资源短缺已经成为全球性的严峻问题。

　　在我国，多年平均水资源总量 2840 立方千米，居世界第 6 位，但人均水资源量不足世界人均水平的 1/3，且水资源与其他社会资源的空间分布不匹配，北方地区国土、耕地面积与人口分别占全国的 64%、46% 和 60%，但其水资源量仅占 19%。西北地区水资源仅占全国的 8%，单位面积水资源量仅为全国的 1/4，水资源过度开发利用引发了严重的生态环境问题；华北地区耕地数量占全国的比例为 16.96%，但水资源却只占全国的 2.25%，海河流域人均水资源量不足 300 立方米，低于以色列的水平。这种水土资源的高度不匹配在目前高速发展的经济社会背景下，很难在短期内得以扭转，也是华北区域食物安全必须面对的重大挑战。1980 年以来，华北地区地下水浅层以每年 0.46 ± 0.37 米、深层以每年 1.14 ± 0.58 米的速度下降，成为世界上面积最大的地下水漏斗区。此外，我国还面临着水和人的天平严重倾斜，水资源不足、水体连续性破坏、水环境污染和水空间侵占等突出问题。水资源利用形势异常严峻。

　　2014 年 3 月，习近平总书记在中央财经领导小组第五次会议上就保障

167

国家水安全发表重要讲话，提出"节水优先、空间均衡、系统治理、两手发力"的新时代水利工作方针，并对节水优先进行了深入阐述。他指出，当前的关键环节是节水，从观念、意识、措施等各方面都要把节水放在优先位置；我国的水情决定了我们必须立即动手，加快推进由粗放用水方式向集约用水方式的根本性转变；要坚持特别是要真正落实节约优先方针，像抓节能减排一样抓好节水；要大力宣传节水和洁水观念，树立节约用水就是保护生态，保护水源就是保护家园的意识，营造亲水、惜水、节水的良好氛围。

水对于农业的重要性不言而喻，作为历史悠久的农业大国，幅员辽阔，对于农业用水的需求更是如饥似渴。如果没有水，农田一片干涸颗粒无收，再高产的种子喝不饱水也长不出穗子，干裂的土地就像是农民愁苦的脸上一道道深深的沟壑，如果没有水，农业的脉搏就要被切断，一个国家的命脉也无从联结。一直以来，农业是我国的用水大户，也是最有潜力的节水大户。当前，我国现代农业发展面临着越来越强的水土资源刚性约束，如何以节水助力农业绿色发展是目前社会关注的热点问题。党中央、国务院对节水工作高度重视。党的十九大报告指出，推进资源全面节约和循环利用，实施国家节水行动，为我国农业节水事业发展指明了方向，也提出了新要求。解决中国水短缺问题，节水是根本出路。

绿色发展是现代农业发展的内在要求，是生态文明建设的重要组成部分。改革开放以来，我国粮食连年丰收，农产品供给充裕，农业发展不断迈上新台阶，但农业发展面临的资源压力日益加大，农业到了必须加快转型升级、实现绿色发展的新阶段。中国农业大学在生态农业、节水减排等方面取得的科研成果，促进了我国农业资源高效利用，引领了中国农业绿色发展。

第一节　留住每一滴水

在中国农牧交错带上，中国农业大学石羊河实验站静静地立在这里，十几年来，农大人坚守第一线，在风沙之中和自然抗争，争土争水，以科研之力对抗干旱缺水的环境。

2019 年 1 月，中国工程院院士、中国农业大学康绍忠说道："目前，我国农业已基本实现耕、种、收、加工的全程机械化，而灌溉机械化水平相

图 6-1　康绍忠（中）在实验田

对较低，是全面实现农业机械化的短板，由于农村劳动力减少，农业劳动力成本不断增长，发展高效节水灌溉技术不仅仅是推广应用一种节水措施，而是促进现代农业转型升级与绿色发展的迫切需要，是实现农业农村现代化和促进乡村振兴的必然要求。特别是近年推广应用的水肥一体化，甚至水肥药一体化技术，不仅能节水、节肥、节药、节地、节劳，促进规模化经营，减少农业面源污染，而且还提高了产量和品质，具有很好的发展前景，从世界范围以及我国现代农业发展趋势来看，发展节水农业是必然选择。节水农业、节水事业是朝阳事业，朝阳产业。"留住水资源，不仅仅是为了眼前工农业的发展，更是为了国家生态的可持续发展，为了子孙后代更美好的未来。留住每一滴水、留住绿水青山，这是农大人的社会责任，也是农大人写在中国大地上的论文。

一、一跃农门为祖国

1962 年 11 月，康绍忠出生于湖南省桃源县的一个农村家庭。从小学到高中一直都处于"半工半读"状态，除了学习还有繁重的劳动等着他：农活、挖沙、修水库……在偏远的农村中学想要考上大学是一件非常不容易的事。其实，读高中之前，康绍忠根本就没考虑过上大学，当时的想法是好好念完高中，有机会招工当一名水利工程管理人员，或者到县上棉纺厂当工人。

1977 年，刚上高一的康绍忠从广播里听到全国恢复高考了。因为学习成绩优异，康绍忠成为学校 200 多位高一学生中推荐提前参加高考的两名学生之一。遗憾的是，因为没有系统学习过高中知识，没有考上。康绍忠并没有因此感到沮丧，反而是更加努力，"知识是做不得假的！"他不断地提醒自己。1978 年，经过刻苦的学习，康绍忠以 352 分的优异成绩通过了高考。但让他没有想到的是，最后决定他未来的是贴在学校墙上的一则招生广告——武汉水利电力学院欢迎你。招生广告上这个倍感熟悉的图景令他心动。抱着学成归来为农村水利事业服务的朴素愿望，康绍忠毫不犹豫地填报了学校唯一一个带"农"字的农田水利工程专业。

选择农田水利工程专业，是康绍忠对家乡的一份深深情结。康绍忠的家乡在桃源县，是当时全国有名的水利建设和水利管理先进县，具有丰富的水资源，水库、水电站、排灌站等水利设施星罗棋布。小时候他经常手拿镢头、钢钎，和老人们一起修水库、修水渠、建排灌站，这种体验使他从幼年便对水利工程有了最直接和感性的认知，也切身感受到了家乡的丰饶物产得益于水，只有把水"用"好了，农作物才能长得一年胜过一年，只有保障干旱季节的灌溉用水，农作物才能丰产，人才能吃饱饭。

当时很多人并不愿意走进"农门"，对这个冷门专业有偏见，但是年轻的康绍忠只有一个朴素的愿望：学习水利知识，为发展农业生产作贡献。进入大学之后，在一次报告会上他遇见了大名鼎鼎的张蔚榛老师。张蔚榛 20 世纪 50 年代从苏联获得农田水利副博士学位后回国，1997 年当选为中国工程院院士。也是这一次遇见，对康绍忠的学术生涯产生了巨大的影响。

上大学时学校的学术交流活动并不是很多，康绍忠对此十分珍惜，只要是涉及本专业的报告就必定参加。"记得大概是 1981 年的秋天，我看到农田水利教研室有个学术报告会的通知，内容涉及地下水资源动态评价、组合喷灌强度计算、非饱和土壤水分运动。我出于好奇与兴趣，兴冲冲地跑去聆听。但到了教室才发现，近40人的科学报告会只有我一人是本科学生，其余都是老师。"他回忆起这次对他人生影响重大的报告，"老师们坐定后，教研室秘书给每一位老师发了一份有十几页的组合喷灌强度计算的油印材料，可能知道我是学生，加之老师们也不认识我，唯独没有给我发那份材料。这时在我前面一位和蔼可亲、看起来十分有学问的老师看到此景，就对秘书说：'大家都发了，也给这位同学一份吧！'"在无比激动和感恩的情绪下，康绍忠结识了张蔚榛老师。

论文指导老师茆智对康绍忠的影响也颇深。茆老师亲自带领学生到各地的实验站调研收集资料，分析农作物需水量的变化规律，以及需水量与品种、空气温度、湿度、日照时数和栽培措施等影响因素之间的关系。在茆老师的悉心教导下，康绍忠顺利通过毕业答辩，博士论文被一致评为优秀。这次学术的肯定，进一步激励了康绍忠，更加坚定了自己作物需水量研究的学术方向，并逐渐扩展为土壤—植物—大气连续体水分传输和作物节水调质高效灌溉理论与技术研究。大学的求学经历，深刻地影响了康绍忠的职业选择。

1993年，在取得了西北农业大学农田灌溉专业硕士学位、农业水土工程专业的博士学位后，康绍忠被西北农业大学破格晋升为当时最年轻的教授。2002年，康绍忠进入中国农业大学工作，在农业节水与水资源高效利用的道路上继续开拓，他十几年都扎根西北旱区，在条件艰苦的情况下，依然保持一颗初心，秉承老一辈科学家爱国奉献精神，为建设世界科技强国而奋斗。

二、治理出生态美景

1993年，康绍忠第一次到甘肃民勤去考察农业用水情况，站在石羊河下游的青土湖旁，康绍忠就被眼前的情景惊呆了：土地龟裂、水干沙起，湖面变成盐碱地，远远望去一片灰白。如此恶劣的条件，大多数人家已经搬走，原来134口人的村子只剩下21口人。回忆当时的情景，康绍忠仍然十分痛心。也就是从那一刻起，一个想法在康绍忠心中愈发坚定：必须要为这里做些事儿！

石羊河是西北干旱内河之一，流域总面积为 4.16 万平方公里，红崖山水库和青土湖均位于石羊河流域。青土湖是石羊河的尾闾湖泊，位于民勤绿洲的最北边，其南面是民勤县的西渠镇、东湖镇的农田与村落，东北面是腾格里沙漠，西面是巴丹吉林沙漠。明清时期有水域面积 400 平方公里，1924 年以来再无较大洪水汇入，20 世纪 50 年代初期水域面积仍有 120 平方公里，至 1959 年完全干涸。随着湖泊的干涸，青土湖原有的生态功能完全消失，水域成了黄沙大漠，形成了长达 13 公里的风沙线，成为民勤绿洲北部最大的风沙口，昔日碧波荡漾的青土湖成了腾格里沙漠和巴丹吉林沙漠的组成部分。

图 6-2　沦为"生态难民"的石羊河

1990 年初，康绍忠团队在多次考察石羊河干旱情况之后，终于发现了症结所在：上游居民不科学的农业用水浪费了水资源，导致下游的生态环境严重恶化。要想高效用水，首先就需要知道作物究竟需要多少水。康绍忠带领科研团队开始扎根石羊河，在全流域上中下游布置了大量的长期野外定位试验。他们穿着最朴素的衣服，在烈日下收集着样本，撸起袖子、挽起裤腿，一顶草帽、一本笔记本、一支笔。功夫不负有心人，通过长期定位试验，实验站积累了上百亿组宝贵的基础科学试验数据，为流域水资源合理配置、种植结构调整和科学灌溉提供了定量的依据。在人们的普遍观念中，充足的灌溉才能得到丰收。但是在科学领域，并不是作物灌水越多越好，在作物生长的特殊阶段，人为地、主动地降低土壤水分，使作物经受一段干旱的过程，不仅不会降低产量，反而会促进其生长，并且还能改善作物品质。由此，大田作物的调亏灌溉和非充分灌溉技术拉开了康绍忠绿色农业技术创新华章的序幕。

1996 年，康绍忠系统提出了"控制性根系分区交替灌溉"新方法，通过改变根区土壤湿润方式，激发作物根系的吸收补偿功能及木质部 ABA 浓度的变化，以调节气孔开度，达到不牺牲作物光合产物积累而大量减少奢侈蒸腾耗水而节水的目的，同时还可减少每次灌水间隔期间的棵间土壤蒸发，因湿润趋向干燥区的侧向水分运动，而减少深层渗透和养分流失。这一灌溉技术在民勤沙漠绿洲区年降水量 110 毫米的地区推广应用，节水 40% 左右，先后推广 6.2 万亩，节水 1240 万立方米，累计节支增收 696.26 万元。到 2010 年，青土湖重现了碧波。如今的民勤，已经复现了"水草茂盛、野鸭成群"的壮美景观。

图 6-3 如今的石羊河成为西北地区一颗耀眼的明珠

党的十八大以后，生态文明建设成为建设中国特色社会主义"五位一体"总体布局的核心之一，"良好生态环境是人和社会可持续发展的根本基础"。随后，中共中央办公厅、国务院办公厅印发了《关于全面推行河长制的意见》，指出"河湖管理保护是一项复杂的系统工程，涉及上下游、左右岸、不同行政区域和行业"。其任务是"加强水资源保护，加强河湖水域岸线管理保护，加强水污染防治，加强水环境治理，加强水生态修复，加强执法监管"，"为维护河湖健康生命、实现河湖功能永续利用提供制度保障"。康绍忠及其团队的努力和成果为我国生态文明建设写下了浓重的一笔。2012 年，教育部组织专家组鉴定认定其成果"推动了干旱内陆区流域尺度水资源转化理论及其农业节水调控实践的发展，取得了显著的经济、社会与生态效益，促进了生态脆弱区的流域水资源高效利用"。

在石羊河流域的水库调度运行中，考虑向下游河道输水，保证河道本身的生态需水，并自然向青土湖补水，恢复青土湖生态功能，是确保不使民勤变成第二个罗布泊的有效措施，是流域生态文明建设的具体体现，是尊重自然、顺应自然、保护自然，建设美丽家园的重大措施。青土湖曾经水波浩渺，芦苇丛生，水草丰美，它和其他湖泊一样，为保护民勤这块绿洲发挥过重要作用，因而人类的发展离不开湖泊，完美的绿洲不能没有湖泊。石羊河流域河流湖泊是绿洲的生命线，湖泊水资源对于民勤绿洲生态环境的维持和保护起着决定性作用。要保护绿洲，就必须保护好青土湖，使其本身处于一个健康的状态，才能使绿洲有一个良好的状态，因此，恢复和保护青土湖对于维持绿洲生态环境系统具有十分重大的意义。

自 2004 年以来，石羊河实验站的师生不畏劳苦，紧密围绕当地产业结构调整和石羊河流域重点治理的技术需求，对当地大田作物、果树与蔬菜以及沙生植被的耗水规律进行了长期观测研究；不断探索农作物与沙生植物微咸水灌溉、果树和温室作物调亏灌溉、特色瓜果节水调质高效灌溉新模式；深入研究节水灌溉条件下土壤水氮运移规律与水肥一体化管理技术；分析气候变化与人类活动对水资源系统的影响，进行地下水动态模拟与三水转化研究以及水资源科学配置，并对灌区节水改造的环境效应进行评价。

通过长期定位试验，实验站积累了 1 亿余组、容量超 3BT 以上的宝贵基础科学试验数据，师生们围绕旱区水资源高效利用理论与技术，立足于精细的田间观测与模型计算，取得了累累硕果：揭示了西北旱区流域尺度水资源转化与消耗规律；构建了大田作物、果材、温室蔬菜、棉花等四类主要农作物的节水优质高效灌溉综合技术体系，为流域节水农业建设提供了技术支撑；发展了流域水转化的定量模拟方法；开发了相应的决策支持系统，为实施流域水资源统一调配提供了决策支持与可行方案；集成了适用于石单河流域的三种不同类型区域的农业高效节水综合技术模式，为该流域的节水农业建设提供了示范样板；研制了五类流域水资源调控与农业高效用水的控制设备，为流域水资源调控与农业高效用水提供了设备保障；实施与制定了三类流域农业高效用水保障工程建设与运行标准；建立了石羊河先流域水资源合理调控与高效利用的制度保障；组织了农民培训与不同区域农业节水综合技术集成示范及推广应用，取得显著经济、社会与生态效益。

十几年如一日的辛劳，取得了丰硕的成果。近5年，野外站研究团队先后在国内外学术期刊发表论文251篇，其中SCI收录203篇，根据2018年ESI期刊列表，ESI学科排名TOP10%的文章39篇，主要发表在《Agricultural and Forest Meteorology》《Journal of Hydrology》《Journal of Experimental Botany》《Environmental and Experimental Botany》《Environmental Modelling & Software》《Frontiers in Plant Science》《Journal of Cleaner Production》《Geoderma》《Field Crops Research》《Soil & Tillage Research》等期刊，ESI学科排名10%—20%的文章83篇，主要发表在《Agricultural Water Management》《Agricultural Systems》《Journal of Hydrometeorology》《Scientific Reports》《Science of the Total Environment》《Ecological Indicators》《Journal of Environmental Management》等本领域知名学术期刊，相关论文被国内外同行广泛引用。撰写的《西北旱区流域尺度水资源转化规律及其节水调控模式——以甘肃石羊河流域为例》获国家科学技术学术著作出版基金资助出版，并被国家新闻出版总署评为全国"三个一百"原创性图书出版工程；撰写的《中国北方主要作物需水量与耗水管理》获国家科学技术学术著作出版基金资助出版。相关成果被收入英国牛津国际生物医学中心主任Charles Pastemak教授主编的《Access Not Excess—The Search for Better Nutrition》向全世界加以介绍，被收入国际灌排委员会（ICID）组织编写的介绍全世界最先进灌溉农业节水技术的《Innovative Technologies and Management for Water Saving in Irrigated Agriculture》一书，并被列入国家发改委等五部委联合颁发的《中国节水技术政策大纲》，作为先进农业节水技术介绍和推广。团队与香港浸会大学张建华合作研究的根系分区交替灌溉与调亏灌溉成果以及在西北石羊河流域进行的定位试验研究与示范工作被世界权威学术期刊《Nature》进行了专题评述。在站完成的国家自然科学基金重点项目"西北旱区农业与生态节水应用基础研究"被评为国家基金委2007年度有突出进展的研究成果。依托实验站完成的研究成果先后获ICID国际农业节水技术奖1项、国家科技进步奖二等奖3项、国家自然科学二等奖1项、部（省）级科技奖10余项、国家专利10件、软件著作权登记3项，全国优秀博士学位论文 2 篇。

星火燎原，薪火相传。康绍忠从零起步，带头创建了中国农业大学石羊河实验站。十几年来，中国农大农业水土工程学科的践行者们始终奋斗在大地上，在康绍忠的带动下，团队老师和同学们也发生了巨大的变化：他们是农民，满脸灰尘、一身汗水地在荒漠地上摸爬滚打，风雨无阻，耕地、播种、栽培、收获，样样在行；他们是教育工作者、科技工作者，一次次从田间取样、测样，到实验室中分析测定、整理资料、思考创新，硕果累累；他们是公益践行者，组织"农民开放日"技术服务推广活动，成立"农民节水技术田间学校"，编写节水培训教材，指导农民学员制订实验计划，开展技术人员对农户、农户对农户的农业节水技术推广和培训。

石羊河实验站的历史，是当代节水农业的一部简史。2004 年 7 月 23 日，中国农业大学石羊河实验站正式揭牌成立；2007 年，实验站与甘肃石羊河流域管理局签订科技合作协议，把石羊河实验站作为石羊河流域重点治理的重要技术依托单位；2009 年 6 月，中国农业大学与武威市人民政府签署了《武威市人民政府与中国农业大学科技合作协议》，双方在石羊河流域生态治理、设施农业、节水农业、人才培养等方面开展了全方位的合作共建；2010 年 7 月，该站被命名为"农业部作物高效用水武威科学观测实验站"；2011 年武威市人民政府无偿划拨了一批土地开工建设综合实验楼，大大改善了实验站的科研和生活条件，标志着石羊河实验站建设步入了全新的发展阶段。2013 年 6 月，中国农业大学在站设立新农村发展研究院石羊河教授工作站，同年被批准为水利部科技推广中心绿洲农业节水科技推广示范基地，并被列为科技部武威国家农业科技示范园区核心区，2014 年首批入选农业部"100 个国家农业科技创新与集成示范基地"、国家自然科学基金委员会创新群体研究基地和教育部、国家外国专家局高校学科创新引智基地，2016 年成立中国农业大学—香港中文大学节水农业联合实验站，2019 年通过甘肃省野外科学观测台站评审。作为在石羊河流域重点研究农业与生态节水的野外科学观测研究站，它不仅承担着典型内陆干旱区流域水资源转化过程与用水效率科学观测的重任，而且也承担着为石羊河流域产业结构调整、生态建设与水资源保护等重点治理工程提供理论支撑与技术服务的重大使命，同时也是我国西北地区农业高效用水科学研究与人才培养的重要基地。

不仅仅是在石羊河，在国家自然科学基金"黑河流域生态—水文集成研究"重大研究计划集成项目"黑河流域绿洲农业水转化多过程耦合与高效用水调控"的资助下，康绍忠带领团队抓住绿洲耗水和农业水转化的关键过程，从水需求、水转化、水效率和水调配环节入手，重点研究绿洲需水对变化环境的响应与时空格局优化、绿洲灌溉水转化多过程耦合与定量表征、绿洲多尺度农业水效率协同提升机制与模式、基于节水高效与绿洲健康的水资源调配策略等四个关键内容，揭示变化环境下绿洲农业水循环的响应规律、制约绿洲农业水效率的关键过程与因素，阐明多因素协同调控的农业水生产力提升机制，科学确定绿洲农业用水和生态用水比例，为黑河流域水资源调控提供了优化配水方案和高效用水模式。目前，他又带领团队在国家自然科学基金委重大项目"西北旱区农业节水抑盐机理与灌排协同调控"的资助下，奔赴新疆南疆的阿拉尔、库尔勒等地，针对南疆地区超量引水灌溉以及大面积滴灌的土壤盐渍化问题进行联合攻关。

除此之外，康绍忠还组织承担了中国工程院重大咨询项目"华北地区食物安全可持续发展战略研究"，组织项目组成员多次赴华北地区调研和实地考察，他认为，当前，应重新认识冬小麦的生态功能，不宜大规模压缩小麦种植面积，而应以水限产，发展半旱地农业，适当压缩小麦产量，通过提高品质保障农民收入，压减的少量小麦产量由区域南部的山东、河南补充。此外，目前区域内的蔬菜产能远大于需求，耗水较多，浪费较大，应适当压缩高耗水蔬菜产能。要加大农艺节水和生物节水技术的标准化、模式化和规模化应用，高效节水灌溉技术与农艺节水技术紧密结合，提高农业节水工程质量标准，健全农业节水技术服务建设，通过提高农业水利用效率促进适水农业的可持续发展。此外，要加强地下水开采的监测监控，建立地下水严重超采区地下水监控系统，确定地下水开采阈值，以水定电，以电控水，实行水资源总量和强度控制，完善和健全管理机制，通过水权改革促进种植结构向低耗水和高效用水型转变。依靠科技创新驱动，在华北地下水超采区，考虑气候变化，研究地下水允许开采阈值，确定合理的适水种植模式，培育抗旱型和水分高效利用型作物新品种，研发实用的高效节水技术模式，探讨通过节本增效提高当地适水农业核心竞争力的技术途径。在此基础上，康绍忠主持完成的《关于京津冀一体化背景下地下水严重超采区发展适水农业的建议》被中国工程院咨询工作办公室作为国家高端智库建议呈报并得到时任国务院副总理汪洋的批示。

三、农业节水的全情投入

在"排头兵"康绍忠及其团队的带领下，中国农业大学始终走在我国节水农业事业的第一线。截至 2019 年 3 月，康绍忠先后为博硕士研究生系统主讲过"科学研究方法""水文学及水资源专论""农业水土工程专论"等相关课程，为本科生主讲过"中国水问题与科学应对""农田水利学"等相关课程，他的课深刻独到、旁征博引、通俗易懂、生动有趣，庄重而不失幽默、严谨而不乏热情，受到学生的喜爱。他先后指导全日制硕士研究生72 人、博士研究生 75 人，工程硕士 4 人，以及博士后 6 人、访问学者 3 人。培养的研究生获全国百篇优秀博士论文奖 2 人、提名奖 1 人、省级优秀博士论文奖 3 人。

为了提高人才培养质量，康绍忠与团队创建了以实验站—示范基地—田间学校—科技农户—德育基地"五链环"为特色的国际一流野外综合实训平台，为研究生在偏僻艰苦环境下开展学术前沿探索和拓展国际视野提供了创新港，为示范科研成果和实现自我价值提供了展示窗，为对接农业生产技术需求和参与培训农民提供了大舞台，为了解农村、辐射推广先进技术成果和服务农村提供了大平台，为高尚精神品德锤炼提供了活教材。在此基础上探索并实践了以"四融合"为特征的"8858"研究生培养模式，即：创建"8 项规则"，促进研究生科技创新与自我管理能力有机融合及严谨治学态度的养成；实施"8 项举措"，促进研究生瞄准国际学术前沿与服务中国大地能力有机融合及敏锐洞察力的形成；设计"5 个环节"，促进研究生掌握多学科知识与系统解决复杂问题能力有机融合及系统综合视野拓展；开展"8 项活动"，促进研究生精湛专业技能与家国情怀有机融合及高尚精神品德锤炼。先后获国家优秀教学成果二等奖 2 项、全国研究生教育教学成果特等奖 1 项（当届唯一的特等奖）。

在新的历史时期，农大人遵循习近平总书记"新时代的科技创新要坚持面向世界科技前沿，面向经济主战场，面向国家重大需求"的指示方向，不懈努力，默默耕耘，探索科学未知无止境，产生了令人瞩目的实践与理论成果。中农大人所展示出的执着追求科学梦想的精神境界和深沉厚重的家国情怀，在农业科技领域当仁不让的卓越意识和舍我其谁的责任感精神的不断继承与发展、弘扬与繁荣是中国农大百年老校的根基所在。

第二节 绿色发展之路

他是从黄土高原走出来的农业科学家，30多年来，振兴"三农"事业的追求，让他一直奔走在科研生产一线。他系统揭示了作物高效利用养分的根际过程与机制，有关发现和进展被写入国际植物营养学经典教材。他带领团队建立了总量控制分期调控施肥等5大养分资源综合管理新技术，有力支持了全国测土配方施肥、化肥零增长行动……他就是中国工程院院士、中国农业大学教授张福锁。

一、吃饱穿暖 走出塬上

看过长篇小说《白鹿原》的人，对黄土高原塬上的生活环境都或多或少有些了解。张福锁小时候生活的地方，自然条件还不如白鹿原。因此，"走出塬上"便成为他儿时的梦想。

张福锁的家乡是周秦文明发祥地的陕西省宝鸡市凤翔县，从小生活在一个偏僻的小山村——横水镇的吕村。这里靠着北山根，交通不便，没有任何灌溉条件，完全靠天吃饭，常常吃不饱穿不暖。走出去，吃饱饭，成了张福锁和他的哥哥、姐姐们儿时的最朴实梦想。幸运的是，物质的匮乏并没有影响到这个家庭的精神追求，家里几代人都希望孩子们能读书，通过读书求学来改变自己的命运。

1977年，恢复高考的消息传到了张福锁的母校。张福锁和同学们看到了改变自己命运的契机。每晚宿舍熄灯后，他和同学们都会点着油灯继续学习。1978年7月20日至22日，经过两天半的准备，张福锁完成了他的高考。最终，他抓住了高考这一人生跳板，通过自己的刻苦努力，被录取到了西北农学院土壤农化系，走出了靠天吃饭的黄土地，实现了自己的梦想。

二、扎根土地　结缘金汁

1978 年 10 月，张福锁进入西北农学院土壤农化系学习。大学的生活不仅培养了张福锁学习的兴趣，知识的海洋还不断提升着他的眼界。从一年级开始，张福锁就跟着老师一起做实验。在当时，张福锁还是图书馆的"书虫"，无论是专业论著，还是小说译著，只要自己还没有看过的，他都会去图书馆阅读。如果图书馆没有，他就会想尽各种办法，通过各种关系，从认识和不认识的老师和同学那里借来"补课"。二年级，学校开始上专业基础课。在"农业化学总论"的课堂上，老师讲到"人粪尿"，张福锁瞪大了眼睛，人粪尿还有科学？正是这简单的疑惑，幼小的种子便不断地在他的心中长大，促使他对土地化学专业产生了浓厚的兴趣。有趣的专业课深深地吸引了他。

大学忙碌而充实，这样的生活持续了四年。1982 年，大学本科毕业时，张福锁又幸运地考上了北京农业大学研究生。进入北京农业大学，张福锁发现有的老师在研究造纸废液的利用、有的老师在研究腐殖酸的应用、有的老师在研究无人飞机……在那时传统土壤化学系师生的观念里，这些无异于"歪门邪道"！今天，张福锁却十分感谢那段经历带给自己的理念更新："西农的实干和北农的眼界让我受益匪浅"，科学研究需要站在更加广阔的社会需求大平台上，"眼界越开阔，贡献就会越大"。

张福锁这个来自中国西北农村的年轻人从未曾奢望过，自己能走出国门到德国霍恩海姆大学学习，并且师从世界闻名的植物营养学家——赫斯特·马施奈尔。即使是马施奈尔在这一年夏天到北京农业大学面试时，张福锁也没有想过自己会得到这样的机会。1986 年，张福锁被教研组老师选为德国霍恩海姆大学的博士研究生，师从国际著名营养学家马施奈尔，在国际一流的植物营养研究所开始了系统的科研训练。在这里，他发现了做科研的另一种乐趣，体验到科学还可以让人入迷。其间，他不仅学会了系统的科研思维和方法，而且积累到了组织国际化科研的方法和经验。

到了国外，张福锁察觉到了中国的落后。他倍加珍惜这来之不易的学习机会。德国的生活、学习和工作条件虽然诱人，但张福锁却没有产生留在国外的想法。20 世纪 90 年代初，张福锁学成回国，正好遇上中国社会、经济在改革开放大潮中飞速发展。1992 年，北京农业大学的土壤与农业化学系、土地资源系、农业气象系和遥感研究所等单位合并组建了全国第一个资源与环境学院，一个新的学科"土壤植物营养"应运而生。31 岁的张福锁成为植物营养系副教授，他浑身充满干劲，一头扎进科研，把从德国导师那里学到的严谨、认真和刻苦的精神全部用到教学和科学研究中。

三、硕果累累 立地顶天

回到国内后，张福锁发现国内高校教育中基础科学与技术应用存在脱节问题。德国留学的经历告诉他，科学一定要和生产实际相结合。张福锁开始琢磨怎样在教研中做到让学生既学到理论，又能解决生产问题。于是，在他的带领下，中国农大开始把学生的培养放到农村，让学生了解农业生产中的实际问题，再根据学到的专业知识去解决这些问题。正是抱着对祖国的情怀和对科学研究的执着，张福锁一直围绕一条主线研究：从生产中发

图 6-4 深入农村的张福锁（右）

现问题，在科学上找到突破口，进而创新技术，大面积推广应用，既解决生产问题的同时又出国际一流的科研成果。一步步扎实的脚印，最终形成了"立地顶天"的研究风格。他的研究成果曾发表在《美国科学院院刊》上，其中有关氮肥施用对作物产量和环境影响的成果还成为《自然》的头条新闻。

改革开放初期，我国基础条件都很差，化肥生产也不例外。不仅技术差，数量也远远不足。农作物就像一个时常忍饥挨饿的孩子，经常出现营养不良的状况。如何让作物"自力更生、丰衣足食"成为张福锁研究的主要任务，他把自己的研究锁定在根上：研究植物根系是如何活化和利用土壤养分的。

到20世纪90年代，化肥用量快速增长，但粮食产量却徘徊不前，化肥的增产效应和利用效率都开始下降，环境问题也日渐显露。依靠改土施肥等传统的思路解决不了既要增产又要环保的问题，必须创新理论和技术，找到增产与环保协同的新途径。张福锁就是这样坚持从生产一线发现问题，把理论创新、关键技术突破和大面积技术应用模式的创新贯穿在30多年的工作中，一步一个脚印，探索出一条国际领先的农业转型之路。

张福锁的主要研究领域集中在植物营养学的营养和理论与技术，在利用养分管理技术创新与应用研究方面取得了系统的创新性成果。植物营养学是通过研究植物吸收、转运和利用营养物质规律，探讨植物与外界环境之间交换营养物质与能量的科学。张福锁曾在采访中谈到植物营养学的作用，他说："植物营养学研究如何通过施肥等措施提高作物产量、改善农产品品质。因此，它对粮食数量安全和质量安全至关重要。先说数量，我国农业用不到全球7%的耕地面积解决了世界21%的人口吃饭问题，这本身就是一个世界奇迹。在增产的诸多因素中，化肥的贡献约在50%。如果不施化肥，中国只能养活2亿多人口，剩下10亿人就没饭吃。再说品质，植物从土壤中吸收水分、养分。我们通过给土壤施化肥、有机肥来解决植物的营养问题。"领先之路意味着要克服一个又一个困难，经历一次又一次挫折，坚持不懈，顽强奋斗，30多年如一日，他的辛勤劳动结出了硕果：

——他发现小麦缺锌分泌的植物铁载体类根分泌物；

——他发现植物铁载体类化合物受缺铁、缺锌的诱导；

——他改变国际植物营养界公认的"缺铁专一性反应机理"观点；

——他证明铁载体化合物对根际微量元素活化能力的非专一性；

——他在国际上首次报道了花生和玉米间作改善花生铁营养状况的现象和机理，并把这一成果运用于我国传统的间套作生产体系中。

……

这些研究成果，在国内外学术界引起了很大反响。1993 年，张福锁被选为国际植物营养委员会唯一一名中国常务理事。2005、2008 年，他主持的"提高作物养分资源利用效率的根际调控机理研究"和"协调作物高产和环境保护的养分资源综合管理技术研究与应用"项目先后获得国家自然科学奖二等奖和国家科技进步奖二等奖。2017 年，何梁何利基金会授予张福锁"科学与技术进步奖（农学奖）"，以表彰他在植物营养理论和技术创新与应用方面作出的突出贡献。

四、把脉土地　走出污染

进入新世纪以来，随着化肥产量的提高，我国农作物摆脱了"吃不饱"的困境，却又陷入了"吃撑了"的窘境。过去的 40 年里，为中国经济增长和社会稳定提供了保障。但这期间，化肥用量不断提升，牲畜粪尿、秸秆等废弃物也大量增加，富营养化和面源污染对城乡生态和人民生活环境产生了不良影响。

张福锁领导的科研团队在对全国 30 多年资源开发、化肥生产、农业施用以及土壤化学性状研究数据的系统分析发现，从 20 世纪 80 年代到新世纪，全国农田土壤的 pH 值平均下降了 0.5 个单位。这种规模的 pH 值下降在自然界通常需要数百乃至上千年的时间，但我国过量施用氮肥 30 年就使土壤显著酸化，土壤酸化不仅影响作物根系生长，甚至造成铝毒，导致作物减产，而且还会造成重金属元素活化、土传病虫加重等一系列问题，进而严重威胁农业生产和生态环境安全。20 多年连续的监测数据显示，我国大面积农田土壤酸化的主要成因是氮肥的过量施用造成的。

这个发现与 20 世纪 80 年代欧洲森林大片死亡不同，那是因为硫的过量排放，二氧化硫形成酸雨造成森林土壤的酸化；这也与 80 年代末 90 年代初澳大利亚豆科作物造成的草原土壤酸化不同，那是因为豆科作物固氮使亚表层土壤发生酸化。而我国大面积农田土壤酸化的主要成因是氮肥的过量施用造成的。20 多年连续的监测数据显示，我国陆地生态系统大气氮沉降近年来增加了 60%，其中 2/3 来自化肥等农业源；在小麦、玉米这些粮田里面，70% 的酸化是因为过量施氮造成的；在果树蔬菜田里，过量施用氮肥对酸化的影响高达 90%。

2010 年，张福锁在《Science》杂志上发文揭示"过量施用氮肥造成中国农田土壤大面积酸化、制约可持续发展"的问题。面对当时的一些质疑，他反复强调："虽然农田土壤酸化会给农业生产和生态环境带来什么具体影响目前尚缺乏系统研究，但中国农田土壤显著酸化现象已经摆在我们面前，土壤酸化至少告诫我们，化肥本身是好东西，但一定要科学施肥，特别要管好氮肥。"

在这一时期，粮食增产速率明显变缓、化肥投入持续增长、资源环境代价越来越高，全球农业面临着高产与环保的双重挑战。我国粮食生产的资源环境代价有多大？未来粮食增产的潜力有多大？是否还要通过增加肥料用量来保障国家粮食安全？未来粮食增产能否以更低的资源环境代价来实现？这是未来农业发展急需回答的重大问题。对此，张福锁研究团队联合农科院、中科院及河北农大、西北农林科技大学等全国 18 个科研单位，建立全国协作网，共同破解"作物高产、资源高效"的理论与技术难题。

从 2010 年到 2015 年，张福锁研究团队课题组在我国三大粮食作物主产区实施了共计 153 个点 / 年的田间试验，以大样本的田间实证研究来回答我国未来粮食增产的潜力及资源环境代价。研究发现，土壤—作物系统综合管理使水稻、小麦、玉米单产平均分别达到 8.5、8.9、14.2 吨 / 公顷，实现了最高产量潜力的 97%—99%，这一产量水平与国际上同期生产水平最高的区域相当。研究证明，土壤—作物系统综合管理在大幅度增产的同时，能够大幅提高氮肥利用效率。

2013 年，他又在《Nature》上发表"大气氮沉降增加 60%、影响环境质量"的结果，表明生态系统大气氮沉降近年来增加了 60%，其中 2/3 来自化肥等农业源。依靠改土施肥等传统的思路解决不了既要增产又要环保的问题，必须创新理论和技术，找到增产与环保协同的新途径。2014 年，张福锁团队在《Nature》杂发表《以更低的环境代价获得更高的作物产量》，证明"土壤—作物系统综管理"理论和技术可以使全国粮食产量平均增产30%以上、氮素环境排放降低50%，从而同时满足粮食安全和环境保护的国家需求，为未来高产高效农业发展指明了方向。《Nature》杂志主编评价这一成果"解决了中国的问题，也解决了世界的问题"。张福锁领衔的这一研究成果，"提出并验证了一种既可提高产量又可降低环境代价的种植模式"，为农业可持续、绿色发展提出了新的思路，被评选为"2014年度中国科学十大进展"。

近年来，张福锁带领团队在植物营养生理、生态和遗传学研究方面做了大量研究工作，发现并经系统研究证实禾本科植物不仅在缺铁，而且在缺锌条件下能够合成和分泌特异抗性化合物——植物铁载体，改变了国际植物营养学界公认的缺铁专一性反应的机理的观点。除此之外，张福锁还进一步发现并且根据大量的实验证明，植物铁载体对土壤养分活化能力的非专一性，改变了植物铁载体之活化铁，而不活化其他养分的观点。这些突破的理论基础，在结合了我国实际的农业生产上，逐步形成了自己的研究体系和研究特色，并以此指导农业生产实践。比如对我国的黄淮海平原广泛的用玉米间作植物体系的增产增效机理的研究，这一成果已被应用到改进有关种植制度，可以提高花生的产量达到10%—15%，几年间，在河南省黄泛沙区进行广泛的推广，直接经济效益达到1.5亿元。

多年来，张福锁和他的科研团队立足国家重大需求，长期坚持在农业生产实践中开展国际前沿理论研究，这一系列研究成果为我国农业转型、全面实现绿色发展提供了理论、技术和实现途径，也为世界农业的发展提供了中国经验和中国智慧。

五、绿色曲周　减肥增效

2006年，张福锁带领师生来到曲周，决心探索一套"作物高产、资源高效、环境友好"的集成技术。2009年5月5日，"中国农业大学、河北省曲周县万亩小麦玉米高产高效示范基地"在曲周县白寨乡揭牌。张福锁接过"曲周精神"的接力棒，与曲周人民一道为实现"作物高产、资源高效、环境友好"的绿色发展目标而努力。

"我们曾做过计算，如果在我国现有耕地能实现这个发展水平，一年增收的粮食，就可超过整个非洲大陆，而每年减少的污染量，几乎相当于整个欧洲的污染总量。"2019年3月，张福锁在接受《人民日报》记者采访时这样说道。"这个发展水平"并不是一种被描述的远景，而是他所领导的中国农业大学团队扎根曲周大地十余年农业发展的现实。通过绿色种植、科学施肥等多种农业技术优化的实验和推广，到2018年，曲周小麦亩产从2006年的400多公斤，平均提升到600多公斤，同时，农药、水的投入降低30%到50%，产量增加的同时，资源和环境损耗大大减少。

张福锁认为，为实现农业产量大幅度增长，农业生产投入和成本大幅度下降，生产效率大幅提升是产业内的共同愿景。应当实施减肥增效、绿色增产增效与提质增效、绿色发展三大战略。第一步要从减少当前化肥的过量使用开始，未来在保持农产品产量的基础上，将化肥、农药、灌溉水与地膜等投入量减少20%到30%，将效率提高30%以上。第二步，是实现增产的同时减少环境污染。第三步，是农产品产量大幅度增长，品质大幅度提升，农民收入实现翻番增长，实现环境保护与绿色发展的目标，这依然是最理想的农业发展状态。

与"三步走"战略的实践落实是"三大行动"。其中，曲周县就是起点和基础，先把曲周县作为示范县，然后将这里的成功案例推广至全国，并逐渐推广成为一个国际化的参考案例，为全世界提供经验与范例。"县域落地—全国示范—国际样板"，这就是张福锁所推广的三大行动。为此，张福锁及其团队在曲周县提出了"12345"的行动，即根据提质增效与绿色发展两个思路，借助村域小院模式、科技小镇模式和县域发展模式等三大模式，实施农业提质增效、产业结构调整、绿色环境工程、城乡融合发展等四大工程，以及推进垃圾革命、厕所革命、厨房革命、绿化革命和文化振兴等五项革命，实现绿色生产、产业兴旺、美丽乡村的全球高质量农业新模式目标，把曲周县打造成全国的绿色发展样板县、全球的示范项目。

在曲周县农业绿色转型实践的基础上，张福锁及其团队将曲周经验推广到了全国，希望通过建立全国绿色发展协作网实现农业绿色发展。张福锁在多年间通过科技小院、全国养分管理协作网、国家行动与企业大面积推广示范与全国1152位科学家、65420位农业技术推广人员、13万企业服务人员与2000多万农民一起努力，在全国粮食主产区5.66亿亩土地上实现了增产 10%，增效 30%，减少污染 50%，相关文章在《自然》杂志上发表，引起了世界范围内的关注。

张福锁表示将来会将曲周经验推广至国外，让中国的绿色农业发展经验成为全世界的榜样。2013 年张福锁写了一篇文章，介绍中国农业如何持续增产、增效、减少污染、走向绿色，这篇文章发表以后，被联合国作为今后 15 年全球农业可持续发展的目标来推进。也就是说，今后要大力推动农业产量提高 30%，效率提高 30%，污染减少 30%，目标明确且艰巨，但是张福锁对此很有信心，认为在曲周县的成功经验可以为全球推动绿色农业转型实践提供有力支持。

中国农业大学在曲周的工作，不仅是为曲周人民带来福祉，也对全国、全球有重要的示范价值。探索农业绿色发展之路，助力乡村振兴战略，推动生态文明建设，这是今日中国农业大学对中国的责任担当，也是今日中国对世界的责任担当。

绿色可持续发展是当今世界的时代潮流，生态绿色农业建设是实现农业可持续发展的必然选择。2016 年联合国正式启动了《2030 年可持续发展议程》，提倡世界各国为实现全球可持续发展目标而努力。作为一个负责任的发展中大国、一个新兴的快速发展的经济体，我国政府正致力于积极参与、推动并引领全球可持续发展。过去的 40 年里，中国利用地球上 7% 的耕地，解决了占世界 20% 人口的吃饭问题，为中国经济增长和社会稳定提供了保障。

如何构建华北地区可持续绿色发展、乡村振兴模式，实现发展方式的根本转变，推动全国农业绿色可持续发展？这个当前亟待解决的大问题，也是张福锁一直思索的大命题。2018 年 3 月 7 日，国际顶级学术刊物《自然》在线发表张福锁团队在农业绿色发展领域取得的新成果——"与千百万农民一起实现绿色增产增效"。在新时代，张福锁认为新一代农大人应该有新担当："我们理应抓住机遇，坚持'扎根农村、立地顶天'，传承'曲周精神'，吸纳和利用全球智力资源，打造农业可持续发展新模式、支撑国家绿色发展战略。"

在张福锁的带领下，团队成员快速成长。2017 年 9 月 29 日，世界粮食奖在美国驻华大使馆公布，中国农业大学崔振岭斩获诺曼·博洛格实地研

图 6-5　张福锁（左）、康绍忠（中）、康振生（右）合影

究与应用奖，成为中国第三位获得该奖项的科学家。10月 19 日，世界粮食奖的颁奖典礼在美国艾奥瓦州首府德梅因市的世界粮食奖委员会举行。世界粮食奖旨在表彰在改进全球粮食质量、数量和供应及推动人类发展方面做出突破性成就的个人，是国际上农业领域的最高荣誉，该奖由诺贝尔和平奖获得者、美国科学家诺曼·博洛格在 1986 年设立，迄今为止已授予世界上 46 位作出突出贡献的个人。此前，有两位中国人曾获得世界粮食奖及 25 万美元的奖金。他们分别是原农业部部长何康（1993年）和袁隆平（2004 年），崔振岭成为我国第三位获得该奖项的科学家。

崔振岭多年来一直从事"养分资源管理与施肥"的研究工作，取得了大量重要研究成果。他在研究及农业推广项目中，通过创造性的田间化肥管理实现了土壤改良、粮食增产。他在与农民的密切合作中形成的创新方式提高了氮肥利用效率，使华北平原的小麦和玉米产量得以提高，同时遏制了土壤退化及水质污染。这一创举影响了数以千万计的农民。崔振岭及其团队开发的新氮肥管理系统显著减少了氮肥利用（小麦多达60%，玉米则为 40%），同时使产量增加了 5%。在小麦与玉米生长季节，该系统使得氮气排放分别降低了 73% 与 43%，由此明显减缓了土壤退化与水质污染。

春华秋实，土地孕育果实，滋养希望，人也在土地中不断汲取智慧和力量。中国农大的科研工作者坚持着把理论与生产实际相结合，从生产一线发现问题，创新理论和技术，找到增产和环保协同的新途径，保护生态环境，实现绿色创新发展。保护植物的同时，就是保护好水土，减少环境的恶化，与农业可持续发展相结合，更好地构建农业发展与生态环境的"并举"。如此，才能在保证农业生产追求产量的同时保障质量的安全，实现农业绿色可持续发展。

第三节　园美丽九州，艺精济民生

园艺起源于石器时代，文艺复兴时期传至欧洲各地。培根认为花园是"人类一切乐事中最纯洁的，它最能愉悦人的精神，没有它，宫殿和建筑物不过是粗陋的手工制品而已。"中国是享誉世界的"园艺大国""园林之母"，早在周代园圃开始作为独立经营部门出现。20世纪初极负盛名的植物学家亨利·威尔逊（Wilson），于1899—1918年5次来华，广为收集野生观赏植物1000多钟，包括当今闻名全球的珙桐和王百合。他在专著《China, Mother of Gardens》中写道："中国的确是园林的母亲，因为所有其他国家的花园都深深受惠于她。从早春开花的连翘和玉兰，到夏季的牡丹、芍药、蔷薇与月季，直到秋季的菊花，都是中国贡献给这些花园的花卉珍宝，假若中国原产的花卉全都撤离而去的话，我们的花园必将为之黯然失色。"他恰如其分地说明了中国园林植物对世界的贡献。享有世界声誉的英国爱丁堡皇家植物园，现有中国园林植物达1527种及变种。

中国现代园艺事业的发展主要在新中国成立以后。20世纪50年代，国家工业的迅猛发展，城市的兴起，使农业中的园艺业也随之兴盛起来，园艺科学研究和教育事业也有了长足的进步。但是20世纪50年代之前，农业的发展总方针是"以粮为纲"，园艺的发展受到很大限制，这种情况一直到党的十一届三中全会以后才发生了根本性的转变。此后，农业上种植结构的改革，园艺业得到前所未有的大发展。

一、花儿为什么这么红

月季，被称为"花中皇后"，又称月月红。它既可以作为观赏植物，也可作为药用植物，亦称月季花。

俞红强自1986年参加工作起即从事月季的栽培及推广工作，积累了丰富的切花月季种植管理及市场推广应用经验，后由于国内切花月季生产及交流市场逐渐转至云南省。2002 年起，他又转为从事具有自主知识产权的绿化用月季新品种选育工作。2015 年春天，龙河公园要超大规模种植月季。在实地调研了龙河公园的土壤状况后，俞红强指出月季景观的前期施肥与后期追肥都很重要，土壤改良要做到深翻 40 厘米，每平方米加入 20 斤有机肥和 20 斤草灰土，混匀，这为 2015 年的月季种植打下良好的基础。

二十几年如一日的月季栽培生涯为俞红强积累了丰富的月季种植养护及新品种选育经验。他所带领的月季育种团队获得了北京市园林局和花卉协会的大力支持，已连续多年主持北京市园林绿化局"庭院月季新品种选育及研发"等项目，近来又相继承担了"月季新品种繁育及栽培技术示范与推广"项目，参与了"世界月季洲际大会科技支撑示范工程"的课题研究，是一支专业基础扎实、实践经验丰富、工作能力强的队伍。在各方关注国内月季事业发展的单位、团体、朋友的支持与帮助下，俞红强月季育种工作有了突破性进展。他根据北京市及周边地区的气候及月季自身习性，并结合国人普遍的审美倾向进行考量，确定了抗病、芳香两大月季新品种选育目标，经过多年育种，育种团队育出了抗病及浓香型月季 2 个系列，得到了园艺作物专家组成员的一致肯定，并将新品种"北京红"确定为北京市绿化重点推广品种。

2016 年，世界月季洲际大会和第 14 届世界古老月季大会、第 7 届中国月季展"四会合一"的月季盛宴在北京开幕，俞红强培育的月季新品种在这一盛会缤纷绽放。

由世界月季联合会（WFRS）主办的世界月季洲际大会，旨在交流月季栽培、造景、育种、文化等方面的研究进展及成果，展示新品种、新技术、新应用。全国共 13 家育种单位送选 150 余个月季新品种参加大会，经过 WFRS 主席 Kelvin Trimper 带领的 5 位国际月季行业专家盲选打分，评选出 15 个自育月季新品种金奖。中国农大以 7% 参评资源包揽 40% 奖杯，一举拿下 6 个月季新品种金奖。这 6 个金奖月季新品种分别是：醉红颜、香恋、北京红、蝴蝶泉、红强 1 号、火焰山。粉荷、红强 3 号、美人香、晴天、约定等 5 个月季新品种获得银奖。火凤凰、纳波湾、情歌、甜蜜的梦、童话等 5 个月季新品种获得铜奖。本次获奖月季新品种均为中国农业大学知识产权，这也是农大在园艺科研领域得到国际社会认可的新成果。伴随着月季盛会的开幕，俞红强团队希望："中国自育月季重拾古老月季的辉煌，

图 6-6　月季新品种 荣获世界月季洲际大会金奖

开辟中国现代月季复兴之路。"

二、站在花卉科技最前沿

"不是花中偏爱菊，此花开尽更无花"。菊花是"花中四君子"（梅、兰、竹、菊）之一，也是世界四大切花（菊花、月季、香石竹、唐菖蒲）之一。菊花有悠久的栽培历史，它不仅供观赏、部署园林、环境美化和生态建设，而且可食、可酿、可饮、可药，与人民群众的生活密切相联系。在实际生产中，菊花株型的控制和病害的防治成为栽培中的主要问题，需要施用外源植物生长调节剂和农药进行调控。此外，因为菊花保鲜成本较高，制约了产业运营。

植物在每年适当的时间开花，对于其成功繁殖至关重要，对作物和观赏植物来说，也具有重要的商业意义。开花时间是由外部环境线索和内源发育信号所决定的。植物能够利用各种各样、经常是相互连接的开花机制，包括光照、赤霉素（GA）生物合成、春化作用和衰老途径。2014年，高俊平、洪波课题组的最新研究成果在《Plant Cell》发表，这是国内观赏园艺界在此期刊上发表的第一篇论文。文章《A Zinc Finger Protein Controls Flowering Time and Abiotic Stress Tolerance in Chrysanthemum by Modulating Gibberellins Biosynthesis》揭示了关于在长日照条件下抑制菊花开花的 BBX24 基因的功能解析机理。BBX24 是长日照条件下菊花开花受到抑制的调节子，在菊花中沉默 BBX24 基因，可使植株在非开花诱导的长日照下提早开花，并且这个作用是通过调节赤霉素成花途径而实现的。

2017 年 10 月 10 日，《Nature Communications》杂志在线发表了高俊平和洪波课题组题为 "Control of chrysanthemum flowering through integration with an aging pathway" 的研究论文，揭示了"菊花年龄依赖的 SPL 转录因子被 miR156 调节影响的开花事件是通过 NF-YB8 的表达调控实现的"。该研究解析了菊花成花途径的分子调节机制，对于菊花幼年期缩短的种质创制和生产中的花期调控提供了新的认知。

此后，高俊平和洪波系统研发了月季、菊花的花期调控和采后保鲜技术。2018 年，由高俊平主持的《月季等主要切花高质高效栽培与运销保鲜关键技术及应用》获得国家科技进步奖二等奖。同年 9 月 29 日，"菊韵延庆

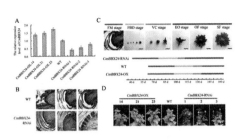

图 6-7　高俊平、洪波教授课题组的最新研究成果在《Plant Cell》上发表

城，花开世园梦——延庆菊花文化科普展"在永宁镇新华营村双时助农花卉基地开展。在菊花文化科普展现场，35 种新菊花成为最大亮点。这 35 种新品种菊花由洪波培育，这也是该新品种菊花第一次和观众见面，连片的新品种菊花簇拥在一起，或成涌金地毯，或成紫色锦缎，再或成素雅绸带，展现出菊花种质资源的丰富和育种成果的丰硕，真可谓是"菊势大好"。

　　高俊平、洪波等农大师生，经过多年的不懈努力，明晰了月季采后花朵开放中乙烯合成和感受的关键基因及其下游调节网络，破解了数以万计的品种对乙烯依赖的国际性难题；其创建的月季和菊花采后保鲜和周年供应技术体系总体上达到国际先进水平。花期调控和运销保鲜技术支撑了我国切花集中生产和分散消费产业模式的建立，覆盖月季和菊花全国生产面积的 53.8%，为我国月季和菊花优质切花的消费普及作出了突出贡献，经济效益显著，社会和生态效益突出。

第四节　发展未来的土地、草业科学

　　习近平总书记在党的十九大报告中特别提出山水林田湖草生命共同体的重要思想，提出要发展高效农业，在绿色发展的过程中建设美丽中国等理念。中国农业大学积极响应国家的号召，适应新时代土地、草业科学从单纯满足学科发展向美丽中国和生态文明建设转型的需要，在 2017 年 12 月成立了土地科学与技术学院，2018 年 12 月成立了草业科学与技术学院。新成立的两个学院将着力为国家培养土地、草业高素质农业人才。同时，将聚焦国家生态保护建设发展关键问题，瞄准国际学术前沿，搭建产学研合作平台及技术研究中心，着力解决中国在经济转型发展过程中面临的重大资源难题。

一、春风拂过多情的土地

从改革开放到现在，国家的粮食逐渐丰富，不但自己生产，还进口了很多农副产品，但是因为资源的不合理利用，造成了水资源短缺、土地资源的退化等问题。例如，华北地区地下水超采现象非常严重；东北地区黑土地退化问题突出；西北地区一方面是极度缺水，另一方面是土壤盐渍化的问题；此外，南方一些地区也存在土地养分亏缺的情况；另外还有因为化肥利用不合理、耕作方式不合理形成的资源污染问题。总之，大部分农业生产对土壤和水资源破坏十分严重，甚至还影响了大气环境。而这些问题，恰恰是中国农大一直在研究和关注的内容，也是李保国多年以来所工作的内容。

当年宁夏实施"1236 工程"时，李保国受邀作为环评专家。"1236 工程"是扬黄灌溉一期工程的简称，即解决 100 万人的贫困，开发 200 万亩水浇地，总投资 30 亿元，用 6 年时间完成。工程开始之前，工程组召开会议讨论施工计划，打算将黄河水往上输送 200 米到一个高原上的贫困地区，以供其发展农业。这个计划看似在造福高原贫困地区，但实际存在较大问题。作为环评专家的李保国在会议上表达了自己的反对意见，并说明了反对理由——黄河水含有大量盐分，按照计划的输水量来计算，其输送盐分含量相当于两节火车车厢的容量，每天输水就相当于每天在倒盐，如果没有相应的排水工程，不出 10 年，水分蒸发了，盐分就会留下，导致土地盐渍化，这实际上并不符合可持续发展观，也不利于当地合理高效地利用土地和水资源。尽管李保国极力反对，甚至与当时会议场上的其他人发生了争吵，但其他人仍然不认可他的意见，最终还是按照计划施工了。之后没过 5 年，好多地方就出现盐碱地了，后来不得不开始重新做排水治理工作。

2016 年，李保国参与完成的"关于充分发挥南水北调中线工程综合效益的建议"得到了国务院总理李克强的批示。南水北调中线工程，是从长江最大支流汉江中上游的丹江口水库调水，在丹江口水库东岸河南省淅川县九重镇境内的工程渠首开挖干渠，经长江流域与淮河流域的分水岭方城垭口，沿华北平原中西部边缘开挖渠道，在荥阳通过隧道穿过黄河，沿京广铁路西侧北上，自流到北京市颐和园团城湖的输水工程。工程实施的主要目的是解决河南、河北、北京、天津 4 省市的水资源短缺问题，为沿线十几座大中城市提供生产生活和工农业用水问题，缓解当时受水区地下水超采问题。他的建议为合理利用南水北调中线工程中输送的水资源提出了独到的见解。

二、心花开在美丽的草原上

2001 年，在日本国家畜产草地研究所博士后毕业的张英俊回到祖国，开始从事草地管理与牧草生产领域的科学研究。此时的中国草场过度放牧现象严重，草场生态环境异常脆弱，北方地区更是频发沙尘暴，对生态环境的稳定与安全造成了极大威胁。国家对解决这一问题作出了一系列的努力：2000 年开始施行天然草原保护工程，2003 年开始施行退牧还草工程。这一系列措施有效地帮助了草场生态环境的恢复，也给了张英俊这一批科学家更大的用武之地。

长久以来，中国优质牧草的质量和产量都很不足，2008 年爆发的"三聚氰胺"事件则直接把这一尖锐的问题摆到全国人民的面前。为什么企业会选择往奶粉里添加三聚氰胺？除了企业缺乏安全意识与生产底线外，最根本的原因还是我们本国的牧草蛋白质含量不足。奶牛吃得不好，产的牛奶自然也不好。

紫花苜蓿有"牧草之王"的美称，它产量高，草质优良，蛋白质含量足，各种畜禽均喜食。这样的优质牧草，国内产量严重不足。"三聚氰胺"事件爆发后，许多中国奶业公司就开始从国外进口苜蓿，从 2009 年进口两万吨到 2012 年进口达到百万吨。作为国家牧草产业技术体系首席科学家的张英俊感到十分忧虑与焦急，他联合另一位首席科学家及几位院士给温家宝总理写了一封建议大力发展紫花苜蓿种植的建议书。这一建议很快被批准，张英俊也成为"智囊团"成员之一。

为提高苜蓿种植质量，张英俊开发了在豆科和禾本科之间混合种植苜蓿的混播草地技术。利用不同层次土壤中的营养物质和水分，对种植空间进行互补，帮助苜蓿安全过冬，实现苜蓿地的可持续利用。与此同时，在宁夏南部山区，收获苜蓿的传统机器是一天收割 2 亩地的割灌机和一天收割 5 亩地的手推机。这些机器不仅收割量低，还会使苜蓿茎、叶水分同步散失，蛋白质流失。为解决这样的问题，张英俊与工学院的老师联合制造了压叶机，一款适用于山区的苜蓿收割机器。2014 年，张英俊与同事回到宁夏南部山区开了小型的苜蓿压叶机现场会。现场有一个大学生哭着感谢专家们研制的机器帮助自己的父亲减轻了劳作压力，这让张英俊备受感动与鼓舞。他认为，做科研不仅要在专业领域有意义，更重要的是帮助人民生活得更美好。

此后，张英俊的研究取得了一系列的成果，为草业科学的发展作出了突出贡献。他研制了南方人工草地混播建植维持技术、白三叶种子生产技术、人工草地指标化管理和控制技术，推动了我国人工草地的建植；建立光谱法估测绵羊复杂日粮干物质消化率和羊草品质的模型，简化了牧草品质的测定方法；建立农牧交错带草畜动态平衡及管理决策模型，为农牧交错区的管理决策提供了科学根据；利用链烷技术测定了天然草地家畜采食量和采食成分，精确阐述了家畜的选择性采食以及草原植物对放牧家畜选择性采食的生理适应机制，促进了草地生态学和草地管理学的发展；构建草畜平衡模型，提高了草地高效生产与利用技术水平；研究了放牧对典型草原土壤碳固持的影响，为草原碳汇管理提供科学依据。在产业上，启动了国家草原保护建设科技综合示范区，对草地的科学管理产生深远影响。

三、生态治理让草原更美丽

相信很多人还记得，2001 年，北京发生了特大沙尘暴，当时人们说沙尘的来源是新疆、内蒙古、东北的沙漠地区的沙子。王堃的一位记者朋友打电话告诉他，自己就在鄂尔多斯采访，那里晴空万里。王堃到气象局调出当天的北方云图，结果草原地区和沙地区晴空万里，只是农牧交错带黑压压的一片，起沙地点就在农牧交错带。

　　王堃及其他专家意识到问题的严重性并提出了 40% 开垦育植理论。该理论认为开垦草原不得超过 40%，超过之后草地就会恶化。农牧交错带草的利用，要以草定需，如果庄稼也不少种，畜牧也照常放，这对于土地的压力太大了，他提出以土壤为核心的理论。

　　王堃从事的研究方式是整个草学中比较复杂的一个方向，叫作农牧交错带。实际上从 20 世纪 60 年代开始，农大便开始在河北坝上地区开展草地畜牧业与农业方面的研究，建立了河北沽源草地生态系统国家野外科学观测研究站。研究站重点研究国家的农业牧业如何发展，农牧交错带百姓如何生活。王堃几乎把所有的精力都用在了研究站建设上。他在农牧交错带研究领域中一直默默付出着，为百姓和国家着想，在他心中生态环境治理是最重要的。

第七章　农业工程　致敬匠心

历史的回声仿佛还在回响。1995年11月20日，庆祝中国农业大学成立大会在庄严的国歌声中拉开序幕。中共中央政治局委员、书记处书记、国务院副总理姜春云代表党中央、国务院到会宣读了关于合并组建中国农业大学的决定。中国农业大学校长毛达如在开幕词中讲道："经农业部、国家教委和国务院批准，中国农业大学由原北京农业大学和北京农业工程大学组建成立。……这是两校发展史上的一个新的里程碑。"中国农业大学的成立，掀开了两所学校发展改革道路上的历史新篇章，标志着中国高等农业教育事业的发展进入一个新的阶段，一个新纪元就此开启。

清泉有故源，嘉禾有旧根，无源何以成流，无根哪能垂荣。追本溯源，中国农业大学的历史源流有两个，一为北京农业大学，一称北京农业工程大学。北京农业大学即为清光绪三十一年（1905年）创建的京师大学堂农科大学，而北京农业工程大学是

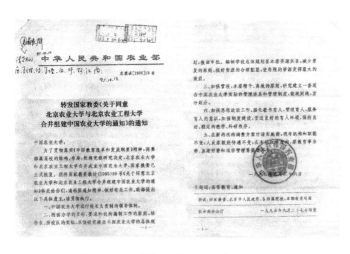

图7-1　合并组建中国农业大学的文件

一所由中央农业部机讲学校、中央农业部华北农业机械专科学校、北京农业大学农业机械系三部分合并而成，紧随共和国的成立而诞生，并随着国家的振兴而不断成长壮大的学校。

寒来暑往，雨雪风霜，北京农业工程大学校名虽多有变更，但学校与新中国一路风雨迷蒙，一路风生水起，一路跌宕起伏，始终不忘"振兴中华，永志不忘"的诺言。无论是在重整河山的峥嵘岁月，还是如今欣欣向荣、飞速发展的和平年代，她为了实现农业工程的辉煌，胼手胝足，一路走来，洒下了心血和汗水，倾注了聪明和才智，写下了壮丽的篇章。翻开她那沉甸甸的历史长卷，每一页都有被耒犁划过的痕迹，每一段都飘溢着黍粁与稻米的醇香，每一行都有神采飞扬的旋律，每一字都有缀满辉煌的墨彩，犹如一部波澜壮阔的发展史诗，留下一串串载入史册的镜像。

第一节　掀开农业工程教育崭新的一页

"未觉池塘春草梦，阶前梧叶已秋声"，时光荏苒，从 1952 年建校到 1995 年合并为中国农业大学再到今日的东校区，北京农业工程大学在中国农业高等教育历史上走过了六十七个春秋。六十七年的时光，在历史的长河中，只是短暂的一瞬。但是，六十七年的时间，让学校从青涩走向成熟，年轻的心灵在白云蓝天中放飞。大浪淘沙，冲走了多少往事，留下的却是历久弥新。回首六十七年的风雨历程，她在困境中追求突破，在璀璨中点亮斗志，成为中国农业高等教育史上一朵艳丽鲜红的花朵：

她引领中国农业工程学科的发展！

她建立了新中国农林院校中第一个农业机械系！

她第一个聘请苏联专家到校成立专家工作室！

她衔接了学院到专科大学再到综合性大学的转变！

她成立了高等农业院校中的第一个自动化教研室！

……

她的历史是中国现代农业高等教育的一个缩影与写照。她见证了中国现代化过程，一幅幅历史画卷书写着中国的岁月流年。六十七年来，农大师生用自己的青春和汗水，打造了北京农业工程大学昨日的辉煌；用知识和智慧，挺起了农业工程学科结实的脊梁；用博爱和文明，积淀了北京农业工程大学丰厚的底蕴；用豪情和壮志，书写了农业工程发展壮丽的篇章，正可谓："宝剑锋从磨砺出，梅花香自苦寒来"。现在，就让我们轻轻揭开这所大学的前世今生，来感受他的活力与魅力。

一、开启农业工程教育的新征程

20世纪50年代初，实现国家工业化体制，是百废待兴的新中国急需解决的难题之一。面对即将到来的经济建设的高潮，旧有的高等教育特别是工科教育的体系与建立独立完整的国家工业化体系的需要极不适应。于是，当时的中央人民政府决定进行高等学校的院系调整，按照苏联的高等教育集权管理、高等教育国有体制和高度分工的专门教育体系来建构中国的高教制度。1952年，在周恩来总理的亲自批示下，根据教育部确定的全国高校院系调整原则，参照莫斯科莫洛托夫农业机械化电气化学院模式，决定在北京筹办农业机械化高等院校，即新建学院路八大院校之一的北京机械化农业学院。

1953年11月26日，北京农业机械化学院的校园内一时热闹非凡，在这一天，全体师生正式迁入新校园。一座中式仿古建筑风格的新校门屹然耸立在师生的眼前。校门坐北朝南，为古典三开朱漆宫门建筑，风格古朴、庄严典雅，简洁而不乏宏伟之气势，质朴而不失现代之灵光。她的宁静与古朴、慈祥与温柔、朴素与博大，感染着校园里的一草一木；她的包容与自由、执着与坚守、专注与信仰，影响着一代代学者。这样的建筑风格是大学精神气质的视觉载体，与大学的历史渊源息息相关。

集众多重托和华丽于一身的这所大学，不辱使命，时刻以办新型高水平大学为己任。1952年12月，学院成立不到2个月，罗马尼亚国家领导人赠送给毛泽东主席1台拖拉机，毛主席立刻派人把拖拉机转送给北京农业机械化学院。1956年，在第一批学生毕业后，由高教部农林卫生司组织，苏联顾问叶尔绍夫教授参加的对各农林院校教学工作的检查中，北京农业机械化学院农业机械化系被认可为"全国农林院校中教学工作组织得最好的一个系"。这里提到的农业机械化系是当时全校唯一的新建专业，也是全国农林院校中唯一的独立的工科性院系，自然成为全国农林院校中同类专业发展的龙头。

1958年4月，毛泽东主席在中南海瀛台参观全国农业合作展览时，观看了学院参与研制的新式农具——双轮双铧犁。5月，周恩来总理视察学院，并在视察十三陵水库时亲切接见参与劳动的学院部分农业机械化专业学生。也是在这个月，越南社会主义共和国主席胡志明来校参观全国农具改革展览会，亲切接见了学校的越南留学生和中国学生。5月至6月，毛泽东、刘少奇、邓小平、彭德怀、贺龙、薄一波、谭震林等党和国家领导人先后来学校参观全国农具改革展览会。与此同时，全国农林院校纷纷学习北京农业机械化系的先进办学理念、教学计划和课程设置、实验室配置、设备购置等，有的学校还派教师来学校进修。北京农业机械化学院俨然成为高等农业机械化教育的样板，引领着全国农业机械化高等教育发展。

1959年4月18日，周恩来在二届全国人大一次会议上所作的《政府工作报告》中提出："在各级全日制的正规学校中，应当把提高教学质量作为一个经常的基本任务，而且应当首先集中力量办好一批重点院校，以便为国家培养更高质量的专门人才，迅速促进我国科学文化水平的提高。"从5月开始，中共中央又多次下文，陆续确定了清华大学、北京大学、北京农业大学等20所大学为全国重点高校。10月22日，为了保证一部分学校能够培养较高质量的科学技术干部和理论工作干部，更有力地提高高等学校的教育质量和科学水平，中共中央决定在原来20所重点大学的基础上，再增加44所重点大学。北京农业机械化学院就是这次新增重点大学之一。至此，64所全国重点大学尘埃落定。北京农业机械化学院能够成为重点大学"国家队"的一员，无疑是由北京农业机械化学院的办学水平、教学质量、科研成果以及对国家的贡献决定的，是由北京农业机械化学院在国内外的声誉以及在高等学校中的地位决定的。被列为全国重点高校，标志着北京农业机械化学院已站在了一个新的历史起点上。

1978年12月22日，中国共产党第十一届中央委员会第三次全体会议决定："全党工作的着重点应该从一九七九年转移到社会主义现代化建设上来。"这是一个伟大的战略决策，是一次重大的历史转折，也给北京农业机械学院带来了新的希望。通过不断的建设，到 20 世纪 80 年代，学校已经逐步发展为包括机械、电气、电子、计算机、土木、建筑、加工、水利、能源、系统工程与管理等多学科的综合性工程大学，并准备增设人文科学和生物技术应用学科，已经具备成为工程大学的条件。而原校名已经不能确切反映学校的学科性质、专业设置情况和办学方向。

1985 年 10 月 5 日，经国家教育委员会和农牧渔业部批准，原北京农业机械化学院改名为北京农业工程大学。她的诞生，是老一代农业工程科学家和教育家在党的领导下几十年不断进行学科建设的成就，也是农业工程战线上无数工作者共同努力的结晶。

时间的车轮驶入 1995 年，这一年的 9 月 26 日，国家教育委员会批准北京农业大学与北京农业工程大学合并组建成立中国农业大学。国家主席江泽民同志为学校题写了校名，李鹏委员长题词：发展高等农业教育，办好中国农业大学。中国农业大学的成立，让农业工程学科发展具有了更高的平台，更快的速度，更好的效果，更广阔的前景。特别是随着改革开放和高等教育事业的发展，新时期的中国农业大学狠抓机遇，与时俱进，立足首都，面向全国，以农为本，争创一流，由稳步前进过渡到全面迅速发展。十年后的 2005 年 9 月 16 日，享有盛誉的中国农业大学迎来她的百年华诞，隆重而热烈的百年庆典在人民大会堂举行。百年风雨同舟，百年奋斗不息，百年灿烂辉煌，中国农业大学的历史画卷描绘的是一路风雨艰辛，歌颂的是一幕幕壮美的历史演绎，振奋的是一颗颗华夏儿女的赤子之心！

二、攘袂引领绘蓝图

从北京机械化农业学院到北京农业机械化学院，从北京农业工程大学，到中国农业大学，这 60 余年的发展，既是一个院系调整过程，也是一个学科发展过程。

1950 年 2 月 14 日，毛泽东主席和政务院总理周恩来在莫斯科克里姆林宫亲自参加了《中苏友好同盟互助条约》的签字仪式。毛泽东主席在离开莫斯科时发表演说讲道："苏联经济、文化及其他各项重要的建设经验，将成为新中国建设的榜样。"毛泽东主席在这里已经定下了要向苏联学习的基调。北京机械化农业学院自建校开始，系和专业的设置就是根据实际需要，参照苏联院校的经验设置的。1952 年 10 月 15 日，北京机械化农业学院成立大会召开后，学校随即召开了第一次临时院务会议，确定开设农业机械化系、社会主义农业企业经营管理系、机械化农学系、机械化畜牧专修科等专业。同时，号召全院教师学习苏联农业机械化高等教育经验，并以苏联教学计划为蓝本修订全程教学计划。

1958 年，北京农业机械化学院实际仅剩一个农业机械化系、一个农业机械化专业。年初，时任北京农业机械化学院领导以及农机化系系主任曾德超、教育系主任柳克令以及李翰如、陈立，召开了一个专业设置座谈会。会上多数专家主张增设农业电气化专业和农机设计制造专业，还主张拖拉机站长等机务干部培训班应放在学校办。1958 年 2 月，学校给农业部送去了一份《根据国家需要关于我院专业设置问题的意见书》，建议增设农业电气化等相关专业。第二年元月，学校决定设置三个系、四个专业，即农业机械化系、农业电气化系、农田水利系，农业机械化专业、农业机械设计制造专业、农业电气化专业、农田水利专业。3 月 20 日，农业部批复《关于北京农业机械化学院有关问题的通知》，同意设立农业机械化系，设置农业机械设计制造、农业机械运用修理两个专业；同意设立农业电气化系，设置农业电气化专业；同意设立农田水利系，设置农田水利专业。同年 7 月，下放农村劳动锻炼的师生返校后，三个系和干训部都正式挂出牌子，农业设计制造系、农业电气化系、农田水利系在这一刻诞生了。1960 年 6 月，增设农业电子学专业。1958 年到 1961 年，学院从一个系一个专业发展到三个系五个专业。

1976 年 10 月，长达十年之久的"文化大革命"结束了，国家进入了一个新的历史时期，全国教育战线也迎来了明媚的春天。1984 年，学校建议在高等学校工科通用专业目录中增设农业工程类，以涵盖农业机械化、农业电气化自动化与计算机应用、农产品加工工程、农村建筑与环境工程、农业工程管理、农田水利等专业。第二年，在诸多农业工程专家的推动下，全国第一次农业工程研究生教育研讨会在北京农业机械化学院召开，农业工程被建议为新的一级学科名称。1985 年国家教委、农牧渔业部、林业部为适应形势发展需要，经过长时间酝酿，制定了新的农科大学本科专业目录，在这个专业目录的农业工程中设置了农业机械化、农业建筑与环境工程、农业电气化自动化、农业水土资源利用与管理、农村能源开发与利用与农业系统工程等6个专业（后3个专业在当时为试办专业）。不久，国家学位委员会也在博士、硕士研究生专业目录中将原来的农业机械化电气化一级学科改为农业工程一级学科。

"羁鸟恋旧林，池鱼思故渊"，每一名学子都将大学当作自己的精神港湾。的确，大学是一座充满理想和智慧的"神殿"，她时刻致力于"照亮人性的美"，也时刻准备"为真理而献身"。六十七年，中国这所为农业工程立命的高校，尽管名字在变，但不变的是作为北京乃至全国最重要的农业工程教育科研中心，引领和推进全国农业工程事业发展。

第二节　幸福地前行在农业工程的路上

当我们充分了解了农业工程在中国的落地、生根、发芽、壮大的历程之后，当我们清楚应国家需要而诞生的一所农业工程大学的起伏命运和所做的贡献，在感受他的艰难和不易的同时，更是为今天的成绩而欢欣鼓舞。而事在人为，所呈现的精彩都是一代代的农业工程领域的专家学者，秉承爱国爱校爱民情怀，砥砺奋进，进行的一场接力比赛。致力于农业工程的专家学者，无论是有着怎样的经历，都有一个共同的特点，就是一切从中国实际出发，这也正是工程的思想。他们身上都有一种脚踏实地、任劳任怨、不骛名利、不避简单粗糙工作任务的特点，有着不断反思和拓展对农业工程学科的认识，勇于开拓的科学素养以及服务农业、改变农村、造福农民的毕生追求。而这也形成了他们独有的职业精神，更是他们职业价值取向和行为的表现，是一种卓越的"工匠精神"。

一、新中国农业工程教育的领跑者

1943年，世界反法西斯战争的转折之年，在这一年斯大林格勒会战胜利，人民正在翘首盼望胜利曙光的到来。与此同时，太平洋彼岸的美国正在举行联合国粮农组织筹备会议，中国农业教育家邹秉文赴美出席，被选为联合国粮农组织筹委会副主席。抗日战争胜利前夕的 1944 年 7 月，经过邹秉文的巧妙周旋，中美两国签订了由美国万国农具公司资助的"向中国农业导入农业工程"的教育计划。根据该计划的约定，美国设立专项奖学金供 20 名学生赴美学习农业工程。曾德超就是 20 名留学生中的一位。

（一）西学不忘故乡

1919 年 1 月 4 日，曾德超出生在海南琼山。父亲将除了必要开销外的全部收入都用于支持曾德超的学业。正因如此，曾德超才有机会走出海南来到教育资源相对丰富的广州求学。

他先后在广州的培正中学、广雅中学完成了初、高中的学习，并以优异的成绩考入国立中央大学机械工程系，努力实现着自己"工业救国"这单纯而又坚定的想法。由于是战乱年代，交通不便，曾德超只能徒步、搭便车从海南前往重庆，辗转一个多月才走到了国立中央大学。在这里，曾德超深感中国必须拥有一批造诣深邃、技术精湛的科学技术专家。1942 年大学毕业后，他先后担任重庆 50 兵工厂总工程师室技术员和中央工业试验所机械实验工厂助理工程师。

1944 年，曾德超终于等到了一次能够圆留洋求学夙愿的绝佳机会。在这一年，他成功考取了美国万国农具公司资助的明尼苏达大学研究生院农业工程系的全额奖学金项目。在美留学期间，他一面学习美国先进的专业基础知识和实践技能，一面思考究竟什么才是中国农业发展的出路。1947 年底，曾德超获得农业工程硕士学位。1948 年，曾德超依然放弃了攻读博士学位的机会，回到了祖国。

（二）耕耘在陌上田间

1948 年回到祖国的曾德超放弃了中国农业机械公司提供的上海制造厂总工程师室工作的机会，选择到湖南邵阳农村，担任湖南邵阳乡村工业示范处机械厂厂长兼水泥厂厂长，主要负责农业机械的研制、开发和推广工作。他坚守在田间地头、与村民广泛交流，了解农民在生产实践中的困境，手把手地教当地农民掌握新式农具的操作方法，并倾听大家使用后的意见加以改进。在这里，他参与设计制造了畜力轧蔗辊、手摇蔗糖离心机等一批农产品加工工具。新工具能在减少 1 名人力的情况下，增产糖 10%，省时 15%。虽然这些数字看起来并不惊人，但在贫穷落后的乡村，这些给农民带来的增收潜力就是工程技术人员恒久的勋章。此后，曾德超还参与设计建立了一批制糖、农药、纺织、水泥、机械等小型工厂，一时间邵阳，这个位于湘中偏西南，资江上游的城市，成为新中国湖南机械工业化的发端地。

1949 年 6 月，受邵阳乡村工业处派遣，作为高级工程师，他带领技术工作队赶赴兰州，担任联合国农村复兴委员会在中国西北和四川成立的办事处总工程师。然而此时，在解放战争的号角中，国民党军队已全线溃败。1 年后，曾德超调任中央农业部任职，以拓荒者的精神，开始将全部精力投入新中国农业机械化事业的发展之中。

（三）与"60"的不解之缘

在大西北，30 岁的曾德超迎来了新中国的诞生。此时的他，依旧义无反顾地在大西北荒芜贫瘠的陇西腹地编织着"晴日暖风生麦气，绿阴幽草胜花时"的田园诗画。1951 年，曾德超任国营农场管理局机务处副处长。他依然一头扎入农场，改装设计和修理农机具，开展系列技术工作，致力于解决用谷物条播机旱直播水稻的技术难题。而与此同时，一个更大的机遇与挑战，也悄然向他走来。

1952 年 4 月，北京机械化农业学院正式成立，曾德超成为建院规划小组和筹备委员会成员，担任教学筹备组组长。从此，曾德超手持教鞭，将自己的全部精力倾注到新中国农业工程高等教育事业中。如果从 33 岁算起，曾德超与中国农业工程高等教育结下了整整 60 年不解之缘。为了建院工作的顺利进行，他参照苏联经验，紧锣密鼓地制订适应学校实际情况的教学计划工作草案，订立必要的规章制度，提出所需教师计划、急需教学设备清单等等。1953 年，学校改名北京农业机械化学院后，曾德超又担任农业机械化系的系主任，负责全校基础知识课、技术基础课、专业课的教学管理。创办一个全新的系，从行政到业务是步步艰辛。那段时间，工作异常繁重而忙碌，曾德超常常工作到深夜，最后一个离开办公室。

为了保证教学质量，曾德超亲自挑选每门课程的任课教师，并根据学生对教学质量的反馈进行及时调整，协调每门主要课程和教学环节的重点，支持实验室建设，组织各课程编写讲义和教学法文件，加强金属工艺和拖拉机农机的基本教学实习等。在曾德超的组织协调下，农业机械化系教学

图 7-2　曾德超院士（左）在指导学生

安排得井井有条。在繁重的教学任务之下，曾德超没有忘记思考中国农业工程学科的发展。正如前文提到的，北京农业机械化学院一直努力进行增设农业工程专业的准备，而曾德超自始至终是这一目标的积极倡导者和推动者。1956 年，曾德超在学院发展的五年规划起草中提出要增扩专业，但直到 1959 年才得到上级部门的批复。然而，"文化大革命"使北京农业机械化学院发展受挫，院系增扩和学科建设也趋于停滞。此时的曾德超，虽然饱受冲击，经受身体和精神的摧残，但他始终惦记着学校发展，以老教授的身份向党和国家领导人写信，促进学校向农业工程大学方向发展。

　　教育的春天在 1976 年 10 月降临。在"文化大革命"中兴风作浪的"四人帮"集团被粉碎了！喜讯传来，全校师生欢呼雀跃、载歌载舞，纷纷举行庆祝会、座谈会，深入揭批"四人帮"的罪行。在 1978 年 3 月 18 日召开的全国科学大会上，邓小平同志在讲话中提到"科学就是生产力"的命题，指出："人民教师培养革命后代的园丁，他们的创造性劳动，应该受到党和人民的尊重。"同年 4 月 22 日至 5 月 16 日，在全国教育工作会议上，邓小平同志又讲到要"尊重教师的劳动，提高人民教师的政治地位和社会地位，采取适当措施鼓励他们终身从事教育事业。要热情地关心和帮助教师思想政治上的进步，要积极地在优秀教师中发展党员”。邓小平的讲话极大地教育和鼓舞了全校广大教职工，知识分子翻身的时候到了。

从 1978 年开始，学校开展平反冤假错案、落实政策的工作。曾德超也终于迎来了拨乱反正，他决心要“把失去的补回来”。1979 年，虽然已近 60 岁，但他勇挑重担，担任了北京农业机械化学院副院长等职务，承担了繁重的教学、科研、外事管理任务。为了让学生们观察高速犁的作业状态，他竟亲自踩在高速犁的犁架上，连拖拉机驾驶员都惊叹：“这老爷子干起工作来，连命都不要了！”

（四）科研创新的“乐之者”

《论语·雍也》有云：“知之者不如好知者，好之者不如乐之者。”作为教师，曾德超一方面要精心教书育人，另一方面更要潜心成为一名科研创新的“乐之者”。从 1952 年，进入北京农业机械化学院开始，曾德超就选定了土壤耕作的动力与耕具作为研究方向。

1956 年，是中国现代科学技术发展史上的一个重要里程碑。这一年的 1 月，中央提出了“向科学进军”的口号。在党中央伟大号召鼓舞下，曾德超对具有 1000 多年历史的壁犁的工作原理进行彻底的探讨。众所周知，土壤在犁耕的过程中，会产生巨大的阻力。拖拉机拉动的时候需要克服这个阻力。那么，就需要更大的动力。而动力越大，犁耕过程对土壤的压力反而更大，本来是为了松土，却把土壤压得更实，适得其反。为了解决三个问题，1957 年，曾德超在《农业机械学报》发表了《机引犁的牵引调

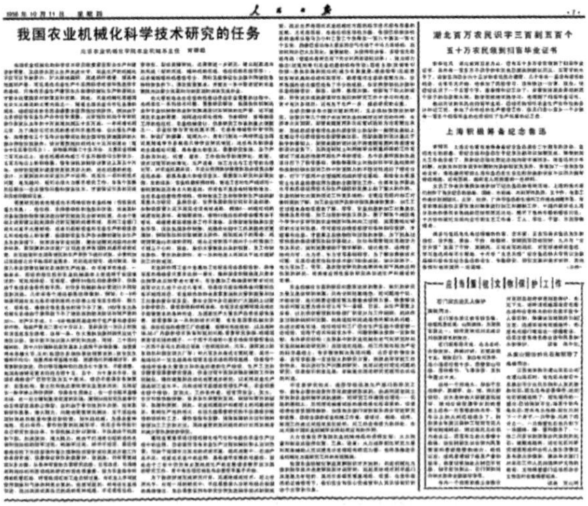

我国农业机械化科学技术研究的任务

湖北百万农民识字三百到五百个

五十万农民领到扫盲毕业证书

上海积极筹备纪念鲁迅

图 7-3　人民日报（1956 年 10 月 11 日）第七版发表的曾德超院士的文章

整问题》的学术论文，对英美学者提出的以犁体阻力中心为依据和苏联学者以重心迹为依据的调整和设计准则加以分析，提出了牵引平衡稳定的条件和减少耕作阻力的途径。1963 年，他与郭祺泰联合发表《按翻土曲线变化规律设计滚垡壁犁犁体曲面的方法》论文，提出了一种较前人更为合理和直观的几何绘图设计法。1970 年，他又发表了《犁体曲面设计的数学解析法》一文，试图以解析式表达犁体曲面以便进行优化；到 20 世纪 70 年代末，结合之前的研究成果，他采用以土迹线构成犁体曲面的途径，实现了犁体曲面优化的设计方法。样机经过试验显示了较好的高速耕作性能，最高耕作速度可达每小时 15 公里，获得了"常速高速通用优化犁"的国家专利。到 1987 年，经过 9 年不断的改进和完善，曾德超成功制造出了一种既能保留犁的良好耕翻性能，又能实现降低阻力的耕具，这就是旋转翻垡犁。这一发明获得了国家专利，对提高土壤的犁翻效率作出了重大贡献。

（五）世界同样需要中国农业工程

国际农业工程学会（International Commission of Agricultural Engineering）素有"农业工程界的奥林匹克"之称，是农业和生物系统工程界学术地位最高的国际学术机构，是联合国粮农组织（Food and Agriculture Organization, FAO）和联合国教科文组织（United Nations Educational, Scientific and Cultural Organization, UNESCO）的咨询团体，也是国际技术学会联盟（Union of International Technical Associations, UITA）的成员。

中国农业工程学科的发展需要与国际接轨，农业工程学术共同体建设需要依托国际平台，这是曾德超很早就筹划的事业。借着 1979 年参加联合国工业发展组织召开的全球农机专家圆桌会议的机会，他拿到了启动中国与国际学术交流的钥匙。1989 年 9 月，第 11 届国际农业工程学术大会在爱尔兰首都都柏林召开。这是农业工程界"奥林匹克盛会"。曾德超非常清楚这个学会是当时农业工程方面唯一国际性的学术组织，是了解世界各国科技动态、开展合作与交流的一个重要渠道。但是根据国际农业工程学会的规章，各国相关组织只能以国家名义提出申请。于是，他建议由中国农业机械化学会和农业工程学会联合，用"中国农业机械学会—中国农业工程学会联合会"（Chinese Federation of Societies in Agricultural Machinery and Agricultural Engineering）名称申请参加国际农业工程学会。很快，这个建议

图 7-4 1979 年曾德超在全球农机专家会上作报告

被国家采纳了。随着入会协议的签订，中国正式拥有了与国际农业工程战线的同行们同台交流、平等对话的组织形式，成为中国农业工程与国际学术共同体正式对接的重要标志。

由于曾德超等人的努力，中国的农业工程学界加快了融入世界农业工程学术共同体的步伐。20 世纪 80 年代以来，中国农业工程界多次邀请国际同行来华交流，从联合国工业发展组织的农机工业经验交流会，一直到 2004 年国际农业工程大会在中国召开，学会建设工作蒸蒸日上。2010 年，国际农业工程学会电子刊物 CIGR E-journal 落户中国，不仅意味着"中国要有农业工程"的科学判断在逐步实现，同时也昭示着一个更为宽广的事业天地，一个曾德超等老一辈农业工程学者为之奋斗的理念：世界需要中国的农业工程。

19 岁，考入国立中央大学的他，立志发展中国的农业工程；

30 岁，初为人师的他，不辞辛苦，为解民艰而奋斗；

60 岁，担任副院长的他，跑步前进，以独特的韧性挑战自我；

68 岁，获得"旋转翻堡犁"国家发明专利的他，锐意进取，如犁铧拓野般一如既往地耕耘着；

……

曾德超的一生恰是中国政治、农业、社会和文化发生翻天覆地变化的时代。他将自己的心血与热忱，全部奉献给了祖国的农业，奉献给了他所钟爱的农业工程高等教育。他是名副其实的时代之子，通过时代成就自己，也在时代中留下自己的脚印。

二、让农业"智慧"起来

2012年11月9日，由中国农业机械学会等联合主办的"2012农业与生物系统工程科技创新发展战略国际论坛（IFABSE）"在北京西郊宾馆举行。来自美国、德国、英国、俄罗斯、加拿大、澳大利亚、韩国、希腊、荷兰、丹麦、埃及以及国内近300位代表参加了论坛。如此高朋满座，有一个重要原因，就是2012年11月11日适值中国工程院院士、国际欧亚科学院院士、中国农业大学汪懋华从事农业工程事业60年暨80岁华诞。中国农业机械学会等多家单位联合主办此次活动，以此来表彰汪懋华先生作为中国高等农业院校农业工程学科及农业工程教育事业的开拓者之一，特别是20世纪80年代以来，为中国农业工程学科发展和"智慧农业"作出的重大贡献。

（一）种过地开过拖拉机的院士

1932年的冬天，汪懋华出生于广东兴宁。那一年，喜欢当记者的爸爸离家远走，而母亲只有17岁。不识字的母亲寄希望于子女学习文化。汪懋华不负众望，学习成绩在兴宁一中一直名列前茅，但贫寒的家境使他不敢想能去上大学。

命运总是垂青奋斗的人。新中国成立的春风，为贫穷刻苦的孩子提供了上大学的千载难逢机会。当时广东唯一的考场在广州，汪懋华与40多名同学一起，赶了100多里山路，两天两夜后到达广州。1951年秋，汪懋华以优异的成绩如愿考取了北京农业大学农业机械系。为了凑足路费，母亲卖掉了多年纺出的面纱，凑足了前往北京的火车票钱。不久，汪懋华拿着一个小布包袱踏上漫漫求学之路，敞开怀抱迎接他的正是北京农业大学。1952年，由于院系调整，汪懋华由北京农业大学转至北京农业机械化学院进行学习。

在大学生活中，国家开垦种植天然橡胶这件事对他后来的发展影响很深。1950年春，毛泽东主席接到苏联领导人斯大林发来的一封电报，电文大意是："以美国为首的帝国主义对社会主义国家实行经济封锁，不准向这些国家出口橡胶。苏联等国的橡胶供应发生了很大危机。据苏联了解，中国的海南岛地处热带北缘，适合种植橡胶。苏联愿出一切经济援助，包括派遣技术专家和机械设备支援。"中央认为此事重大，连夜召开中央政治局常委会议进行商讨。会上，对于苏方提出的建议，中央决定由国务院副总理兼财政经济委员会主任陈云同志挂帅主持。1952 年秋，北京机械化农业学院接到时任林业部特种林业司司长何康的通知，中央决定派几十个苏联专家、几百台拖拉机还有些挖坑机械，到海南帮助开发天然橡胶种植基地。北京机械化农业学院于是决定将 1951 年级 21 个学生和上一年级 16 个学生共 37 人派到华南垦殖局，参加拖拉机垦荒。其中 26 人在雷州半岛，汪懋华带领另外 11 人去海南岛垦荒。

回忆当时的情景，汪懋华记忆中是人歇拖拉机不停，垦荒工作一天 24 小时进行着。他每天驾驶着拖拉机，在未开垦的荒野田地中耕耘，把青春

图 7-5　汪懋华在苏联留学时的照片

的热情和汗水耕耘进广袤无垠的大地。白天驾驶拖拉机开垦荒地，晚上在工棚里的煤油灯下自学拖拉机使用原理，休息日的时候他甚至会徒步走上一个小时去找苏联专家请教问题。那段日子虽然非常艰苦，但汪懋华如饥似渴地体验着工程实践的乐趣，学习了很多无法从书本和课堂上学到的实践知识和操作经验。正是这些经历，点燃了他在专业领域创新意识的火花，也培育了他对农业科学和农民的朴素感情。

1956 年大学毕业后，他顺利考取了留苏预备研究生。学校领导基于学科专业建设的需要，建议他学农业电气化专业。汪懋华在三年半的留学岁月里，在苏联著名电力拖动与自动化学者纳扎洛夫院士直接指导下，如饥

似渴地学习学科专业知识，拓宽科研思路，开阔学术视野。1962 年，汪懋华以全优的成绩结束学习，获得了苏联技术科学副博士学位，回到了祖国的怀抱。

（二）无私奉献奋斗心

《周礼·考工记》里有这样一段话："知者创物，巧者述守，世谓之工。"要实现事业的发展，创新应该永远放在第一位。1962 年从苏联回国后，汪懋华敏锐地感到，将自动化技术应用于农业是一个大有作为的领域，随即着手开拓性的研究工作。

1965 年，汪懋华来到京郊顺义木林公社陈各庄大队"农村综合科技示范村"，这是一个以养猪闻名的生产大队，集体养了 200多头猪，是京郊农村集体养猪的一面旗帜，北京市科委在这里还建设一个北京农业科技实验综合

图 7-6　汪懋华（右一）和学生们在一起

基地。这一年，汪懋华带领农大师生认真考察当地农村的实际需求，发现这里最大的问题就是水。养猪场每天要磨豆腐，磨豆腐剩下的豆腐渣煮成饲料后用来喂猪。磨豆腐需要水、猪每天也要喝水，而猪场有口井，很浅，水面离地两三米，每天周而复始地要用辘轳提水挑过去喂猪。于是他就想发挥专业特长解决猪场自来水的问题。没有资金，他就骑自行车从顺义跑到德胜门外和天桥的废品市场找自己所需要的东西，回去后自己施工。在学习苏联养猪场电机提水的方案的基础上，他研究成功一种"无塔式自动化供水系统"，实现了养猪的自动化用水。当时，这项成果引起了北京市科委的高度重视。听说养猪场有了自来水，村里人都跑来看个究竟，有人说：你既然把猪场的自来水解决了，也顺便把我们家里用自来水的问题给解决了吧。于是，汪懋华就动手设计制作了"无塔式自动水泵站"。这个办法后来被北京市城建集团学了去，到北京各郊区进行推广，再后来部队的一些兵营也采用了这个方法。

"文革"十年浩劫，学校辗转搬迁，他在重庆期间尽一切可能追踪国外

电子科技的最新发展。1978年，改革的春风吹满大地。这一年，经汪懋华不懈努力，中国高等农业院校中的第一个自动化教研室在北京农业机械化学院成立了。此后，他带领师生们系统地学习微电子技术。20世纪80年代初，微处理器在中国刚一出现，汪懋华就率先将它成功地应用在拖拉机性能测试、孵化机控制、奶牛饲养管理自动化研究等农业领域。1988年，农业部门在全国推广应用机械化、自动化养禽技术，努力改变城镇居民禽蛋供给的长期匮乏的问题。通过深入考察调研，汪懋华及其研究团队发现如果能够通过先进的控制手段提高种蛋孵化率和健雏率，哪怕是仅仅提高几个百分点产生的经济效益也是不可估量的。他带领农大师生有针对性地开展了攻关研究，在研究过程中与企业密切结合，紧紧围绕企业产品技术革新与开拓产品技术市场的要求，从大型孵化机温度场的自动检测入手，成功研制了"微电脑孵化机控制器"。这项发明能够保证孵化安全，而且操作简单，性能优异，孵化效果理想。基于这项研究的相关成果分别于1993年和1995年两次获得北京市科学进步奖。

（三）从"精作农业"到"智慧农业"

如果说农业机械化将农民从"面朝黄土背朝天"的传统劳作方式中解脱出来，那么"智慧农业"则是进一步把农民从田间解脱出来，种地种得越来越智慧。在传统农业向现代农业转型的过程中，农业信息化扮演着越来越重要的角色。20世纪90年代，结合国际农业工程的发展趋势，汪懋华敏锐地将研究方向定位在"农业生物图像模式识别理论与方法的研究"和"精细农作"技术两个全新的领域。

1991年，海湾战争结束后，美国宣布全球卫星定位系统（GPS）民用化，这就为以农田空间资源、环境与作物生长空间分布差异性信息为基础的精细农作奠定了信息科技支撑的良好基础。此后，"精细农作"这项技术逐步成为世界上发达国家面向21世纪为合理利用农业资源提高农作物产量、改善生态环境的最富有吸引力的前沿性研究领域。1993年开始，发达国家基于信息技术推进农业生产信息化方面提出了"Precision Agriculture"新概念，汪懋华将它译名为"精细农业"。1998年和2001年，中国农业大学相继建立了"精细农业研究中心"和"教育部现代精细农业系统集成研究重点实验室"，汪懋华率领的学科被批准成为中国第一个"农业电气化与自动化"

国家级重点学科点。此时的中国农大已成为农业工程学科的主要科学研究与高级专门人才培养基地。

在汪懋华的主持下，精细农业研究中心和重点实验室开展了广泛的国际合作交流，掌握了大批20世纪90年代以来世界各国从事"精细农业"应用研究成果的最新信息。1995年，他开始指导博士生运用图像处理的理论进行苹果品质检测与分级，1996年，又用小波算子优化图像处理算法并成功地应用于奶牛的体型评估，引起国内外同行的高度重视。在原国家计划委员会和北京市政府大力支持下，他与多个单位共同合作建立的"北京小汤山精准农业工程示范农场"，为中国开展对国外引进技术应用消化吸收和国产化技术创新研究提供了试验实践平台。

2008年国际金融危机后期，IBM公司首席执行官彭明盛向奥巴马提出了建设"智慧地球"（Smart Planet）的建议，随即被美国等发达国家列为国家战略。不久"智慧"一词被广泛应用于国民经济社会发展研究的众多领域，智慧城市、智慧能源、智慧交通、智慧医疗、智慧环保、智慧农业应运而生。"智慧农业"是基于复杂的农业管理系统，以促进农业信息化、数字化、精细化，转变农业发展方式，提高土地产出率、资源利用率和劳动生产率为目标。为了让中国从"智慧农业"这样的领域实现技术上的跨越，汪懋华一方面指导研究生进行有关基础性研究工作，另一方面认真研究总结国外实践经验，根据中国国情找准自己的切入点，为推动中国农业科技革命作出实际的贡献。

"我相信我们未来的农学家，一定是从青年时代关注土地，关注农作物，愿意到地里去看，愿意到农村里去看。这些将来成为伟大的农学家、伟大的农业科学家的青年一定是这样的。"86岁高龄的汪懋华在2018全国智慧农业论坛上作了题为《智慧农业创新驱动发展与思考》的报告中以自己的亲身经历告诫青年学子要扎扎实实打基础，要理解自己对国家的责任。现在，汪懋华依然活跃在智慧农业的各个论坛，用他的眼界和智慧为智慧农业呐喊、助威！

三、自古巾帼不让须眉

不知从哪个年代开始，流传下来这样一句话，"学工科的女生是个宝！"

就这样，谷诩白一踏进北京农业机械化学院的大门便开始了传说中的工科女的生活。

她，在 1985 年获得了国家首批发明专利；

她，在 1987 年获得化工部科技进步奖一等奖；

她，在 1989 年获得国家科学技术进步奖。

五年中三次实现了学校零的突破。

有人称她是"女强人"，而她自己则谦逊地说，自己是新中国培养的一名普普通通的女科技工作者。

自古英雄出少年。小时候的谷诩白就显示出超人的才华和天赋，初中时期就以优异成绩考入上海敬业中学高中就读。在这里，她迎来了新中国的诞生，也正是从这所高中，谷诩白考上了北京农业机械化学院。此后，她以优异的成绩被选派去苏联留学。1959 年 7 月，当她拿到了只有 5 种全部功课都是 5 分的学生才能得的优秀毕业证书后，就迫不及待地返回了魂系梦绕的祖国。那年她 24 岁。

1965 年，谷诩白来到通县实习农场，她的任务是指导分成两组的 20 名学生在生产季节到来以前，分别研制出一台播种机、一台碳铵追肥机。设计的路上充满了艰辛，她遇到的困难是巨大的。她和同学们经常通宵开夜车。不断的成功源自她自身立足应用、创新不辍的执着。当毕业设计成果在农场的田地上成功地播下玉米种子、深施下碳铵时，谷诩白与学生们真正感受到了成功的喜悦。

图 7-7　谷诩白主持研制的"搅刀—拨轮式排肥、排种器"
获得中华人民共和国第 1 号专利（1985 年）

改革开放让谷诩白受到了莫大的鼓舞。1985 年，对于中国专利技术来说可谓是重要的一年。当年 4 月 1 日，中华人民共和国专利法开始实施，国家专利局接受专利申请。当天，谷谒白第一个送交了"搅刀—拨轮式排肥、排种器"的专利申请书。1985 年 9 月，谷谒白顺利拿到了国家专利局颁发的专利号为"CN85100820"的证书。这项发明能有效地排施碳酸氢铵等严重吸湿的粉状化肥，而不出现架空与堵塞现象。它解决了 30 年来氮肥在无法采用机械深施的难题，使碳铵肥效提高 80%，尿素肥效提高 30%，在 20 世纪 90 年代全国推广化肥深施技术中起到技术先导作用。1987 年，此项发明获得化学工业部科学技术一等奖，1989 年获国家科技进步奖三等奖。

苏轼在《晁错论》中写道："古之立大事者，不惟有超世之才，亦必有坚韧不拔之志。"在现实生活中，成就大事业的人，不仅仅有超凡卓绝的才华，也一定有坚韧不拔的意志和毅力。汪懋华、谷谒白等一大批农大人坚持实用性和前瞻性，呕心沥血、不辞辛劳，勇担时代重任。如果说以曾德超为代表的老一辈农业工程学者的主战场偏重于农业机械化领域，那么汪懋华带领着全体师生不仅很好地传承着老一辈为民奋斗的奉献精神，更多的是为了适应时代发展需要，不断地完善和建设更广阔的平台，拓展农业工程学科内涵，为中国的农业工程事业贡献了毕生力量。

第三节　让传统耕作模式成为历史

人类历史发展至今，从不耕作到刀耕火种的第一次耕作革命，到传统人畜力耕作的第二次革命，再到传统机械化耕作的第三次耕作革命，完成了农业生产的一次次飞跃。保护性耕作，是耕作技术的第四次革命，将把耕作由单纯改造自然转变为利用自然，实现千百年来人们所追求的，用少的投入获得高产量，同时达到改善土壤、保护环境的理想目标。高焕文、李洪文便是投身这次革命的领头人。

一、大地的福音

进入新世纪，土地沙漠化、沙尘暴等问题长期困扰农业生产。伴随着农业机械化的发展，人们的"动土"能力随着拖拉机马力的增长而增强，保护性耕作的问题很快就成为农业人士积极探索的问题。

1981年，高焕文来到美国，第一次接触到了保护性耕作。当时他看到美国人在坡地上种作物，没有像国内流行的修梯田，感到很奇怪，美国人不怕水土流失吗？询问才知道，原来这叫"免耕法"，是用秸秆覆盖来控制水土流失。后来，他又读到《犁耕者的愚蠢》等专著，才意识到"免耕"不仅是有关农业机械化发展的大事，更是一场耕作体系的变革。20世纪80年代初，回到学校的高焕文建立了适合中国特色的保护性耕作技术体系，研发成功以驱动防堵技术为核心的高防堵性能免耕播种机，解决了大量秸秆覆盖下免耕播种小麦的世界性难题，为中国农业的可持续发展作出了突出的贡献。

1991年，高焕文和他的课题组与山西省农机局等单位合作，开始了保护性耕作田间试验。最艰难是在试验头几年，保护性耕作出苗差，农民看了直摇头，由于缺乏经验、杂草控制不住，播种机不能分施化肥、导致烧苗等问题。但是靠一股坚持精神，课题组克服了一个又一个困难，不断前行。通过连续10年试验，保护性耕作试验地悄悄发生变化，蚯蚓出现了，团粒结构增多了，保护性耕作出苗逐渐赶上传统地出苗，老百姓开始赞扬。农业部领导到试验区视察，看到保护性耕作苗壮的麦苗，腐烂秸秆覆盖下疏松肥沃的土壤，成套的保护性耕作机具，给予了高度评价，并表示要下决心推广这项技术。这项适合中国特色的保护性耕作技术体系，研制成功成套中小型保护性耕作机具，取得了减轻风蚀、水蚀、增加产量、降低成本和培肥地力的良好环境效益与经济效益。由于解决了保护性耕作可行性问题，创新了适应小规模农户的技术与机具，2002年这项科研成果获得国家科技进步奖二等奖。

2000年，保护性耕作由北方一年一熟区进入华北一年两熟地区，由于已有的免耕播种机在高产区大量秸秆覆盖下堵塞严重，不能顺利播种，制约了保护性耕作的推广。高焕文率领团队又开始了新的创新研究。他们以驱动防堵技术为突破口，开发研制成功高防堵性能免耕播种机，不仅防堵能力强，而且播种质量好，出苗率高，产量高，为保护性耕作进入粮食主产区奠定了基础。高焕文在一年两熟地区努力倡导的保护性耕作可持续高产试验，为粮食主产区实现不增加资源消耗、不降低土壤肥力、不污染环境的情况下实现了高产稳产。

2008年，高焕文开始在青岛主持建立"持续高产高效保护性耕作体系"试验区，探索进一步提高产量和资源利用效益的新途径。2010年，青岛市采用新体系的6000亩连片小麦达到亩产559公斤，比传统增产23%，成为全国保护性耕作的一个新亮点。

二、为农民造福的耕耘者

两千年来，"日出而作，日落而息"的耕作模式，一直都是中国农民赖以生存的手段。然而随着时代的发展，一种不耕作或少耕作的保护性耕作模式渐渐地改变了他们的生活。李洪文一直以来都以推广保护性耕作技术为己任。他希望通过先进的耕作模式，让面朝黄土背朝天的传统耕作模式成为历史。

从20世纪90年代起，李洪文就开始在山西、内蒙古、河北北部、辽宁西部的很多农村进行研究。2002年，在得到北京市农业局的支持后，他开始在延庆、昌平、顺义、大兴等区进行相关实验，并提出用保护性耕作来取代传统的翻耕方式。

李洪文率领团队坚持深入农业生产一线，经常奔波于田间与实验室，解决机具设计中的难题；为整理和分析试验数据，经常工作到凌晨两三点，累了就在办公室躺会儿。多年来，他针对国际上长期没有解决的玉米秸秆地免耕播种小麦的难题，大胆创新，率先提出了动力驱动"拨""切""击"茬防止秸秆堵塞机具的方法，实现了一年两熟区由单季向双季全程保护性耕作的跨越。此后，他又提出了整套动力驱动免耕播种机设计方法，在此基础上开发的带状浅旋、条带粉碎、斜置驱动圆盘3类免耕播种机，已在多个企业应用生产。

李洪文长期从事保护性耕作技术研究，解决了一系列技术与装备难题，包括在国际上首次研究成功的免耕播种机驱动防堵技术与装备等，国际土壤耕作组织主席、免耕播种机专家Jeff Tullberg评价这项技术是"开拓性贡献""世界保护性耕作机具的一大发展"。

2019年7月11日上午，中国农业大学国家保护性耕作研究院揭牌仪式

图 7-8　中国农业大学国家保护性耕作研究院揭牌仪式

举行。举全校之力发起成立国家保护性耕作研究院，这对保障国家粮食安全、实现农业可持续发展有着非常现实的重大意义。新时期、新阶段，中国的粮食安全面临着新问题、新挑战的时候，通过保护性耕作的研究，促进学科交叉融合、原创性技术创新，确保耕地的更加可持续利用，为实现国家的粮食安全提供农大智慧，也为世界的粮食安全贡献中国方案。

第四节　驰骋在农业工程的沃土上

随着农业的快速发展，农业工程技术改良与推广日益迫切。中国农大在技术装备和农业装备等领域开展的一系列科学研究，为现代农业发展提供技术、装备支持，为实现国家农业机械化水平跨越式提升作出了突出贡献。许许多多农大师生殚精竭虑，围绕农业机械化、节水灌溉机械、秸秆加工机械、新型检测装备、畜禽环境控制设备等展开了一系列研究，为农业工程事业发展贡献自己的力量。

一、发展节水灌溉机械

我国人均水资源占有量仅为世界平均水平的四分之一，北方 16 个省、自治区、直辖市人均水资源只有 300—400 立方米，西北更少。这些地区十年九旱，农业生产长期处于低而不稳的局面，缺水成为农民脱贫致富的瓶颈。

1996 年，在时任国务院副总理李岚清"创造一个中国式的节水农业道路"的指示下，农业部制定了《行走式节水灌溉机械技术与机具开发试验方案》。在国务院和部领导的支持下，以许一飞为代表的中国农大灌排研究所首先开始了"行走式节水灌溉机"的研制。经过多次改进，完成了行走式节水灌水机、穴播覆膜机、条播条灌机等主要机型。这项技术不仅比以前节水，而且省时省力。以前用毛驴拉水车，10 来人每天播一亩地，现在只要 1—2 个人一天可播十几亩，种、水、肥、铺膜一次完成，而且位置适当。人们看到有的机播麦苗已经出土，整齐而苗壮，显示着机械化农业旺盛的生命力。

1997 年，在内蒙古赤峰市召开的"农业部行走式隆颏机械化技术推广会议"上，中国农业大学灌排研究所所长许一飞成了众人瞩目的大明星。因为他是"行走式节水灌溉机具"课题研制的技术总负责人。许多农机部门的代表都要找他，或询问机具的使用性能，或反映当地示范点的试验效果。

二、秸秆加工机械的更新换代

我国是秸秆资源最为丰富的国家。近年来，农业主产区秸秆大量过剩问题日趋突出，农民就地焚烧秸秆带来的资源浪费和环境污染，引起了全社会的广泛关注，国家和各级政府均将秸秆禁烧视为资源综合利用和环境保护的大事。

秸秆是草食家畜的重要粗饲料来源，而且是实现农牧结合的有效途径。我国秸秆饲用比例约占秸秆总产出量的 30%，其中近一半未经处理直接饲用。未经处理的秸秆不仅营养价值低，而且适口性差，动物的采食量也不高。而机械加工是提高秸秆利用率和饲用率以及实现秸秆粗饲料商品化生产的基础保障和重要手段。

韩鲁佳是农业部农业科研杰出人才及其创新团队、教育部创新团队发展计划负责人，长期从事农业工程领域农业废弃物资源化利用工程方向的科研工作。她先后主持完成省部级及以上各类课题以及国际合作项目等40余项，曾获国家科技进步奖二等奖2项，教育部、农业部科技进步奖一等奖各1项，其他省部级科技成果奖4项，其"9LRZ—80型新型立式秸秆揉切机的研制"获2003年度教育部科学技术奖一等奖。"新型秸秆揉切机系列产品研制与开发"获2005年度国家科技进步奖二等奖，该技术：

——首次研制成功了可变切割速率（<30m/s）、采用先进高速摄影（最高频率可达32000幅/秒）的秸秆物料加工力学特性试验台。

——首创的新型秸秆揉切机，核心技术已获国家实用新型专利授权（ZL97249011.6），拥有自主知识产权。

——成功研发了配备不同动力、具有不同功率的系列产品，完成了5种不同秸秆揉切机的定型设计、性能检测、生产试验及新产品新技术鉴定。

目前，新型秸秆揉切机系列产品的专利技术已转让给全国8个省、自治区、直辖市的12家单位生产，产品已在广西、云南、陕西、甘肃、内蒙古、辽宁、安徽、北京、天津、黑龙江、山西、河南、江苏、山东等20个省、自治区、直辖市生产销售，并出口马来西亚、朝鲜等国家。

三、让生鲜质检只需"扫一扫"

我国是全世界最大的肉品产销国，2016年肉品总产量约8364万吨。随着经济快速增长，人民生活水平显著提高，市场对猪肉、牛肉、羊肉等生鲜肉的需求量不断增加，同时，消费者对生鲜肉的质量安全越来越关注，对品质要求也越来越高。但是，生鲜肉产销链中出现腐败肉、注水肉等劣质肉产品的现象却时有发生，严重危害了广大消费者的健康。传统的生鲜肉品质检测方法主要有两种：一是感官评定法，二是理化分析法，但这两种方法都存在一定局限。感官评定法对评定人员的技术水平和经验有很高的要求，评定结果也很容易受其专业水准的影响，人为误差相对较大。理化分析法虽然准确率大大提高，但也存在耗费时间长、样品采集有局限、检验过程对样品有破坏性、检测结果有滞后性等不足，很容易出现漏检的情况。

为了破解肉品检测长期存在的前处理过程烦琐、测试时间长、在线快速的新鲜肉判定及品质分级困难、严重缺乏智能检测装备等国内外共同关注的技术瓶颈难题，彭彦昆领衔的"生鲜肉品质无损高通量实时光学检测关键技术及应用"项目以主要家畜生鲜肉的食用品质为检测对象，历时 10 年，在国家支持下，开展了无损高通量实时检测新方法、核心关键技术、系列新型检测装备的研究，取得了一系列发明创新成果。无损是指无损伤非接触，检测过程对样品没有破坏，不需要实验前处理；检测速度也大大提高，检测结果即刻知晓。这些，为这一技术在肉类生产加工流水线上的应用奠定了基础，也大大提高了检测效率和准确率。可以说，这项技术实现了三大发明创新：

——揭示了生鲜肉的光散射规律特征及其与品质属性的关系，发明了基于细菌总数的生鲜肉剩余货架期的无损预测方法，实现了可食用新鲜肉的无损快速判定。

——发明了生鲜肉品质无损高通量实时光学检测的特征图谱建模关键技术，建立了定量预测模型及模型库，实现了多品质参数的同时高通量、实时快速、定量检测及精准分级。

——创制了生鲜肉品质参数的无损高通量光学检测的移动式、在线式、便携式等系列装备，实现了生鲜肉食用品质的在线和现场实时检测。移动式检测速度为 0.74 秒 / 检测点、在线式为 1—3 个样品 / 秒、便携式为 3—4 秒 / 样品，检测正确率为 92%—100%，相对误差 ≤ 4%。

有了"生鲜肉品质无损高通量实时光学检测关键技术"，只需手持检测设备对生鲜肉一扫描，立刻就能给出准确的检测结果。2018 年 1 月 8 日，国家科学技术奖励大会在人民大会堂召开。坐在第七排的彭彦昆，近距离见证着习近平总书记等党和国家领导人向获奖代表颁奖。这个光荣的时刻，同样也属于自己——他领衔的"生鲜肉品质无损高通量实时光学检测关键技术及应用"项目，获得 2017 年度国家技术发明奖二等奖。空阔的大礼堂里，李克强总理鼓励科研工作者们继续努力："面向增进民生福祉，开展重大疾病防治、食品安全、污染治理等领域攻关，让人民生活更美好。"

四、丰年留客足鸡豚

2019 年 7 月 10 日，在美国农业与生物工程师学会（ASABE）国际学术年会颁奖典礼上，李保明获得 2019 年度 ASABE 亨利·吉斯建筑与环境奖（Henry Giese Structures & Environment Award），成为该奖项设立 60 年来的首位亚洲获奖学者。亨利·吉斯建筑与环境奖设立于 1959 年，在全球范围内表彰为推进农业建筑与环境领域的科学知识和科技进步作出杰出贡献的科技工作者。

图 7-9　亨利·吉斯建筑与环境奖证书

大会颁奖词是"For his critical leadership role in modernizing livestock industry in China"，以表彰李保明在推进中国设施农业现代化，特别是在畜禽舍建筑设计和环境控制领域取得的突出成就，以及在该领域促进全球学术交流与合作方面的突出贡献。作为农业农村部设施农业工程重点实验室学科群主任以及农业生物环境与能源工程学科的带头人，李保明带领团队积极整合优势资源与力量，开展协同创新与重点科技攻关，形成了畜禽福利化健康养殖工艺与环境控制关键技术装备等创新成果，显著提升了产业服务能力，为推动我国设施农业产业的健康可持续发展提供了关键支撑。

中国强，农业必须强；农业强，装备必须强。2018 年 9 月 25 日至 28 日，中共中央总书记、国家主席、中央军委主席习近平在黑龙江北大荒建三江国家农业科技园区考察时强调："中国现代化离不开农业现代化，农业现代化关键在科技、在人才。要把发展农业科技放在更加突出的位置，大力推进农业机械化、智能化，给农业现代化插上科技的翅膀。"这一重要论述，深刻揭示了科技人才为推进农业机械化和农业现代化提供智力支撑的内在关系。

翻开历史，新中国成立70年，是中国共产党和政府领导人民奋力拼搏，战胜各种困难曲折，探索前进，开拓创新，取得历史性辉煌成就的70年。如果从1955年北京农业机械化学院第一批毕业生跨出校门开始，迄今已有数以万计的农业工程师遍布祖国大地，其中既不乏院士和著名大学的教授，也不乏政府部门的领导，更有农业战线的模范。他们以顽强的毅力和孜孜不倦的治学精神，致力于将自己的知识所学服务农业、改变农村、造福农民，为实现国家农业工程快速发展、农业机械化水平跨越式提升作出了突出贡献。他们正如伴随他们科学生涯的犁铧一般，永远处在作业的最前端，耕耘不息，求索不止。

他们的贡献，将被永远载入中国农业工程的史册！

第八章 基础科学 勇攀高峰

基础科学知识是人类对自然和社会基本规律认识的总和。没有强有力的基础科学知识支持，就不能有效发展前沿科学知识。万丈高楼平地起，人类社会的现代化历程告诉我们，基础研究对工业革命和技术革命产生了巨大推动力，那些创造、储备并高效应用基础科学知识的国家掌握了明显的竞争优势与持久的领先优势。党和国家领导人高度重视基础研究建设。习近平总书记强调：基础研究是整个科学体系的源头，是所有技术问题的总机关，是武器装备发展的原动力，只有重视基础研究，才能永远保持自主创新能力。李克强总理在中国科学院考察时也指出：一个国家基础科学研究的深度和广度，决定着这个国家原始创新的动力和活力。

基础研究是科学探索的基石，是学科发展的动力！需要遵循厚积薄发的规律，具有基础性、体系性、累积性和衍生性等特点，其进展往往难以预测，需要长期积累，不争一朝一夕之功。有着百余年办学历史的中国农业大学，在基础研究的征程上就遵循着这样的特点，发扬"锲而不舍，金石可镂"的积极进取作风，与共和国同向同行，砥砺奋进，永攀高峰，不断开辟基础研究新领域，谱就了浓墨重彩的华章，集中展示了学校在基础研究方面的前沿水平，奠定了我国相关学科在国际上的领先地位，也为解决国家乃至世界经济社会发展中的一些关键科学问题作出了农大特有的贡献。

第一节　探索生命世界的精彩纷呈

静寂的夜晚，皓月当空，当你从圆明园西路经过时，总能见到"中国农业大学生命科学研究中心"这幢醒目的建筑仍在闪耀着通明的灯光，似乎仍在无声解说着"正德厚生，生生不息"的院训。可能就在某个执着坚守的看似普通的夜晚，又有人在探究中，发现了生命过程的某个细微的秘密。探究的过程漫长而枯燥，但倾心研究中的人总能从中获得充实与圆满。追随科学的深邃和生命的活力，这是中国农大的生物研究者们在实验室的无数个漫漫长夜中坚持下去的不竭动力。

作为国内各大院校中最早成立的生物学院，1984 年成立的中国农大生物学院设有植物科学、生物化学与分子生物学、微生物学和免疫学、动物学与动物生理学四个系，具有生物学一级学科博士授权资格。生物学一级学科下的植物学、生物化学、分子生物学、微生物学是原国家重点学科，生物学学科是北京市重点一级学科。"21 世纪是生命科学的世纪"这样的认识在今天也许已经视为平常，但对于一所大学来说，能及时敏锐地把握和捕捉国家的战略需求和学科发展的前沿动态，并在学校的学院机构设置中提前谋划布局，则足见创建者的远见卓识。

20 世纪特别是 40 年代以来，生物学吸收了数学、物理学和化学等的成就，逐渐发展成一门精确的、定量的、深入分子层次的科学。此后，生命科学各领域所取得的巨大进展，特别是分子生物学的突破性成就，使生命科学在自然科学中的位置起了革命性的变化。

20 世纪 80 年代初，国际上基础科学研究广被重视、生命科学领域研究方兴未艾。为适应基础学科发展和生命科学人才培养的需要，娄成后、阎隆飞、韩碧文、米景九、李季伦、杨传任、齐顺章、王福均、李崇慈、裴鑫德、沈蒂生等人反复商议、研讨，力主建议成立生物学院。1984 年12 月 15 日，农学系植物生理生化专业、植保系农业微生物专业、原兽医系动物生理生化专业、原农业物理气象系农业生物物理专业、农学系植物教研组、细胞生物学教研组、分子遗传学教研组、畜牧系动物教研组、原农业物理气象系数学、物理两个教研组以及中心实验室合并成立生物学院。1985 年初，学院开始正式运转，成为当时我国农林高校设立的第一个农业生物（生命科学）学院，也是我国高校中最早组建成立的生物（生命科学）学院。

生物学院成立以来，师生通力合作，在生物学与生命科学研究领域作出了突出的贡献。先后在《Cell》《Nature》《Science》《Mol Cell》《Nat Communications》《Dev Cell》《PNAS》《Plant Cell》等国际高水平学术期刊发表 20 余篇原创性研究论文。2009 年 5 月 2 日，时任中共中央总书记、国家主席、中央军委主席胡锦涛来到中国农大，同广大师生共迎五四青年节。视察期间，胡锦涛总书记来到位于生命科学研究中心的功能基因组平台实验室，认真观看水稻基因表达分析演示和玉米幼穗早期分化扫描照片等，了解农业前沿科研最新进展。当总书记得知他们在这些重大课题研究上已经有了一些进展，十分高兴，祝愿他们取得更多的成果。

一、造就植物生物学领域科研机构的最佳案例

2007 年 1 月，植物学领域基础研究权威性学术刊物《The Plant Cell》第 18 卷第 11 期发表了北大—耶鲁植物分子遗传学及农业生物技术联合中心主任邓兴旺等人的评述性文章。文章介绍了中国农大植物生物学研究的发展源流，并将它与中国科学院上海生命科学研究院、中国科学院遗传与发育生物学研究所、北京大学一并视为中国科研机构在植物生物学领域取得进展的最佳案例。

这一段平实的描述是对中国农业大学植物生物学领域研究的客观真实的评价，追溯这一学科方向几十年的发展历程，一个个鲜活的人物、一段段感人的故事慢慢浮现在我们眼前……

（一）创始与奠基，大师们的高瞻远瞩

中国近代生物学高等教育的早期发展过程是将西方生物学教育体制移植到中国，对其进行消化、吸收和改造，使其适应国情的一个吸收、借鉴和融合的漫长历程。早期留学归国的生物学家在此进程中起了核心作用。他们在欧美经过学习和研究，掌握了先进的科学知识和研究方法，熟悉了

国外生物学教育的组织和制度，归国后即着手在各大学建立生物学系、传授生物学理论与知识、编写中国化的教材、探索适合中国国情的生物学教学模式，成为中国近代生物学高等教育建设的积极推动者。

中国农业大学生物学专业的成长，正是在戴芳澜、汤佩松、俞大绂等海外学成归国的大师们的全心投入和不懈努力下，代代传承，铢积寸累的结果。1984 年，生物学院成立，植物生理生化专业从农学系划拨到生物学院，担任生物化学教研室主任的是阎隆飞。

"这些植物为什么会长蔓、会攀爬？因为它们体内含有肌动蛋白，是会收缩的"。阎先生指着花盆里的绿色植物，慢声细语地讲道。1919 年，阎隆飞在北京出生。1945 年，毕业于西北大学生物系，后考取清华大学。自1950 年起，在中国农业大学历任讲师、副教授、教授、系主任。20 世纪 80年代后，证明花粉、卷须中普遍存在肌动蛋白和肌球蛋白，并证明玉米花粉的肌动蛋白在分子量、氨基酸组成、C 末端、圆二色谱均与脊椎动物骨骼肌肌动蛋白极为相似，并能聚合成肌动蛋白丝。1991 年当选为中国科学院院士（学部委员）。

图 8-1　阎隆飞及其铜像

阎隆飞喜爱大自然中千姿百态的绿色植物，上大学时便毫不犹豫地选择了生物专业。1947 年，他在清华大学读研究生时便发现菠菜叶绿体中存有碳酸酐酶，受到国际学界的重视，被美国宇航局刊物 NASA 所引用。1963年，他又在世界上首先发现了高等植物中存在类似骨骼肌的收缩蛋白，这一新的发现在国际上引起高度的重视，并得到了国外科学家的证实和广泛引用。1988 年，在美国戈登（Gordon）学术会议植物细胞骨架细胞生物学学术讨论会主席帕拉维兹（Palevitz）教授在开幕式中指出，阎隆飞于 1965 年在《中国科学》上发表的《高等植物中的收缩蛋白》是高等植物中存在细胞骨架的首次发现和第一个证据，迄今仍居领先水平。这一发现是国际上高等植物细胞骨架研究的一个里程碑，使中国植物收缩蛋白研究从空白跨入世界先进行列。

20 世纪 80 年代后，阎隆飞进一步研究证明，组成植物细胞骨架微丝的肌动蛋白和肌球蛋白在高等植物中普遍存在，其结构和功能均与动物的肌肉肌动蛋白和肌球蛋白十分相似，揭示出动物、植物的运动具有相同的物质基础；证明了肌动蛋白与肌球蛋白相互作用是细胞质流动和花粉管生长的动力；证明花粉管中的细胞质流动的动力来自微丝，花粉管的顶端生长来源于胞质流动，肌动球蛋白的凝胶化与溶胶化在胞质流动中起着重要作用；植物细胞运动的机理可能与动物的平滑肌相似；细胞器运动是在肌球蛋白的推动下沿肌动蛋白丝进行的。

他还首次提出在植物细胞膜上存在膜骨架系统。他的研究室证明玉米雄性不育花粉中的肌动蛋白含量比可育花粉显著降低；从豌豆卷须克隆得到肌动蛋白基因，构建了肌动蛋白反义基因，获得了基因工程雄性不育小麦植株。1990 年，经农业部批准，在植物生理生化教研室基础上，组建成立北京农业大学"农业部植物生理生化开放实验室"，阎隆飞担任实验室主任。正是这些老一辈科学家的不懈努力，为实验室的发展奠定了坚实的基础，为之后中国农大的新生代科学研究铺展了道路。

（二）继承与发展，新生代的严谨求实

1993 年之后，娄成后的弟子武维华、巩志忠等一批在国外留学归来的学者陆续加入教师队伍，并逐渐成为植物科学、生物化学与分子生物学系新一代科研的骨干力量。

1961 年，武维华跟随家人从山西临汾返回原籍孝义县兑镇。兑镇，这是一个历史悠久的千年古镇，民间流传着"先有兑镇村后有孝义城"的说法。其地理位置非常重要。武维华在这片丰厚的土地上感受到"行孝仗义"传统文化的同时，也触摸到土壤里植物生命的脉动。1972 年，武维华考入兑镇高中，当时尚在"文革"期间。武维华万分珍惜在那样充满诸多变化的年代里有一个稳定的学习机会。1977 年，全国恢复高考。武维华幸运地考上了百年名校山西大学。1982 年本科毕业，他又考入中科院上海植物生理研究所，师从著名植物生理学家娄成后院士。1984 年毕业后随导师回到北京农业大学工作。1988 年，武维华由国家基金委资助赴美进行访问研究。1991 年获美国新泽西州立大学博士学位，再到哈佛大学生物学实验室从事博士后研究。1994 年 9 月，武维华回到北京农业大学生物学院，开始了艰辛的科研工作。

是继续博士后期间的研究，还是根据学科发展前沿结合国家需求从头做起？前者轻车熟路，容易在较短时间内出成果；而后者是一条更为艰难和未知的道路，武维华选择了后者。此后，他几乎每天晚上都是凌晨一点前后才离开实验室和办公室。很多个春节，武维华也是在实验室度过。他似乎成了"山中无甲子，寒尽不知年"的隐士。

从 1996 年开始，武维华带领数名研究生，开始了一项颇有挑战性的工作。植物生长需要钾、磷元素，但

图 8-2 全国两会上的武维华

我国钾、磷资源匮乏。武维华认为改良植物磷钾效率性状是我国农作物生产的重大需求，而研究植物磷钾效率的分子遗传及细胞生理机制又有一系列重要的科学问题。武维华带领研究生着手从事植物磷钾高效及耐盐突变体的筛选工作。针对每一性状，数百万株幼苗培养、观测的实验工作异常辛苦。困难不仅来自实验劳作，还不断来自学生和一些同事的疑惑："是否能筛选到我们希望得到的突变体？"武维华坚信，既然先前的许多研究已

经证明不同基因型植物的钾、磷营养效率显著不同，说明植物营养性状是遗传控制的，那就完全可能通过遗传诱变改变亲本材料的钾、磷营养性状。

果真是"十年磨一剑"！

历时10年，武维华团队最终揭示了调控植物钾营养性状的重要机制，随后又在植物磷高效研究方面获得重要研究结果。2006年6月30日出版的一期《Cell》，在刊登武维华课题组科研成果的同时，还发表了国际同行的评论，他们对此项研究予以高度评价。能够在《细胞》杂志上发表学术论文，是生命科学研究者孜孜以求的目标，是展示大学和科研机构研究实力的重要标志。从某种程度上说，一篇《细胞》论文之于生命科学研究者，大体相当于一枚世界大赛金牌之于运动员。1980年8月，中国科学家曾在《Cell》发表过一篇论文。但此后的1/4世纪，《Cell》上面却迟迟不见中国大陆的第二篇论文。整整25年的空白，成为中国生命科学研究者一个难解的心结。武维华的这篇论文大放异彩，也入选2007年评选的"中国百篇最具影响优秀国际学术论文"。

2005年，巩志忠在《PLANT CELL》发表了学校首篇影响因子为10.679的SCI论文，论文题目为"A DEAD box RNA helicase is essential for mRNA export and important for development and stress responses in Arabidopsis"。第二年6月30日，武维华率领的课题组关于"植物响应低钾胁迫的分子调控"（A Protein Kinase, Interacting with Two Calcineurin B-Like Proteins, Regulates K+ Transporter AKT1 in Arabidopsis）研究成果在国际著名刊物《Cell》上发表。

2006年10月19日出版的《Nature》杂志以主题论文的形式发表了中国农业大学生物学院张大鹏研究小组关于ABA受体ABAR的研究报告，这代表了新生一代优秀的科研成果。

攀登永无止境，匠心代代传承，江山代有才人出，在汤佩松、娄成后等老一辈科学家的引导下，武维华等逐步成长为这一领域的领头人；又在武维华等的指导下，一大批年轻一代成长起来，展示着中国农大新生一代科学研究者在植物研究领域的奉献担当。

二、情怀深重，微生物学与免疫学的卓越与引领

我们呼吸的空气不仅是氮气和氧气，还会弥漫着肉眼根本看不见的细菌、病毒等各类微小生物。这些微生物围绕着我们，总是挥之不去，弄不好就让我们不舒服，甚至失去生命。一些科学家就展开微生物学研究，探讨细菌、放线菌、真菌、病毒、立克次氏体、支原体、衣原体、螺旋体原生动物等各类微小生物生命活动规律和生物学特性，同时开展免疫学研究，探讨生物体对抗原物质免疫应答性及其方法，紧紧保护着我们人类的身体健康。

这两门科学是生命科学的前沿学科，又是紧密联系实际的交叉型应用学科，其理论和实验技术的发展迅猛，成绩斐然。中国农业微生物学与免疫学系由俞大绂创建于1958年，并逐步建成以李季伦院士和陈文新院士为核心的雄厚师资队伍，特色是发掘、研究和利用丰富的微生物资源，为农业生产服务，成为在国内处于领先地位的国家农业微生物学的教学和研究基地，诞生了俞大绂、曾士迈、李季伦、陈文新等多位大师。

（一）"植物医生"护新绿

1926年4月，曾士迈出生于北平市西单横二条一个知识分子家庭。父亲曾权从事土木建筑技术工作，曾任职于北京市文化古迹建筑物整理委员会。1935年，曾士迈进入北京师范大学第二附属小学学习。1938年，他被保送进入师范大学男附中。这两所学校的教学条件好，校风朴实，使他养成了好学上进、敬业乐群的美德。

中小学生活给曾士迈很多求知的乐趣，培养了他强烈的求知欲，更感到了学习的乐趣。当时，他喜欢阅读课外读物，尤其是对科普读物很感兴趣。1942年，在一次物理课上，老师对将要讲到的电视问大家，什么是电视？那时几乎所有人都没见过，也没听说过"电视"二字。因为从书中看过有关电视的科普知识，曾士迈举手回答说，电视是把图像变成无线电波发出去，接受无线电波再把它变回图像的设备。老师非常高兴，鼓励同学们都要看点课外科普读物。中学时，曾士迈还参加了学校组织的"化学工艺"课外活动：照相洗相、制造墨水、研制护肤雪花膏、制造黑色火药等。父亲也十分支持曾士迈参加这项活动，虽然并不宽裕，也给钱让他购买各种材料。课外阅读和课外活动使曾士迈的学校学习生活变得活泼有趣。

1944年，曾士迈考入北京大学农学院，开始学习农艺学。在大学一年级，他在《作物栽培泛论》中读到了"光周期学说"，产生了浓厚的兴趣。抗日战争胜利后，俞大绂、林传光等许多著名的植物病理学家来到学校植物病理系授课，曾士迈便于三年级时转学植物病理。作为当时唯一的一名学生，他得到了多位名师的传授和指点。

　　1948 年，曾士迈毕业留校。从 1958 年到 1964 年，他致力于研究小麦条锈病，跑遍了山东、山西、河北、河南、湖北、四川、陕西、甘肃、青海、宁夏、内蒙古等省区共 80 多个县。通过深入农村开展调查研究、进行田间试验，他先后进行了草莓、烟草、水稻、小麦、蔬菜病害研究，取得了很好的成绩。1960 年，曾士迈从大范围发病情况调查入手，结合气象资料分析，率先提出"小麦条锈病大区流行和流行区系"观点，并参与计划、组织全国性协作研究，和国内同行一道基本查清中国小麦条锈病大区流行特点和规律，为制定该病的总体防治策略提供了科学依据。1962 年，曾士迈发表论文《小麦条锈病春季流行规律的数理分析》，开了定量研究的先河。

图 8-3　曾士迈

1964 年到 1966 年，曾士迈受命去"抗美援越"，在越南南方进行热带作物病害研究和师资培训工作，获得胡志明奖章。1974 年，他又被派往墨西哥进行为期三个月的稻作考察。在国外，曾士迈接触了热带作物病害，不同国家、不同地域自然生物的丰富多彩、病害流行的复杂多样，让他受到了农业和病害生态学的实地启蒙。从此，曾士迈心中逐渐酝酿着病害流行中多种因素相生相克的网络图解，产生了植物病害流行学和比较流行学的萌芽，很多人形象地称他为"植物医生"。

20 世纪 70 年代，已经年过半百的曾士迈开始学电子计算机，自学系统模拟，他在国内率先将系统分析和电算模拟方法引入流行学研究，经过反复摸索，终于研制出国内第一个植物病害流行模拟模型——小麦条锈病春季流行模拟模型（TXLX）。20 世纪 90 年代，曾士迈又研制出小麦条锈病大区流行和品种——小种相互作用计算机模型 PANCRIN。这个在国内外首次亮相的模型，在 1988 年东京第五届国际植物病理学大会上报告引起了重视。在多年研究中，曾士迈带领他的课题组还研制出稻、麦、蔬菜方面多种病害模拟模型，并逐步从单一病害发展为多种病害乃至病虫害的综合模型，以及从时间动态到空间动态，再到损失估计、品种药剂效果和防治决策模型。

1987 年，曾士迈在长期从事植保实践和广泛吸收其他学科知识的基础上，提出"植保系统工程"这一新的学术观点，即应用系统论的原理和方法解决植物保护的认识和管理问题。这一观点的提出，开辟了植物保护研究和科学管理的新局面。在创新理论的基础上，曾士迈努力把这些新的方法运用于植保实践。他和同事们陆续开展损失估计、系统灾变预测、病害预测和防治决策专家系统等多方面研究工作。

（二）毕生倾注微生物

他的研究对象很小，小到只能依靠显微镜去观察；他的研究又很大，大到直接关系着国计民生。他是李季伦，一个一心扑在科学研究上，用燃烧生命的奉献，执着于研究的科学家。

1925 年 3 月 15 日，李季伦出生在河北省乐亭县。中学时，生物学课上老师讲到孟德尔的豌豆杂交试验和遗传定律，年幼的李季伦立即被吸引住了，对生物学产生了浓厚的兴趣。1943 年，李季伦考入了中央

图 8-4　李季伦

大学生物系。1948 年 7 月他从南京中央大学生物系毕业即留校任助教。1950 年李季伦经沈其益介绍调至北京农业大学植物病理学系任教。当时植物病理学系集中了全国植物病理学领域的诸多大师，如戴芳澜、俞大绂、沈其益、林传光、曾士迈、裘维蕃和周家炽等教授，由于李季伦在大学时主修植物生理学，对植物病理学了解不多，当即向他们学习，协助刘仪和曾士迈带植物病理学的实验，并分别协助姜广正和蔡润生带真菌学和细菌学实验。

　　1958 年"大跃进"期间，北京农大下放农村办学，只留下部分师生在校办工厂。李季伦和俞大绂先生等被留校研制赤霉素。赤霉素是水稻恶苗病源真菌的次生代谢产物，当时是一种新型的植物生长素，国际上只有少数厂家（美、英各一家）能生产。他们在学校的大力支持下，从全国各地稻田的恶苗病株中分离出这种真菌，进行筛选诱变获得一株不生孢子和色素的高产优良菌株，并建立了简易的生产车间，开始生产赤霉素（GA3）结晶，这项技术填补了我国在这个项目上的空白。产品在 1958 年莱比锡博览会上展出，震惊了国外厂商，为祖国争了光。此后在全国掀起赤霉素的研究高潮，赤霉素在我国农业生产中被广泛应用，成为我国杂交水稻制种不可缺少的增产手段。1959 年李季伦协助俞大绂先生等成立了微生物学专业，从此转入了微生物学领域的教学与研究，逐步成长为一个利用微生物为农牧业生产服务的微生物学家。

1980 年，他受农业部派遣到 Burris 实验室从事固氮酶的生化研究。早在 20 年前，李季伦就想从事固氮酶催化机制的研究，当时苦于国内没有条件，无法进行，已过半百之年的他格外珍惜这次机会，夜以继日地工作，两年内完成了别人需要五年才能完成的工作，证实 HD 形成是固氮酶催化的一个特性，而且是绝对依赖 N_2 的，否定了有不依赖 N_2 形成 HD 的论点，并支持 N_2H_2 是固氮过程中一个中间产物的假说，受到国际同行的关注。

在研究固氮酶催化的机制方面，李季伦 1993 年提出固氮酶可催化双位点放 H_2 的模式，目前已通过实验得到进一步验证，并提出固氮酶活性中心金属原子簇中的 Mo 原子是主要的放 H_2 位点，而 Fe_2 和 Fe_5 是 N_2 络合和还原的位点的假说，有待进一步验证。在固氮螺菌的分子遗传学研究中，李季伦建立了我国玉米固氮螺菌 Yu_{62} 菌株的基因文库，构建了节约玉米氮肥 20% 的耐铵固氮基因工程菌株。同时还深入研究了该菌的固氮调控机制，提出只有被尿苷酰化的 NifA（NifA-UMP）才可启动固氮酶基因表达的假说。

1985 年和 1994 年，李季伦等又分别成功研制出了用于防治鸡球虫病的高效低毒多醚类抗生素——莫能菌素和马杜霉素，经国家有关部门批准，这两个产品均在国内生产和销售，打破了美国公司对产品的垄断，解决了我国养鸡业中的一大难题。1986 年，他完成了克山病病因的研究，首次提出由胶孢镰刀菌所产生的串珠镰刀菌素是克山病的主要致病因子，为防治克山病提供了依据，引起医学界的关注。

阿维菌素是由阿维链霉菌产生的一组广谱、高效、低毒的大环内酯类农用杀虫抗生素，几乎可以杀灭所有与农业有关的害虫。伊维菌素是阿维菌素 B_1 的双氢还原产物，由于毒性更低，此产品主要作为针剂使用，用于杀灭畜禽的各种体内外寄生虫和治疗人体盘尾丝虫病。阿维菌素和伊维菌素被称作近代超级抗生素，最早由美国 Merk 公司开发成功并垄断了国际市场。

李季伦等从 1986 年起开始了阿维菌素的研制工作，该研究一直被列为国家的科技攻关项目，经过"七五""八五""九五"和"十五"的连续攻关，他完成了从菌种选育到工业化生产及作为农用杀虫剂的研究工作，使阿维菌素在国内实现了产业化，且价廉质优，Merk 公司产品由此退出了中国市场。近几年他领导课题组又开展了应用基因工程技术改造阿维链霉菌的研究，构建了不产寡霉素仅产阿维菌素 B 组分的基因工程菌；通过新兴的组合生物合成手段成功构建了产伊维菌素的基因工程菌，为发酵法合成伊维菌素提供了可能。有关阿维菌素的研究于 2006 年获得了国家科技进步奖二等奖。

（三）踏遍青山人未老

1926 年 9 月 23 日，陈文新出生在湖南浏阳镇头镇炭坡。其父陈昌是中国共产党早期湖南学运和工运的领导者之一，曾参加北伐战争、南昌起义，也是毛泽东当年在湖南第一师范求学时的同窗挚友。1930 年初，陈昌惨遭反动派杀害。从此，母亲毛秉琴一人艰苦求生，抚养姐妹三人。早早识得人间艰辛的陈文新白天跟着在小学教书的大姐上学，晚上则伴着妈妈的纺车借着微弱的灯光学习。抗战胜利后，陈文新高中毕业回到家乡教了两年小学，她把工资积攒起来，于 1948 年考入武汉大学。进入武大，第一堂课上的是著名植物生理学家石声汉讲授的《植物生理学》，"石老师在黑板上画了一株有根、茎、叶和花的向日葵，画得很漂亮，给同学们仔细地讲植物的生理过程。"这堂课陈文新至今还记忆犹新。在这所学术殿堂，陈文新开始了自己新的求学之路。

1949 年 9 月，农业化学系更名为土壤农业化学系，这让对土壤研究产生浓厚兴趣的陈文新如愿以偿。回忆那段如饥似渴的求学时光，陈文新依然印象深刻，"图书馆藏书丰富，环境幽静，真是个进德修业的好地方。我感到很新鲜，每天学习很紧张，但很有兴趣。"1951 年 4 月，正在武汉大学读书的陈文新为母亲代笔，给毛主席写了封信，在信中她向毛主席汇报了自己上学的情况。5 月初的一个早晨，她收到毛主席的亲笔回信："希望你们姊妹们努力学习或工作，继承你父亲的遗志，为人民国家建设服务。"

这年七一前夕，在北京华北农科所（现中国农业科学院）实习的陈文新受邀到毛主席家做客。毛主席说："你父亲为人民而牺牲，要学习你父亲的精神"，并为她写下了"努力学习"四个字。陈文新暗下决心牢记毛主席的教导，为人民和国家服务。

1954 年，正在北京留苏研究生预备班学习的陈文新再次被邀请到毛主席家做客。这次，毛主席和她进行了一次深入的谈话，主题是农业生产。毛主席

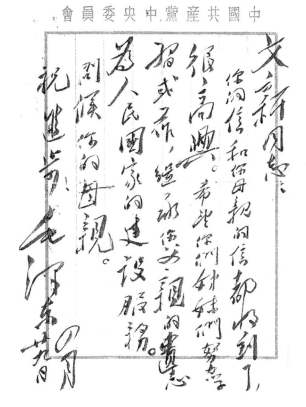

图 8-5　1951 年，毛泽东给陈文新的来信

问了很多问题，从土壤结构、培肥地力、土壤的矿物质成分，到植物营养吸收和中南地区的土壤改良等，还询问全国学习土壤学的人数，并语重心长地说："要增产，不研究土壤怎么行呢？应该有更多的人学农。"当谈到土壤改良时，陈文新谈了从书本上学到的有关苏联草田轮作制的原理和做法。毛主席说："我们农民才几亩地，都拿去种草，吃什么呀？我们又没有什么畜牧业，种的草拿去干什么？"陈文新为自己脱离实际之谈感到很愧疚，而毛主席简单的提问让她懂得了脱离中国国情照搬苏联的方式是行不通的。

这次谈话不久，陈文新便前往苏联，进入季米里亚捷夫农学院学习土壤微生物学，成为当时年轻的土壤微生物学家费德罗夫博士的第一名中国研究生。费德罗夫导师给陈文新定的毕业论文课题是"有芽孢和无芽孢的

氨化细菌生理特性的比较研究"，研究这两类菌不同的生理特性和它们对分解蛋白质的功能差异。经过 3 年的坚持研究和大量的实验，陈文新在论文中对土壤里两类细菌和各种有机物质作用的特点和差异，对材料分解的速度、产氨量等进行了全面阐述。同时，她还研究了这些细菌对无机盐、含氮化合物在土壤里如何转化，也清楚了两类细菌转化氮的方法。1958 年岁末，陈文新的论文顺利通过答辩，获得副博士学位。

1959 年，陈文新学成回国后，进入北京农业大学从事教学和农业科研工作。不料这一时期无休止的政治运动阻断了科研工作。1973 年恢复工作，陈文新选择了根瘤菌的研究。根瘤菌是一类共生固氮细菌的总称，这类细菌在许多豆科植物的根或茎上形成根瘤并固定空气中的氮气供植物营养，这种高效、节能、环保的微生物能够为农田生态系统提供其所需的 80% 的氮，并在极大程度上改良土壤结构。自从 19 世纪发现根瘤菌的固氮作用以来，人类对它已进行了 100 多年的研究，但人们对这类资源依然没有完全认识和了解。

从此，陈文新带领学生并组织同行 100 多人，开始了在中国的土地上进行豆科植物根瘤情况的调查和采集工作。30 多年来，陈文新科研团队对 32 个省份，700 个县市，不同生态条件下的各种豆科植物结瘤情况进行挖掘调查，采集植物根瘤标本 1 万多份，其中 300 多种植物结瘤情况未见记载；分离、纯化并回接原寄主结瘤确认后，入库保藏根瘤菌 12000 株；通过对 7000 株菌的 100 多项表型性状分析，发现了一批耐酸、耐碱、耐盐、耐高温或低温下生长的抗逆性强的珍贵根瘤菌种质资源。

在全国根瘤菌调查的基础上，陈文新建立了国际上最大的根瘤菌资源库和数据库，菌株数量和所属寄主植物种类居世界首位（此前国际公认最大的美国 USDA 菌库存量为 4016 株）。与此同时，她还率先在我国建立具有世界先进水平的细菌分子分类实验室，这是目前国际上两个最主要的根瘤菌分类实验室之一。

1988 年，经过 8 年枯燥、烦琐的重复性实验，陈文新发现了第一个新属——当时世界已知的第四个根瘤菌属"中华根瘤菌"，这是第一个由中国学者发现并命名的根瘤菌属。此后，陈文新率领课题组在对 2000 株根瘤菌进行多相分类研究后，又相继描述并发表了另一个新属——"中慢生根瘤菌"和 15 个新种，占 1984 年以来国际上所发表根瘤菌属的 1/2、种的 1/3。

陈文新一手创立的"中国农大根瘤菌研究中心"成为我国现代根瘤菌分类学的开拓者，一度引领国际根瘤菌分类的潮流。陈文新在祖国丰富的自然资源中挖宝探秘，最终使我国的根瘤菌分类研究进入了世界先进行列。30 多年枯燥的研究，陈文新团队获得了对根瘤菌——豆科植物的共生关系的新认识，修正了国际上的一些传统观点，将根瘤菌做出大学问。

回顾自己的研究历程，陈文新感悟颇深："对自然现象的研究必须从大量的资源入手，先获得它最基础的信息，结合其生态环境，多方分析，逐步深入，最终才能对它有本质的认识，才能有更多理论和技术的创新。"付出总有回报。2001 年，陈文新主持的"中国豆科植物根瘤菌资源多样性、分类和系统发育"课题荣获国家自然科学奖二等奖。2009 年，她被授予新中国成立 60 周年"三农模范人物"。

三、舍我其谁，动物生物学的国际先进水平

1999 年 4 月，时任国务院总理朱镕基访问加拿大期间，作为中加友好的象征，加拿大政府将一头中文译名为"龙"的优良种公牛赠送给朱镕基。第二年，一头近两岁的荷斯坦种公牛运抵中国，朱镕基当时指示由中国农业大学进行研究。

接到任务后，研究人员立即着手对顶级荷斯坦种公牛的体细胞克隆技术进行着系统的研究与试验。在当时，体细胞克隆技术在国内还是一片空白，在国际上也鲜有成功的案例。在中国农大西区的"科研楼"里，夜深了，那里的灯光依然灯火通明。科研人员正在这里挑灯夜战，睡在办公室成了家常便饭。2003 年 2 月，研究人员在北京奶牛中心延庆基地采集了包括"龙"在内的多头顶级种公牛的外耳皮肤组织样本并分离出皮肤纤维细胞，进行克隆。试验共培育囊胚 65 枚，其中 34 枚被移植到 15 头鲁西黄牛受体子宫。共有 9 头牛妊娠，其中 5 头牛妊娠期超过了 7 个月，4 头牛分娩共生出 5 头克隆小公牛。第二年 3 月 11 日，种公牛"龙"的第一个克隆个体顺利降生，该克隆牛出生时体重 36 公斤；3 月 17 日，"龙"的第二头克隆个体顺利降生。随后的半年时间里，经过教育部组织的科技成果鉴定，鉴

定委员会专家一致认为顶级荷斯坦种公牛体细胞克隆生产技术的总体效率已经达到国际前沿水平。对于世界顶级种公牛"龙"的克隆成功，很少题词的朱镕基在2004年5月1日，欣然为两头克隆体命名为"大隆"和"二隆"。朱镕基在题词中说，"所提'大龙、小龙'，易与人名混淆，'牛大郎、牛二郎'又似日本名，其他方案稍嫌繁复。可否以'大隆、二隆'命名，取'克隆、兴隆'之意。"

中国农业大学动物生物学科是我国高等院校中最早成立的动物生物学学科之一，其源头来自兽医学科。1949年10月9日，由熊大仕创建的北京农业大学兽医系正式诞生。当时兽医系仅有兽医专业。1959年，根据学科发展的需要，学校添设了动物生理生化专业，由此拉开了动物生物学基础研究的大幕。1984年，学校组建生物学院，兽医系的动物生理生化专业并入到生物学院。在近几十年的发展历程中，陈永福指导和组织生产出快速生长的转基因猪和乳腺表达外源性基因的绵羊，开拓了动物乳腺生物反应器的研究；李宁成功地培育了首例转有人 α 抗胰蛋白酶基因的转基因羊，标志着中国转基因动物技术跻身国际先进水平。

（一）解开生殖生物学的未解之谜

"阴阳相和，化生万物，万物生生不息"，人类生命繁衍是产生一切文明的前提。而卵母细胞成熟的机制一直是生殖生物学研究的重点。什么原因抑制了卵母细胞的成熟，一直是一个未解之谜。

1991年，夏国良被公派到丹麦国家教学研究医院生殖生物学实验室从事博士后科研工作，师从国际著名胚胎学家、有着丹麦"试管婴儿之母"美誉的 Byskov 教授。1995年6月，夏国良在国际顶尖学术杂志《Nature》发表了论文《细胞成熟促进物质的提取和鉴定》。

2010年10月15日，由中国农大农业生物技术国家重点实验室夏国良课题组和美国 Jackson 研究所 John Eppig 教授课题组合作研究成果率先证实：卵泡中的颗粒细胞表达 C- 型钠肽而卵丘细胞表达其受体 NPR2 是控制卵母细胞成熟的重要因子。这一成果由中国农大农业生物技术国家重点实验室张美佳以第一作者发表在《Science》杂志上。现代生物技术在动物繁殖领域及人类辅助生殖的应用中，成熟卵母细胞的质量至关重要。以往研究发现，正常卵巢卵泡中的卵母细胞一直停滞于减数分裂的前期，不能成熟，只有在促性腺激素周期性排卵前峰的作用下才能成熟和排卵。

卵母细胞成熟的分子机理是什么？一个多世纪以来，科学家在这方面进行了大量的研究，但始终是未解之谜。虽然 20 世纪 60 年代国外就有科学家提出卵巢中分泌一种抑制卵母细胞成熟的物质，但一直没有得到证实。夏国良课题组和 John Eppig 教授课题组合作，利用自发突变小鼠模型开展研究。他们发现，卵泡中的颗粒细胞分泌 C- 型钠肽，该物质通过其受体 NPR2 产生 cGMP 阻止卵母细胞内 cAMP 的降解，从而抑制了卵母细胞的成熟。只有当周期性促性腺激素峰出现时下调了 C- 型钠肽的分泌，才能解除其对卵母细胞成熟的抑制，进而引起卵母细胞的成熟和排卵。他们的研究结果证实，C- 型钠肽及其受体 NPR2 缺失将导致卵泡中卵母细胞的提前成熟。这一研究以 "Granulosa Cell Ligand NPPC and Its Receptor NPR2 Maintain Meiotic Arrest in Mouse Oocytes" 为题，发表在 2015 年的《Science》杂志上。这一研究为揭示卵母细胞成熟的分子机制提供了重要的理论依据，对于揭示促性腺激素精确调控卵母细胞成熟与排卵的同步化，以及雌性的正常受精等机理具有重要的生物学意义。

（二）跻身转基因动物技术世界水平的研究

2008 年 10 月，在经过长达 7 年攻关以后，李宁课题组成功培育出一批人乳铁蛋白转基因奶牛，将我国转基因奶牛新品种培育和动物生物反应器技术带到了国际先进水平，为国家转基因生物新品种培育重大专项奠定了坚实基础。美国权威杂志《PLoS ONE》上发表了他们的最新研究成果。

中国是一个人口大国，每年婴儿出生人口非常多，但很多母亲无法进行母乳喂养，只能依靠牛奶喂养。目前国家倡导生育二孩，奶粉的需求量更大。但长期以来困扰科学家的一个问题是：通常意义上的牛奶不能为婴儿提供建立免疫体系的功能成分，也不具备供给婴儿中枢神经（大脑）发育的营养成分，这使得牛奶为人类所用的价值大打折扣。为了能给这些需要喂养奶粉的婴儿提供可靠的营养，李宁课题组通过转基因技术，将人乳铁蛋白等基因导入奶牛细胞或胚胎，继而培育转基因奶牛，而人乳铁蛋白等蛋白会出现在这些转基因奶牛的牛奶中。人乳铁蛋白原本是人类母乳中的天然蛋白，具有补铁、抗菌、抗癌、提高机体免疫力等重要功能，是婴幼儿生长发育不可或缺的功能成分。经检测，课题组培育的首批人乳铁蛋白转基因奶牛中总蛋白含量提高了 10% 以上，含有人乳成分已达到 45%。结果表明，其中重组人乳铁蛋白含量为国际最好水平，并具有天然蛋白相同的转运铁、抗菌等生物活性。在此之前，由于人乳铁蛋白主要存在于人类母乳中，来源非常有限。课题组的研究为实现人乳铁蛋白的大规模生产提供可能，这也将使我国生物制药技术突进到新的重要领域。

自世界首例转基因动物生物反应器生产的重组蛋白新药 2006 年 8 月获准上市以来，仅有美国、英国、荷兰等极少数发达国家掌握该项技术，课题组的科研创新，将我国转基因奶牛新品种培育和动物生物反应器技术带到了国际先进水平。同时，课题组已经在北京转基因奶牛养殖基地培育出一批携带人乳铁蛋白基因的转基因种公牛，试图通过人工授精等技术进行转基因奶牛繁育。

2014 年，中国工程院院刊农业学部分刊（《Frontiers of Agricultural Science and Engineering》）的创刊号以封面文章形式发表了中国农业大学动物科技学院连正兴、刘国世和生物学院赵要风、李宁的又一项新合作研究成果 "One-step generation of myostatin gene knockout sheep via the CRISPR/Cas9 system"。该项研究利用 CRISP/CAS9 以及靶向 RNA 直接显微注射受精卵，成功获得了肌肉生长抑制素基因（MSTN）敲除的绵羊，这标志着中国农业大学在大型家养动物基因组编辑领域取得重要进展。

（三）生物医药领域研究的重大突破

炎症性肠病（IBD）是一类发病机制尚不清楚的慢性肠道炎症性疾病，包括溃疡性结肠炎和克罗恩病。其临床表现为腹痛、腹泻和黏液脓血便等症状。近年来，其发病率在我国迅速增长，2015 年时我国患病人数已达到 35 万，近十年患者人数增长 24 倍。由于缺乏有效的治疗药物，IBD成为不可治愈的疾病。随着病情的发展可以引起肠道致残性改变，包括肠穿孔、肠梗阻和肠癌等，严重影响病人的生活质量，让人痛不欲生。因此，揭示炎症性肠病的发病机制和研发新的药物治疗策略具有重要的科学价值。

2019 年 2 月 16 日《Gastroenterology》杂志在线发表了中国农业大学于政权课题组最新研究成果。该课题组在炎症性肠病调控机制和小 RNA

靶向纳米药物研发方面取得重要进展，首次发现了炎症信号在结肠炎中可以激活肠上皮细胞的"自我修复"机制，即受炎症信号诱导的一种短核苷酸片段 microRNA—miR-31 负反馈地抑制上皮细胞炎症反应，同时促进上皮再生。

于政权的研究成果首次阐明了炎症信号激活肠上皮细胞的"自身修复"机制，他们发现炎症信号可以在肠上皮细胞中诱导一个小非编码 RNA—miR-31 的高表达。在炎症性肠病病人中，miR-31 的表达水平与病情的严重程度成正相关。升高的 miR-31 则通过抑制炎症因子受体或信号蛋白负反馈性地抑制炎症反应，同时激活 WNT 和抑制 Hippo 信号通路来促进肠上皮的再生修复过程。研究成果表明：miR-31 是介导炎症信号激活肠上皮修复的重要因子，具有协同性地抑制炎症和促进肠上皮再生的功能。这预示着miR-31 是防治 IBD 的重要基因靶点。同时，该课题组制备了具有黏液层黏附和缓释特征的 miR-31 模拟物纳米 - 微球体药物，通过直肠给药的方式，这种微球体药物在动物结肠炎模型上可以高效地将 miR-31 模拟物递送到炎症反应部位，并有效地预防或者治疗结肠炎。这表明 miR-31 模拟物纳米 - 微球体药物具有靶向治疗 IBD 的潜力。

早在 2011 年，于政权针对 Musashi 蛋白家族在乳腺、皮肤及肠道中的功能进行了系统研究并取得了系列突破。2014 年底，课题组研究发现 Musashi 蛋白在乳腺癌的癌细胞转移过程中发挥重要功能，该成果发表在 12 月 15 日 eLife 杂志上。2015 年，《自然通讯》（*Nature Communications*）杂志在线发表了于政权课题组与宾夕法尼亚大学兽医学院助理教授 Christopher Lengner 课题组的合作研究成果，该成果发现了诱发结肠癌的一个新元凶，一种称为 MSI2 的蛋白质。

结肠癌是常见的消化道恶性肿瘤，在世界范围内是致死率较高的癌症之一。尽管科学家们对推动并促成这种疾病的遗传突变有了越来越多的认识，但是死亡率仍然呈增长势头。于政权等研究人员发现，RNA 结合蛋白 Musashi 2（简称 MSI2）在血液肿瘤中高度活跃，过度表达可以将正常小肠上皮细胞转化为癌细胞，从而诱发肿瘤。这揭示了结肠癌发生的新机制，为结直肠癌的干预治疗提供了新靶点，并增强了人们对于癌症发生、发展复杂性的认识。

学术界早期研究发现，80% 的结肠癌都与一个重要的抑癌基因 APC 突变相关。传统上也一直认为 APC 基因突变是通过激活 Wnt/ β –catenin 信号通路，促进干细胞快速增殖从而诱发结肠癌的发生。于政权研究小组在大规模分析结肠癌组织转录本时，发现 MSI2 的过度表达是结肠癌肿瘤的一个共同特点。然后，他们使用动物模型来探究 MSI2 在整个生物体中的表现，发现过表达 MSI2 会激活干细胞的增殖和阻断细胞的分化，可以完全模拟 APC 突变引起的结肠癌发生过程。进一步研究表明，MSI2 通过抑制抑癌基因 Pten，激活一个称为 mTORC1 的信号通路发挥作用。mTORC1 信号通路的激活可以加快细胞的能量代谢，获得新细胞分裂所需的能量和材料。这一研究发现，打破了传统认为 Wnt/ β –catenin 信号通路是介导 APC 突变引起结肠癌发生唯一途径的观点。

2017 年 10 月，《Nature Communications》再次在线发表于政权课题组最新研究成果，课题组研究发现一个进化高度保守的短链非编码 RNA（microRNA——miR–31），该基因是乳腺发育和乳腺癌细胞增殖与转移过程中的重要调控因子。这一发现为 microRNA 作为乳腺癌治疗的靶标提供了新的思路，显示出于政权研究团队在这一研究中的国际领先地位。

第二节　探索化学的奥秘

数学是物理的基础，物理和数学同时是化学的基础，从一定意义上说，化学是基础科学中承上启下的中心科学。化学与农业的关系更是密不可分，化学的触角已经渗透到农业科学的各个分支。在现代农业领域，我们利用化学方法生产农药、化肥，提高农作物的产量；根据土壤的酸碱性，选择适合的农作物种植；利用化学方法，改良土壤；等等。但化学农业在为人类提供粮食等大量食物的同时，也因为残留在人类食物链条中的农药、兽药、有害化学品、重金属、亚硝酸给我们的健康和生命带来威胁。

如何解决两者之间的矛盾？食品中的农药等有害物质的含量到底有

多少？化学品进入生物体后如何分布并代谢成了什么？怎样才能提高农药、兽药、化肥的功效，而同时降低其副作用？在疾病遗传过程中发挥关键作用的蛋白质有着什么样的化学结构？不同疾病会导致患者体液中的氨基酸发生怎样的改变？这些问题相辅相成，互相牵制，始终困扰着我们。为了解决这些问题，农业化学学科在中国农大这所具有鲜明农业和生命科学特色的中国农业大学率先成立，并一直引领着国内相关学科的发展。

一、农药学领域的世代坚守

随着全球环境意识加强，如何控制和消除化学农药的危害已成为各国政府关注的热门话题。实际上，所有的防治技术本无好坏之分，只有使用是否合理的差别。农药也是如此。化学农药本身并不是坏东西，错的是人类的错误滥用。曾几何时，化学农药被奉为万能的"神药"，甚至很多人将害虫防治与喷洒化学农药画了等号。现在化学农药的诸多缺陷被逐步地曝光、渲染和扩大。事实上，化学防治无论目前，还是长远的将来，在大多数情况下，仍然是害虫防治不可或缺的重要手段。从发展看，化学农药的一些副作用可以通过研究改进施用技术和生产更加有效的专一性化学农药来避免或减轻。

（一）农药科学研究史上的丰碑

我国是最早应用杀虫剂、杀菌剂防治植物病虫害的国家之一，早在1800年前就已学会应用了汞剂、砷剂和藜芦等。直到20世纪40年代初，植物性农药和无机农药仍是防治病害虫的有力武器。20世纪40年代发明有机化学农药之后，极大地增强了人类控制病虫危害的能力，为我们挽回农作物产量损失作出了重大的贡献。但是，长期依赖和大量使用有机合成化学农药，已经带来了众所周知的环境污染、生态平衡破坏和食品安全等一系列问题，对推动农业经济实现持续发展带来许多不利的影响。早在新中国成立之初，中国农药科学研究领域备受尊敬的人物黄瑞纶就指出"我国地广人稠，杀虫剂的用量是难以估计的，应立足于国内的自然资源，不能完全依赖刚刚开始的有机合成农药"。他为此开创了中国农药科学，开启了中国植物性杀虫剂的化学研究。胡秉方、周长海、韩喜莱、尚鹤言、陈万义、陈馥衡、钱传范、江树人等人在黄瑞纶之后进一步推动了农药专业的发展。

1916年12月5日，胡秉方出生于江苏省常熟县。父亲是一家文具店店员，母亲为农村妇女。他在初中毕业后选择考入省立苏州中学化工科，毕业后被推荐到南开大学应用化学研究所当实验员。全面抗战爆发后，他随校迁往昆明，于1940年毕业于任重庆中央大学化学系助教。1944年，他赴英国里兹（Leeds）大学化学系留学，在查伦吉（Challenger）教授和伯顿（Burton）教授的指导下攻读博士学位。1948年底，获得博士学位。新中国成立后，任教于新成立的北京农业大学，开展有机磷化学、农药合成的研究。

自1951年起，胡秉方陆续地进行了关于有机磷、硫、氟等元素有机化合物的基础性理论的研究，包括新类型化合物的合成方法、化学结构与化学性质以及它们的生物活性的研究。其中第一件事是Schiemann反应的改进。利用Schiemann反应是制取芳香族氟化合物的经典方法，但它有一个严重的缺点，即当芳香环上存在硝基、羧基时，其氟硼酸盐在受热分解时，分解猛烈，产物收率往往很低，有时是爆炸性分解，以致一无所得。胡秉方与叶秀林等改用氟硼酸亚铜盐、铜粉，或活性炭作为分解时的催化剂，在溶剂中，室温时分解，反应可以平稳地进行，收率明显提高。后来，匈牙利的福多（Fodor）院士在来信中肯定了这个改进方法的意义。

20世纪50年代，周长海参加有机汞杀菌剂及利用六六六无毒异构体制取粮食熏蒸剂氯化苦的研究，为氯化苦的生产提供了一条新的、化废为宝的生产路线，受到各方面的好评。60年代，他主持除草剂敌稗和杀虫剂三硫磷的开发工作，并迅速在国内投产，在农业生产上发挥了重要作用。80年以后，他致力于拟除虫菊酯的化学、手性催化剂及不对称合成研究，取得了很好的效果。

20世纪80年代，韩熹莱主持了国家计委"六五""七五"科技攻关课题，在菜青虫的抗药性研究中，明确了成虫交尾产卵适宜的光照和温度，自行设计成功菜粉蝶交尾产卵设备；通过共毒系数测定、室内模拟抗性培育以及生理生化机理等方面研究，理论上解释了复配制剂对抗性的延缓。在这一系统研究中，他开拓出一套层层深入的研究延缓抗性的方法，促进了中国害虫抗性研究的深入发展。

1953年毕业于北京农业大学土壤农业化学系的尚鹤言在工作岗位上忘我奉献50余载。先后发明"东方红–18型背负式机动植保机的低容量喷雾技术和超低容量喷雾技术""手动喷雾器低容量喷雾技术""静电超低容量喷雾技术""油雾施药技术""绳索涂抹施药技术""防治蚊蝇的滞留喷雾施药技术"等技术；与此同时，还有"地面超低容量农药油剂""速灭菊酯等两种通用油剂""氯氰菊酯等四种静电喷雾油剂""灭蝇灵和百虫灵防治卫生害虫制剂"等农药试剂。他的成果推广应用后，取得显著社会和经济效益，仅手动喷雾器低容量喷雾技术在1983年至1984年产生5亿元以上的经济效益。

此外，陈万义借鉴药剂在植物中的内吸特性，研究控制皮下蝇的药剂中，筛选到对蚕寄生蝇防效极佳的蝇毒磷，这是利用内吸药剂将寄生虫杀死于益虫体内的首例。陈馥衡长期从事新型含杂环拟除虫菊酯类杀虫剂及含杂环除草剂等有机农药的合成化学研究，多次获得校、市、部及国家三委一部（国家经委、科委、教委、财政部）的奖励。钱传范制定了多项国家和行业标准，主编的《农药分析》和《农药残留分析原理与方法》教材在各农业院校普遍使用。江树人长期从事农药环境毒理和农药植物药理方面的教学和科研工作，曾获得国家级教学成果一等奖、农业部科技进步奖一等奖、国家科技进步奖二等奖、化工部科技进步奖二等奖、国家技术监督局科技进步奖一等奖、中国农科院科技进步奖二等奖等奖励。

（二）守护农药环境安全

从根本上说，农药的问题是一个发展的问题，不同阶段都有不同的目标，做科研要与时代同步。当前，我们正处于一个化学农药如何从高效到绿色生态跨越的关键时期。为此，中国农大长时间以来形成的多个高水平研究团队，默默奋战在科研一线，以生态环境安全为出发点，创制绿色农药、研究农药合理使用技术原理，从而制定农药安全使用技术标准及农产品安全生产与检测技术标准，提高农药污染的宏观调控能力，使农药与生态环境相容，为农业可持续发展提供有力的技术支撑，为实施国家战略奉献力量。

世界粮食产量因病、虫、草、害损失的估计数据表明：如不使用农药，人均粮食产量将损失 1/3。农药创制与合成团队长期以来致力于发现高效低毒低残留的新农药品种。新型杀菌剂丁吡吗啉原药及其 20% 悬浮剂于 2018 年 6 月获得了国家农药正式登记认证，这标志着第一个由中国农业大学研制的具有我国完全自主知识产权的新药品种正式进入了农业生产应用领域，该产品具有影响病原菌细胞壁合成物质极性分布和影响其能量合成的双重机理，抗性风险较低，是首次发现的具有抑制线粒体呼吸链复合物 III 功能的 CAA 类杀菌剂，具有不同于已知复合物 III 抑制剂的新的作用位点，对于新复合物 III 抑制剂类杀菌剂的开发具有重要意义。团队还创制了具有我国自主知识产权的新型杀虫剂戊吡虫胍，对各类蚜虫、飞虱、木虱、叶蝉等农业害虫具有优异的防治效果，并已获得我国农药品种临时登记。该产品不仅可作用于烟碱乙酰胆碱受体，也可作用于钠离子通道，抗性风险较低。尤其难得的是，戊吡虫胍对蜜蜂非常安全，适合在作物花期使用，是新烟碱类杀虫剂的理想替代产品。

食品安全关乎人们的健康。人们通常会受到多种外源化合物的同时暴露，外源化合物之间常常在代谢、毒性等方面会产生相互作用。抗生素和农药作为人类频繁接触的外源化合物，会同时被人体摄入，然而抗生素是否会对农药的暴露风险产生影响却鲜有报道。农药残留分析与环境毒理团队多年来一直致力于农药环境安全及健康风险评估方面的研究，取得了重要进展。2019 年 1 月，团队在《Microbiome》上发表了题目为 "An tibiotics may increase triazine herbicide exposure risk via disturbing gut microbiota" 的研究论文，探索了抗生素对除草剂农药潜在风险性的影响，并阐述了影响机制。该研究首次发现抗生素的使用会提高农药的生物利用率进而增大农药暴露的危害风险，而引起该现象的一个重要机制是抗生素导致的肠道菌群改变。此后不久，他们再次在《Microbiome》杂志在线发表了题为 "Organophosphorus pesticide chlorpyrifos intake promotes obesity and insulin resistance through impacting gut and gut microbiota" 的研究论文，该研究发现有机磷农药导致肥胖及胰岛素抗性并揭示了其致病机制，在农药健康风险评价研究中取得新进展，研究结果为深入理解农药风险提供了理论支撑，同时提示我们应当重视农药的长期暴露风险。

环境是人类赖以生存和发展的基础，越来越多的农用化学物质的投放使用，污染了大气、土壤、水体，正严重威胁着环境安全。中国农业大学理学院农药学科多个科研团队，从农药残留、环境行为、环境毒理角度，开展农药环境污染研究，探索农药在环境中的残留及消解动态，深入揭示农药对环境生物的毒性机制，建立农药环境风险评估模型，综合评估农药的环境风险，为农药合理使用和环境污染治理提供指导。由理学院农药团队联合国内外多家科研机构协作构建的"China-PEARL 模型""TOP-RICE 模型""Paddy-PEARL 模型"等多个农药环境风险评估模型被我国农业农村部用于农药登记风险评估工作。

（三）年轻一代：创新成果振奋人心

长江后浪推前浪！在前辈们创下的基业上，农业化学领域人才辈出。从基本的化学元素 Na 和 Cl 出发，探索化学物质的组成可能性，发现了违背八电子规则的反常化合物的稳定存在，该研究工作发表在世界顶级期刊《Science》上；以新农药创制为导向，致力于金属及有机小分子催化剂催化的环加成及环化反应研究，在有机膦催化领域开展了卓有成效的研究工作，发展了多个高效的新型环化反应，特别是开发了极具特色的有机膦催化的原位生成的偶极子与稳定偶极子的环化反应；有机膦催化领域的研究组，已在《化学评论》（Chemical Reviews）、《美国化学会志》（JACS）、《德国应用化学》（Angew. Chem.）、《有机通讯》（Org. Lett.）等高水平杂志上发表了多篇高水平文章；运用现代化学手段研究了离子液体制备及其在萃取、反应或环境友好材料设计等多方面的研究，科研成果发表在《化学评论》（Chemical Reviews）、《材料化学杂志》以及《德国应用化学》（Angew. Chem.）等权威期刊上；将纳米材料和有机器件结合起来，制备了柔性、低压和高性能的微纳米级聚合物场效应晶体管，为研制便携式新型农药快速检测装置提供可能，此外，将类石墨烯纳米材料氮化碳应用于农药残留消除，首次将改性 g-C3N4 纳米材料应用于多种除草剂的同时降解，为残留农药的消除提供了经济、高效的方法，相关成果发表在了《Advanced Materials》和《Appl. Catal. B: Environ.》等高影响的期刊上。

2014 年初，《中国教育报》发表了一篇名为"2013，那些振奋人心的农大故事"的散文，文中饱含深情地回顾了 2013 年新一代农大人追逐梦想、创造辉煌的故事。"很多人说，我校在生命科学和农业科学等优势学科领域出重大成果，是顺理成章的事。但是，在我校非优势学科方面，居然也能出刊登到国际顶尖杂志的重要理论成果，并且获得了国际学术界多方面的关注，是出乎意料的。尤其令人十分惊喜的是，主要完成人居然是一位三十几岁的青年教师。……只要有梦想、有机会、有奋斗，一切佳绩皆有可能。"这是一个亲历者对 2013 年农大发展的深情回顾。

二、农业肥料领域的忠贞不渝

农业化学是研究土壤的肥力、肥料的施用和肥效、农药的性能、药效和药害、农产品的加工利用的一门学科。这门学科对于改良土壤、防治病虫害、提高农作物的产量等都有很大作用。1956 年才由彭克明筹建农业化学教研室。1957 年中国农业科学院土壤肥料研究所在各省农科研究所地力检定工作的基础上开展了全国肥料试验网工作，布置了 150 多个试验点。结果表明，我国农田土壤有 80% 缺乏氮素，50% 左右缺乏有效磷酸，有 30% 也缺钾。这些结果对我国化肥生产和产品的分配提供了科学的根据。

农作物的生长不仅需要水分、阳光，还需要更多的营养。这些营养从哪里来？中国古代没有现代化肥等科技肥料，只能利用人类和动物的粪便来增加土地的肥力，被称之为"金汁"。在 20 世纪 80 年代分包产户后，农村一个细微却又明显的变化是茅厕多了。以前整个生产队只有一个厕所，现在每家每户都会自建一个小茅房，一般与猪圈连在一起，人和猪拉的粪便与稻草灰等填埋、混合、发酵，就是最好的有机肥。有经验的老农只要一得闲就挑着粪筐四下捡牛粪、猪粪，捡回来堆在茅房里，等着播种时候用。当年有农民连大便都舍不得在外面拉，要憋回家拉在自家茅房。缺少化肥、尿素等增加土壤肥力的化学产品，中国农民伤透了脑筋！这个问题由于彭克明等人的研究才得以改善。

彭克明 1923 年考入河北大学农预科，毕业后留校。1936 年，获公费赴美国伊利诺伊大学研究院攻读土壤化学硕士学位。这时期，他在伊利诺伊大学土壤实验室从事化学分析工作，使他的实验分析技术和管理能力有明显提高，对他在植物营养研究领域中的发展奠定了基础。1939 年他在美国完成了《施入农田的不同形态和数量的石灰物质 15 年后的去向》的论文，获得硕士学位。其后，又经过 7 年的不懈努力，于 1946 年完成了《植物吸收土壤固定态钾的数量与速度》的博士论文，从而获得美国伊利诺伊大学哲学博士学位，并由助教晋升为一级科研助教。1947 年 2 月回国后，先后任教于河北省立农学院、北京大学农学院教授。1949 年任北京农业大学土壤肥料学系（1952 年改为土壤农业化学系）教授。

彭克明在科学研究方面做了许多开拓性工作。他第一个提出"土壤中固定态钾可被植物利用的数量与速度"科学论断，这一论断在几十年中始终具有实际意义。早在留美攻读博士学位时，彭克明就从事土壤中钾的固定与释放的研究。他指出，肥料中钾离子可以被土壤黏土矿物所固定，固定态钾也可以释放并被植物吸收利用，因此，土壤固定态钾仍是植物营养的有效态养分。这一研究结果是指导钾肥施用的重要理论。60 年代初，他从土壤对钾的固定进而推论土壤也可以固定氮肥中的铵。因为钾离子和铵离子有相似的离子半径和特性，均可被土壤黏土矿物的层组所固定。他首先提出土壤对铵固定的假设，并开展了不同条件下土壤固定铵的研究。

1958 年，由于师生下放农村，彭克明的研究工作被迫中止。1962 年恢复试验，正式布置了小麦、玉米、棉花三种作物的 0（无肥）、M（有机肥料）、MN、MP、MK、MNP、MNK、MNPK8 区轮作试验。1978 年北京农业大学迁回北京后，在昌平购置土地 660 亩，重建实验站。在彭克明的领导下，实验站恢复轮作肥料长期定位试验，并采用华北地区粮食作物的一种主要轮作方式，即"冬小麦—夏玉米—夏大豆—冬小麦"两年四熟制，以实现用地养地与粮食高产相结合的目标。试验设计采用有机肥料和化肥两种基础，N×P+K 的 3×3+1 设计，这种设计比西欧传统的长期轮作肥料定位试验更便于数量化比较，而且还可建立土壤肥力和植物营养数据库和计算机系统。彭克明关于轮作肥料长期定位研究思想的形成，与他长期在美国伊利诺伊大学莫柔试验地（Morrow Plots）工作所取得的经验是分不开的。

在土壤植物营养物质循环的研究方面，彭克明建议采用田间试验—渗滤水模拟试验—实验室分析三者相结合的研究方法。这一思路在 1962 年以后已逐步实施。他是国内第一位建议并建成渗滤水采集装置（Lysimeter）的研究者。渗滤水研究又名排水采集研究，它是在一个特制的渗滤采集装置中原位研究肥料中养分的移动、转化、土壤吸附、固定、植物吸收、运输等问题的主要设施，目前欧美等发达国家已广泛应用于土壤—植物营养研究中。1962 年，彭克明主持设计并在北京农业大学校园内正式建成了 24 个 1×2×1 立方米的水泥池渗滤水模拟装置，并开展了一些基础性的研究工作。遗憾的是，这个设施由于北京农业大学的搬迁而遭破坏。1980 年又重建，一直沿用至今。目前，中国农业科学院和各地农业科学院内已建立多处渗滤水研究装置，并开展了多方面的研究，这与彭克明的开创性工作和顽强的科学精神所产生的影响是分不开的。

在新的历史时期，农大人遵循习近平总书记"新时代的科技创新要坚持面向世界科技前沿，面向经济主战场，面向国家重大需求"的指示方向，不懈努力，默默耕耘，探索科学未知无止境，产出了令人瞩目的突出实践与理论成果。特别需要指出的是，中国农大在论文的数量和引用率、期刊的影响因子等指标上取得了突出的成果，但更重要的是，在开展这些研究的过程中，农大人所展示出的执着追求科学梦想的精神境界和深沉厚重的家国情怀，表现出的在农业科技研究领域当仁不让的卓越意识和舍我其谁的责任感，这种精神的不断继承与发展、弘扬与繁荣才是中国农大百年老校的根基所在。长风破浪会有时，直挂云帆济沧海！这些有责任的农大人，就是我们基础科学研究的基石，带领着农大在建设中国特色社会主义道路上奋勇前进！

中国农业大学部分国际高水平论文（2005—2018年）

序号	年度	刊物	题目	第一作者单位	通信作者
1	2005	《Science》	Highly pathogenic H5N1 influenza virus infection in migratory birds	动物医学院	刘金华
2	2005	《Science》	In situ stable isotope probing of methanogenic archaea in the rice rhizosphere	资源与环境学院	外单位
3	2006	《Nature》	The Mg-chelatase H subunit is an abscisic acid receptor	生物学院	张大鹏
4	2006	《Cell》	A protein kinase, interacting with two calcineurin B-like proteins, regulates K+ transporter AKT1 in Arabidopsis	生物学院	武维华
5	2008	《Nature Genetics》	Control of a key transition from prostrate to erect growth in rice domestication	农学与生物技术学院	孙传清
6	2010	《Science》	Significant Acidification in Major Chinese Croplands	资源与环境学院	张福锁
7	2010	《Science》	Granulosa Cell Ligand NPPC and Its Receptor NPR2 Maintain Meiotic Arrest in Mouse Oocytes	生物学院	夏国良
8	2010	《Nature Genetics》	Genome-wide patterns of genetic variation among elite maize inbred lines	农学与生物技术学院	赖锦盛
9	2012	《Science 》	Dense Chromatin Activates Polycomb Repressive Complex 2 to Regulate H3 Lysine 27 Methylation	生物学院	外单位
10	2012	《Nature Genetics》	Genome-wide genetic changes during modern breeding of maize	农学与生物技术学院	赖锦盛
11	2013	《Nature》	Enhanced nitrogen deposition over China	资源与环境学院	张福锁
12	2013	《Nature》	An experiment for the world	资源与环境学院	张福锁
13	2013	《Nature Genetics》	The duck genome and transcriptome provide insight into an avian influenza virus reservoir species	生物学院	李 宁
14	2013	《Nature Genetics》	Genome-wide association study dissects the genetic architecture of oil biosynthesis in maize kernels	农学与生物技术学院	李建生
15	2013	《Science》	Unexpected stable stoichiometries of sodium chlorides	理学院	张威威
16	2013	《Nature》	Pathogen blocks host death receptor signalling by arginine GlcNAcylation of death domains	生物学院	外单位
17	2014	《Nature》	Mitoflash frequency in early adulthood predicts lifespan in Caenorhabditis elegans	生物学院	外单位
18	2014	《Nature》	China？must？protect？high-quality？arable？land	资源与环境学院	孔祥斌
19	2014	《Nature》	Producing more grain with lower environmental costs	资源与环境学院	张福锁
20	2015	《Nature Genetics》	A maize wall-associated kinase confers quantitative resistance to head smut	农学院	徐明良
21	2016	《Nature》	Closing yield gaps in China by empowering smallholder farmers	资源与环境学院	张福锁
22	2016	《Cell》	Zika Virus Causes Testis Damage and Leads to Male Infertility in Mice	生物学院	李向东等
23	2017	《Nature》	chemotherapy drugs induce pyroptosis through caspase-3 cleavage of a gasdermin	生物学院	外单位
24	2018	《Nature》	Pursuing sustainable productivity with millions of smallholder farmers	资源与环境学院	张福锁
25	2018	《Nature Genetics》	Extensive intraspecific gene order and gene structural variations between Mo17 and other maize genomes	农学院	赖锦盛

第九章 献智献策 为国为民

在全国哲学社会科学工作座谈会上，习近平总书记掷地有声地指出："一个没有发达的自然科学的国家不可能走在世界前列，一个没有繁荣的哲学社会科学的国家也不可能走在世界前列。"百余年历史的中国农业大学，经历了一个多世纪的风风雨雨，一直致力于国计民生问题的解决，不仅在以农业科技创新推动农业现代化的自然科学领域为世所称道，在以才智与思想促国家之发展、谋人民之幸福的人文社会科学领域，也树立了一个又一个的丰碑，许璇及其开创的农业经济学深深地影响着经济学学科的建设。回望才能让前行更有力量。作为农业大国，农业是中国发展之命脉。新中国成立 70 年来，诸多重大的涉农决策都凝聚着农大社科人智慧与心血，这些决策的推行和实践同样活跃着农大社科人坚定的身影，他们殚精竭智，为国为民是他们的基因，他们承续和发扬的是中国的知识分子数千年来从未断绝的深沉的家国情怀和"匡扶时政"的担当精神，充分发挥着智囊和智库的作用。

2018 年金秋，首都北京举办的第一届中国智库建设与评价高峰论坛吸引了众多关注的目光。人们惊奇地发现，来自中国农业大学的国家农业农村发展研究院以"黑马"之姿，与国内久享盛誉的国务院发展研究中心、人民网舆情数据中心等 15 家权威机构，同获中国智库咨政建言"国策奖"。"国策奖"可不是一个简单的褒奖，只有研究成果具有全局性、在国家层面上对政策决策具有参考价值和指导意义，才能称得上是为"国策"，才有资格获得这个奖项。在世人印象中，农业大学只是"盛产"着植物、动物方面的科学家，来自社会科学领域的国家农业农村发展研究院究竟是怎样的一个机构？

国家农业农村发展研究院，前身是成立于 2004 年的中国农业大学"中国农村政策研究中心"，以为国家解决"三农"问题提供科学的决策参考为其宗旨，国内

图 9-1　高端智库"国家农业农村发展研究院"成立大会

诸多农业问题的权威翘楚多是其研究员，现任院长为我国当今最具影响的农业权威，曾长期在中央财办、中农办任职，现为第十三届全国人民代表大会农业与农村委员会主任委员的陈锡文先生。多年来，国农院充分发挥学校农业特色的多学科整体优势，致力于对"三农"问题中具有全局性和战略性的重大问题进行系统全面的研究，为国家涉农重大决策提供理论支持和决策咨询，撰写的多篇报告获得党和国家领导人的重要批示，对中国农业政策的制定与执行真正起到了"智库"的作用，获得"国策奖"当之无愧。

从"中国农村政策研究中心"到"国家农业农村发展研究院"，一个研究机构的变迁和发展，是中国农业大学大力推动解决"三农"问题为使命的特色鲜明的哲学社会科学学术研究的缩影。它同时也吸引着人们探究的目光：中国农业大学在社科领域还有着哪些有待解开的神秘面纱？除了在自然科学领域卧虎藏龙，在社会科学领域还有哪些人，抑或哪些机构在默默无闻地战斗？2016 年，中国农大社会科学总论学科首次进入 ESI 世界前 1%，并一直持续至今，这对于人文社会科学学科数量较少的农大而言，近乎一个奇迹。奇迹是如何实现的？

就让我们走进中国农业大学与共和国同行的历史，讲述一代代农大人奉献才智、建言献策的红红火火的往事，留存那些或轰轰烈烈或润物无声

的种种细节，铭记那些作出不可磨灭贡献的专家们的学问，瞻望他们高山仰止的学术之魂，寻找人文社科人不可或缺的农大精神。

第一节　为国为民是素衷

一、毛主席看重的农业"红人"

1958 年初，一阵急促的铃声在图书馆响起，当时主持日常工作的农史学者杨直民，接到了来自校办的一项紧急、特殊，但也十分光荣的任务，中共中央办公厅派人到农大征调一本名为《威廉士的土壤学说及其发展近况》的图书，而且是多多益

善。原来，在此前中共中央召开的南宁会议上，毛泽东主席重点阐释了农业发展的问题，认为良好的耕作配肥可形成许多"小水库""小肥料库"，是创造农业高产的前提条件。而他谈话的主要素材，正是来自这本书。毛主席对该书赞赏有加，并推荐给中央、省市及农业部门的领导阅读。一时间，这本书洛阳纸贵，成为紧俏的参考资料。

对于这本书，长期浸染农业科技史的杨直民并不陌生，它的编译者正是他多年的挚交孙渠先生。早在三年

图 9-2
《威廉士的土壤学说及其发展近况》初版封面

前，正是孙渠和农经系教授兼图书馆馆长的著名农史专家王毓瑚一起创办了农书典籍读书会，留校工作不久的杨直民是这个活动的常客，也使他与孙渠建立了长久的友谊。

孙渠（1911—1975年），字惠农，耕作学家，中国耕作学科主要奠基人。他根据我国农业实际，吸取国外土壤肥力和耕作理论的精华，率先提出用地养地相结合是耕作制度改革核心的思想。孙渠毕业于金陵大学农学院，有着多年在一线从事农技工作的经验，新中国成立前曾两次赴美在康乃尔大学、加州大学学习进修。新中国成立后，他毅然回到祖国，赴北京农业大学任教，投身于造福人民的社会主义事业。回国后的第一件事，就是系统地介绍俄国十月革命后最有影响的土壤学家和农学家之一威廉士的理论。与简单的译介不同，孙渠是在对中国五千年耕作历史理解的基础上，结合了他多重的知识背景和丰富的实践经验，对威廉士的学说进行了推介。他并不是完全接受来自苏联的学说，而是结合了中国的农业实际来思考问题。他为了取得耕作制度第一手的资料，采取点面结合方法，进行了大量的调查研究，第一次对我国耕作制度作出了较全面的描述，给出了科学的定义和解释，反映了我国各地耕作制度的丰富内容，对当时蓬勃兴起的耕作改制运动，进行了理论概括。孙渠认为，威廉士的学术成就集中反映在他关于土壤统一形成过程、土壤肥力及草田耕作制的理论上，而这些理论的基础则是关于有机物质合成和分解的学说。土壤的根本特性是肥力，在人力干涉下可以缩短恢复地力的过程，为农业的持续稳定增长提供保证。孙渠对威廉士学说的丰富与发展，对新中国成立初期我国社会主义农业生产产生过重大的影响。连他自己也没料到，6年之后，这本学术小册子会成为红遍全国的书，不仅中央组织重印，各地翻印的本子也很多。直到今天，已是耄耋之年的杨直民先生仍然清晰地记得，当时为完成任务，在农大校园里四处搜集这本书的情形，也清晰地记得孙渠先生得知他的书得到毛主席重视时兴奋雀跃的表情。孙渠成为20世纪五六十年代的农业"红人"，不唯各级农业高校的师生知道他，当时的中央及省部级领导也几乎没有人不知道他，他译介的土壤学说和他所倡导立足中国农业实际的耕作学广泛传颂于庙堂之间。杨直民先生回忆道："孙渠教授及其《威廉士的土壤学说及其发展近况》一书，当时在中央、全国一级学校所具有的知名度和影响力，所占的学术权威的分量和所引起的作用曾达到极致的程度。"

也正是在 1958 年，毛泽东主席提出了农业"八字宪法"，即土、肥、水、种、密、保、管、工（这八个字里面，土壤是基础，肥、水、种是前提）。这看似简单的八个字，实际上是一部完整的国家农业生产策略，深深地影响了新中国成立后中国农业的发展，为新中国成立前期发展工业、奠定现代化国家的基础作出了重要贡献，同时也留存了良好的农业自然生态环境，为中国农业创造了可持续发展的充足条件。

毛泽东知识渊博，对农业也颇为了解，我们无法找到任何证据证明，农业"八字宪法"的提出和孙渠及其翻译的著作有直接的关联。但我们有理由相信，新中国成立初期，至少在毛泽东思考中国农业生产问题时，他正好看到了孙渠先生的这本书，对这本书的深入阅读对他农业生产思想的形成应该也产生了某种影响。

一些隐隐约约的线索似乎能为我们这一论断提供佐证。1959 年，时任农业部常务副部长的刘瑞龙在题为《农业"八字宪法"的形成和发展》的文章中明确地指出："毛泽东同志总结了农民的增产经验和解放以来农业技术改革的经验，系统地提出了农业'八字宪法'，这是党的领导、群众路线和科学研究相结合的产物。"在这篇文章中，刘瑞龙指出农业"八字宪法"最早萌芽，是在 1955 年毛泽东同志在他亲手拟订的《全国农业发展纲要（草案）》四十条中，其时孙渠的书已经出版近三年。

也许还有一个小插曲可为旁证。1954 年，即将赴苏联留学的陈文新被接到中南海毛泽东的家里做客。散步的时候，毛泽东和学习土壤化学的大学生陈文新兴致勃勃地讨论起了农业问题和土壤问题。多年之后，已成为土壤微生物及细菌分类学家的陈文新对央视的记者回忆起了这件事：

> 我清楚地记得当时我挨毛泽东的剋了。我们一解放就是学苏联，农业原理着重总结苏联的耕作经验，叫"草田轮作"，就是又种草又种田，轮着来。那时我觉得人家是很先进的经验。讲了以后，毛泽东跟我说："我们农民才几亩地，都拿去种草，吃什么呀？我们又没有什么畜牧业，种的草拿去干什么？"这一问，我就蒙了。

其实毛泽东对农业、对土壤改良是很了解的。他谈到要提高土壤肥力，谈豆科植物根瘤菌；还谈到种牧草。跟我讲苜蓿很好，还讲苜蓿能固氮，根上有瘤子。

这就是毛泽东给我上的根瘤菌的第一课。他还跟我讲了空气，说豆科植物固氮是把空气中间的氮气变成肥料，他说工业和农业都应该多利用空气。这次见面长达六小时。

毛泽东在和陈文新交流过程中，非常专业地谈到了与土壤、肥料、耕作相关的农业科技问题，与孙渠书中的内容非常接近。这或许可以说明，毛泽东已看过这本书，才有了这一次非常专业的交流。

1958 年初的"意外走红"，并没有让孙渠迷失自我。在山西洪洞下放锻炼的他（当年中共中央决定全国农林院校师生下放农村一年），保持冷静而科学的态度，多次与当地农民和基层农技人员商酌，主张应就不同土质、不同地区分别处理土壤耕作的问题。对当时"土地深翻，而且越深越好"的"时风"，表示了不同的意见。当时山西侯马新绛主管农业的官员在《山西日报》发了"甘薯丰产 113 万斤"的号外，中央人民广播电台也做了报道。他们找到孙渠教先生，请他写个材料给予肯定，反复陈说他们的"迫切希望"，但孙先生始终不为所动，说这里取得了甘薯的好收成，值得肯定也深受鼓舞，但不是十万斤、几十万斤、百余万斤，这不可能。这那个特殊的年代，能保持这样的实事求是的科学态度，表现了农大教授的风骨。

二、传统农业文化的守望者

谁来养活中国？这个话题深深地印在每一个中国人的心中，每一个农业人都在为解决这个问题持续奋斗着。回望最具有人类农业历史传统的华夏文明时，谁这么久养活了中国人民，可能也应该是一个值得反思的话题。一批批农业文化的守望者安得清贫，在浩瀚的史料中探寻着农耕文化的无穷魅力。在开拓农史学科的前辈学者中，有"东万、西石、南梁、北王"之说，分别指分处四方的农业部属四个重点农史研究单位的学科带头人。其中的北王就是指农大的王毓瑚先生。

王毓瑚（1907—1980 年），字连伯，生于清末，早年在欧洲辗转求学8 年，毕业时拿到经济、统计、新闻三科证书，精通德、法、英等多门外语，熟谙西方经济思想史。新中国成立前把研究的着力点集中于中国经济思想史的探索和阐释上，其中《秦汉帝国之经济及交通地理》一文不仅是对中国经济史研究的重要文献，更是对秦汉地理历史研究产生了较大的影响。在 1939 年到 1944 年的抗战烽火中，王毓瑚与后来皆成为史学大家的傅筑夫、史念海等先贤，在艰苦的条件下开展了大规模的中国经济史料的搜集和整理工作。这项浩大工程直到 1982 年才由中国社会科学出版社出版部分内容，成为中国经济史研究重要的基础文献，其中农业部分主要出自王毓瑚之手。

王毓瑚非常清楚，在西方经济学视野里农业是一个落后的产业，研究农业经济史在当时更是难登大雅之堂。但是对中华民族有着浓厚情怀的他却始终相信，要理解中国的情况，必须了解中国农业经济的历史。这与前辈学者王国维、陈寅恪、李济、顾颉刚等人致力史地研究背后的民族家国情怀是一脉传承、内联互通的。新中国成立初期，王毓瑚完成了《中国农业经济史大纲》（1950 年前后），为该领域开山之作，可惜至今仍未能公开出版，不能不说是学界的遗憾。而今，先生致力于创立的农业经济史学科已经从 2006 年开始成为经济管理学院农业经济管理专业下自设的博士点，这在所有的农业院校中是独一无二的，足慰先生之憾！

中国经济史和思想史素来以农为本，故而古代农学的研究才是中国经济研究的根本，是最重要的基础性学科，循着这条脉络，作为经济学者的王毓瑚在新中国成立后转入古农书整理与中国农业史研究，逐渐成为农史研究领域声望显著的大家。

1955 年，王毓瑚先生发表了《关于整理祖国农业学术遗产问题的初步意见》一文，"引言"中开宗明义提出了在农业技术前面冠以"中国的"字样的期冀和自信，因为"农业科学是属于地域性比较强的一类，如果要讲理论联系实践，似乎对于农业生产来说更是必需的"，"我国是农业古国，数千年来自然积累了丰富的经验，我们现在要联系本国实际的原则之下来学习外国的先进农业学术。而所谓本国的实践，也应该包括总结过去本国原来的农业学术在内。"文章除了梳理中国农学文献概况外，特别提出了他对中国传统农业的认识，从古代农业技术发展的角度对中国农民保守落后的论调进行了有力驳斥，"中国农民并不像过去某些人说的那样本性保守"，"由于任务的沉重，我们的农民不能不经常呕心沥血，设法提高生产效率。在可能范围之内，他们还是积极地讲求推陈出新的。"王毓瑚随后指出："着手整理祖国农业遗产时，首先似应抛弃中国农民本性保守，中国农业学术在历史上并无进步等等的想法，否则自然就会引出祖国农业遗产无足观的结论来。""结语"部分，王先生再次强调"我国是一个农业古国，而且也无愧于是一个农业古国。我们确实拥有很多宝贵的有关农业生产的经验、特殊技术和丰富的文献。这份可贵的民族遗产在今天大规模的国民经济建设当中应当发生其应有的作用"。而且他所言的整理工作，"不是一意钻故纸堆"，"必须是具有现实意义，要同农业生产实际联系起来"。

20世纪五六十年代，王毓瑚在古农书整理和农业史研究方面的开拓性成果凸显。他整理、校注了《农圃便览》《秦晋农言》《梭山农谱》《农桑衣食撮要》《郡县农政》等多种古代农书，并撰写了《中国农学书录》。他将"中国农书"当作一个专有名词来使用，"也可以称之为'祖国农书'，指的是没有受到近代西方农学的影响以前中国人所撰写的那些有关农业生产知识的著作"，这一本土性概念对研究界有深远影响，几为不刊之论，蕴含其中的是他对国家深切的情感，对农业文化遗产的无比珍视，充满了浓浓的文化自信与民族自信。

十年"文革"，他在受到较大冲击的情况下，仍利用一切可能的时间潜心注解《王祯农书》。为避免书稿被搜走损坏，他用层层防潮油纸包裹好，小心翼翼地寄藏在友人家中的煤堆里，虽难免整天提心吊胆，但他相信总有一天中国会需要它，中国农业的发展也会需要这些遗产，他忠诚守望的是宝贵的中国传统农业文化，是他对中国农业文明价值必将重放光芒的坚定信念。

20世纪70年代，身患癌症的王毓瑚先生仍不舍昼夜，笔耕不辍，写出了《我国历史上的土地利用及经验教训》《我国农业发展的"水"和历代农田水利问题》《我国历史上农耕区向北面的扩展》《我国自古以来的重要农作物》《我国历史上农业地理的一些特点和问题》《略论中国古来农具的演变》等一批重要文章，所谈内容都是他从传统农书中爬梳出来的重要问题，对全面深入认识中国农业文化遗产、对中国农业发展都有重要的意义。可惜天不假年，这些宏大的学术构想多数都未能完全完成，有不少作为遗稿在他去世后才发表。王先生匠心独具和功力深厚的著述，不仅在国内同行中享有崇高的声望，也在国际农史学界也广受赞誉。《中国农学书录》不仅成为中国学者研究农史的必备之书，也深受日本研究界推崇。1975 年日本龙溪书舍曾将该书与著名学者天野元之助的《中国古农书考》合刊，作为纪念中日友好交流的学术著作隆重出版。在他患病期间，就曾多次接待慕名来访的日、英、法、德各国学者，访者无不为其学贯中西、识见深湛的风范所折服。

"百年学术立尧功，史料农书世所宗。天下四份衷比较，中西稼穑究殊同。"这是后学对王毓瑚先生一生总结。中华优秀传统文化是中华民族的基因和精神命脉。党的十八大以来，习近平总书记赋予中华优秀传统文化时代内涵，提出要"建设优秀传统文化传承体系，弘扬中华优秀传统文化"，在 2013 年中央农村工作会议上他特别强调："农耕文化是我国农业的宝贵财富，是中华文化的重要组成部分，不仅不能丢，而且要不断发扬光大。"王毓瑚先生毕生所从事的事业在 30 多年后得到最大的肯定。中国自古是一个以农业立国的大国，农业文化一直伴随中华文明的历史脚步。他所守望的农业文化遗产和农耕文明，对当下中国走出一条不同于西方的农业现代化道路，具有重要的意义。

德不孤，必有邻；道不孤，必有继。受王毓瑚影响走上农史研究之路，同样成为知名农史学者的董恺忱在 1983 年发表了《中国传统农业的历史成就》，从比较农业史的角度，骄傲地指出："中国是世界栽培植物起源中心之一""中国框形犁是世界上最先进的传统犁之一""中国是世界上土地利用率较高的国家之一""中国是世界上农业起源较早、而没有出现地力衰竭仅有的几个国家之一""中国传统农业的技术体系不仅在世界上一度处于领先地位，今天也有着巨大的潜力"。字里行间流露着对中国文化的自信和对中国农耕文明的崇高顶礼。在以石油能源为支撑点的西方现代农业暴露出一系列的危机和弱点之后，总结中国传统农业的合理内容，比较中外农业的特点和差异，以为农业现代化提供借鉴和参考，更好地去探索中国农业的未来和出路，这就是中国传统农业文化的最大价值。时至今日，小规模的家庭农业和更传统的农业粮食体系，被联合国粮农组织确认为是确保未来粮食安全的关键杠杆，独具特点的中国式的精耕细作技术体系在中国农业生产实践中焕发出新的光彩，也走出国门，作为农业领域的中国经验和中国智慧推动世界农业的发展。

2002 年联合国粮农组织启动了全球重要农业文化遗产保护工作，旨在建立全球重要农业文化遗产及其有关的景观、生物多样性、知识和文化保护体系。中国是这一世界性文化遗产保护项目的最早响应者、重要推动者和主要贡献者，并在项目执行、推广中发挥了重要作用。截至 2019 年，全球共批准了 21 个国家的 57 个项目，中国占 15 个，居各国之首。中国也是第一个开展国家级农业文化遗产发掘和保护的国家，目前共认定了 91 个重要农业文化遗产地。在整理保护中国农业文化遗产过程中，关注活态农业生产系统，重视其生产的、生态的、文化的、技术的等诸多方面的特性，也恰恰是王毓瑚的愿望，在前文提及的 1995 年的论文中，他就指出："我国农民世代相传的很多极宝贵的生产经验和操作方法并未经文人记录下来"，"民间流传的生产法则和技术一定是完全基于实践，因而也就更为真实，更具现实价值。"虽然表述不同，但内在的思想却是一致的。

中国农业大学也是全球重要农业文化遗产研究与保护工作的重要参与者，2015 年，孙庆忠领导的农业文化遗产研究团队，以探索促进乡村发展的路径、寻找乡土重建的内生性力量为己任，凭借扎实的田野工作和发掘保护实践，荣获"全球重要农业文化遗产保护与发展贡献奖"。2019 年 6 月，中国农业大学农业文化遗产研究中心成功举办了农业文化遗产地乡村青年研修班和校内青年师生研习营，来自全国 20 个农业文化遗产地的 40 位乡村青年、乡镇干部和来自农大 9 个学院近 50 位师生共聚一堂，话农耕智慧，谈乡村发展。研习营师生还利用暑假奔赴河北涉县和云南绿春开展为期 40 天的田野调查，发掘农耕智慧、助力乡村振兴！这是国内首次举办这样性质与内容的青年研修班和研习营。中国农业大学已经成为具有中国特色的农业文化遗产研究和保护重要力量之一。

从中国传统农业文化中汲取智慧。近年来，农大的朱启臻也不断开掘农业的文化功能、生态功能和社会功能，通过《留住美丽乡村》《生存的基础》《把根留住》等著作，呼吁乡村价值的再发现，并将其视为实现乡村振兴的文化前提。

传承千年农耕文明、推动传统农业文化体现现代价值，这是农大人从未放弃的崇高责任。

三、"未曾规划"的农业规划人生

1983 年秋天，河北藁城县朋学村村口，一位白发长者将刚从果园中摘下的最大的雪花梨，赠送给从北京来回访的农大教授张仲威，用最淳朴的方式感谢他及他的团队为村庄发展作出的规划，正是这个规划让他们的村庄发生了翻天覆地的变化。年龄最长者的献礼是村庄千百年传承下来的最崇高的表达敬意的方式，面对这样的礼遇，张仲威一时间感慨万千，种种往事又浮现在他的脑海里。

1975 年的朋学大队虽然土地肥沃、水源充足、交通便利，但却是典型的"高产穷队"，带队来到这里的张仲威不断思考如何帮助乡亲们脱贫致富。面对当时多变的政治形势，怎么做规划、做了规划能不能实行，张仲威心里都没有谱。规划小组几乎走遍了大队的每一个角落，同乡亲们交上了朋友。村民被他们的实干精神感染了，从最初因有"又要折腾了"的疑虑而观望，到后来主动来献计献策，小小的临时居所从最早的门可罗雀到门庭若市、老乡纷至沓来的情形成为张仲威不断回忆的片段，也就是从那时起，他得了一个"规划张"的雅号。朋学大队 2700 亩耕地，分散在 90 多块土地上，且每块土地质量很不一致，离村远近更不一样，大家同意通过抓阄重新划分地块。抓阄时大家赶庙会似的都来了，6 个队长抓完阄后都说是抓了好阄，大家都面带喜色地走了，那情景就像刚刚发生。

朋学大队的规划在当年就产生了明显效果，"规划张，你猜俺在信用社存了多少钱？"从人群中挤过来的村民富文不无得意地问，"有多少？""好几千哩，俺富文也富了！"连这个当年的懒汉也富了，张仲威感到由衷的高兴，他的农村规划之路没有走错。

农大人的规划扩展到了整个北楼公社，查统计资料、实地考察调研、做动员报告、征寻基层干部和群众的意见和建议，从"文革"后期到农村改革大潮兴起，从公社、大队到乡、村，规划跨越了两个时代。规划具有时间长和范围广两大特点：时间长，是一个很全面中长期的基层农业发展规划；范围广，土地方田、道路、林带、渠系甚至乡镇小工业、社员家庭创业都包含在里面。规划实施非常顺利，也非常成功，9 年规划用了 7 年时间就超额完成了。实施过程中，河北省曾多次组织各级干部、群众到北楼公社和朋学村参观规划的成果，学习规划的方法，吸取经验。1980 年，农业部把北楼公社农业发展远景规划列入重点推广项目。因为规划做得科学，贯彻得好，在改革开放初期，北楼公社成为全国范围内农业发展的典型。

张仲威当时是农经系的系主任，20 世纪 80 年代之前的较长的一段时间里，农大文科对国家发展的直接贡献主要体现在他所倡导、组织的农业农村规划方面。张仲威的农业规划之路，并不是他自己"规划"出来的，而是在时代大潮的推动下的"被迫"选择。

张仲威是 1946 年的老北大生，新中国成立前就是学生地下党员。1954 年原本在学校党总支工作的他，受命担任时任农经系系主任应廉耕先生的助理，当时的农经系虽然大牌教授云集，却一度被停止招生，情况非常混乱，教学、科研工作几近停滞。农经系的科研教学该怎么办？这令而立之年的张仲威忧心忡忡，不过很快他就找到了方向——搞农业规划。通过规划促进社会主义农业的发展，这不就是农经系可以有所作为的方向吗？这就是张仲威当时的想法。

1957 年，在北京西郊的海淀区韩家川村，张仲威开始了他的"规划"人生，也开启了中国农业大学 60 余年领跑中国农业农村发展规划的历程。当时农业合作化已经进入高潮，韩家川的几个生产队加入大队后，插花地、揳入地、飞地较多，生产大队之间、生产队之间必须进行土地调整、整理，才能更好地耕作。张仲威带领学生以耕地的地块平整、山地的开发利用为重点，进行了系统全面的生产规划、劳动力规划、农业机械化规划、文化福利规划，他们充分发挥农业经济专业的优势，进行经济效果的核算、制图、造表。在实践的基础上，张仲威还编写了《农业生产合作社的生产规划》（中国财政经济出版社 1957 年版），该书是最早探讨农业生产规划的专业书籍之一，也是 20 世纪五六十年代农经系公开出版的为数不多的研究成果。某种意义上说，这是农大农经系在特殊的年代里，服务国家农业发展，从计划、管理领域，开展研究与实践的早期尝试。由于当时政策变化太过急促，成立高级合作社不久就变成人民公社，生产合作社阶段进行的生产规划，多数都无法推行。但直到2012年，已年近八旬张仲威重访韩家川时，和他年纪相仿的两位老人仍记得他们按照规划在山上挖坑栽树时的情形，而那些树已经郁郁葱葱，成为发展现代都市农业的美丽风景，这令张仲威非常欣慰，他的第一个规划还是发挥了作用的。

改革开放后，张仲威的农业规划事业有了更广阔的发挥空间。第一个大手笔就是北京市农业生产结构规划。当时中央对首都北京的建设提出"四项指示"，城乡环境保护颇受关注。清华大学吴良镛教授（2011年度获"国家最高科学技术奖"）的北京市城市规划至今被人津津乐道，而同期主持北京市农业规划的张仲威同样应该也应被历史铭记。

1980年前后，张仲威指导他的研究生李志民（后来也成为知名的农业规划专家）和农经系师生团队，深入北京各区县调研，废寝忘食地查阅了新中国成立以来（1949—1978年）83个乡镇、农场的所有统计资料，绘制了11张农业经济分析地图，制定了科学的规划方案。从大农业大粮食战略出发，将北京的农业生产定位为保障"五鲜"农副食品能够比较均衡的供应、使农业生态系统趋向良性循环、保持农业经济体系适当的比例关系等鲜明的都市农业发展道路。规划首次提出了大城市城郊环式农业结构的理论，对首都的建设及农业现代化有重要的政治意义和经济意义，也填补了城郊经济研究的空白。这是中国最早由学者完成的大都市农业规划，不仅直接影响了北京农业发展，对80年代乃至90年代的中国城郊农业经济发展具有巨大的示范意义，与吴良镛先生的城市规划交相辉映。

"规划张"不仅会规划，还是中国农业经济研究领域对外合作交流的早期开拓者之一。20世纪70年代末80年代初，中国农业大学与联邦德国霍恩海姆大学开展了全面的校际合作，与自然科学的合作不同，经济领域的合作因为要到农村搞调查而比较敏感，易出现"踩线"的政治性或政策性错误，领导部门顾虑重重。一位农业部负责人对他说："南京农学院农经系与美国康奈尔大学在中国的协作调查，因怕出乱子而拒签了。"但张仲威顶住压力，勇担责任，经过不懈的努力，与外方合作开展的"关于改善国营农场及人民公社管理的研究"终于立了项，经过 3 年的苦干，达到预期的成果。它是新中国成立后开展的首次与非社会主义国家合作进行的农业经济领域的研究，也是国内社会科学研究领域最早的国际合作项目之一，推动了中国学术研究与世界接轨，让世界看到并了解到了中国和中国的农业。

进入 20 世纪 90 年代，随着社会主义市场经济的发展，有人认为把一切交给市场就可以了，"规划无用论"一度甚嚣尘上，但张仲威始终坚持认为，农业是一个既具有生产性、市场性又具有公益性、自然垄断性、生存保障性等特征的特殊领域，科学的农业农村发展规划既能充分发挥市场机制优化配置资源的作用，也能充分发挥政府的规划、宏观调控和监督作用，只有把"看得见的手"与"看不见的手"有机结合起来，才能显示社会主义制度的制度优越性，推动农业生产和农村社会的发展。年过花甲、已经退休的张仲威依然奋斗在农业发展规划的一线，1991—2002 年，他先后主持了河北省科委委托的"八五""九五""十五"农业攻关课题，组织了包括自然科学和社会科学在内的农大专家队伍，深入基层，在燕山山区开展了持续的调查、研究、规划、实践工作，以承德市的隆化、围场两县为试验区，将农业发展规划与农业推广有效结合，取得"两突破、两发展、一园区"的突出成果，走出了一条山区脱贫致富和农业可持续发展的"燕山之路"。

在农业规划实践中，张仲威发现农业推广和科学规划两者缺一不可。20 世纪 80 年代中期，他就提出必须重视农业推广的问题，并把农业推广运用于他的规划实践中。在张仲威的倡议呼吁下，农业计划推广协会成立，他长期担任副会长，组织开展了大量工作。1986 年国家教委委托农大举办全国农业推广教师研讨班，聘请他为农业推广研讨班的学术主持人，到 1998 年结束，共举办了 10 次，为国家培养了大量农业推广研究和实践人才。也是在张仲威的积极推动下，1987 年农大增设二年制农业推广专业，1993 正式在经济管理学院创办四年制农业推广专业，开中国农业推广高等教育之先河，为培养农业推广高级人才奠定了基础。在与霍恩海姆大学合作的过程中，张仲威获得了大量关于世界农业推广的信息，并将承担的高等院校博士点基金课题"农业推广理论与方法的研究应用"增列为中德科技合作项目的子课题，结合丰富的农村规划和农业推广实践经验，取得了创新性成果，填补了新中国成立后这一领域的学术空白。他追踪世界前沿、结合中国国情对农业推广的基本概念的界定、方法的梳理和内容框架的设计至今仍具有重要的学术和实践影响，他培养的研究生许无惧、王德海、高启杰也都成长为农业推广领域的一流专家。

2012年，由钱伟长担任总主编的《20世纪中国科学家学术成就概览》出版，张仲威是唯一入选《管理学卷》的农业领域的专家，其他入选者多为中国工程院管理学部的院士。入选的理由正是因为他在农业规划和农业推广领域的开创性之功，为促进中国农业经济发展和农村社会进步所作出的巨大贡献。

古人云："凡事预则立，不预则废。"民间也流传已久"吃不穷，穿不穷，计划不到一世穷"的说法。做事重视规划既是中国的文化传统，也是民间的智慧。高度集中的计划管理体制曾阻碍了中国的发展，但通过计划、规划进行有效的宏观调控也一直是中国社会主义制度优越性的体现。今天，通过规划有效引领与调控农业生产、农村经济社会的全面发展仍然具有强大的生命力。虽然它的学术研究方面的特性已然消退，但其社会服务的意义和价值依然光彩照人。

承续农业规划内在的学术指向，俞家宝、赵东缓、郑大豪等学者，在农业宏观调控、农业农村管理、区域经济、农业公共服务等方面都开展了卓有成效的研究，为国家决策提供了重要参考。开展都市农业、县域经济、乡村综合发展、农业产业、涉农企业等各类规划是多个学院的专家学者在做好科研之余担当乡村振兴使命与责任的重要途径。

探索、实践符合中国国情、农情的农业农村发展规划道路，成就了张仲威不平凡的人生。他们这一代人是"不幸"的，人生的很长一段时间都被"蹉跎"了；这一代人又是幸运的，他们见证了国家的独立与发展，见证了中国农业在苦难和曲折中一步步创造世界农业的奇迹。对国家人民的赤诚之心，对农业事业的执着之志，才是农大人不断取得丰硕成果、不断发展的精神力量。

第二节　改革发展立功勋

一、农业普查的幕后英雄

"农业普查，利国利民！""搞好农业普查，加快小康步伐！"1997年1月，这样的标语在中国农村随处可见，一场声势浩大、规模空前的全国农业普查如火如荼地进行。这是一场世界调查史上都极为罕见的行动，现场调查工作共动员了724万实地调查人员，调查了2亿多个农业生产经营单位和140万个乡镇企业，涉及全国范围内5万多个乡镇，70多万个行政村、600多万个村民小组，9亿多农村人口。现场调查仅历时1个月就圆满结束。到1998年初，主要指标数据快速汇总的阶段性工作也已基本完成后，全国农业普查办公室在《中国统计》第一期上发表了《第一次全国农业普查取得重大成果》的专文。

1998年初的一天，已经85岁高龄的刘宗鹤先生像往常一样，来到经济管理学院的资料室翻阅文献，这是他20年来养成的习惯，从报刊上了解

图9-3　1997年全国首次农业普查纪念邮票首日封

国内外的动态，关注中国取得的每一个成就，思考他一生都念兹在兹的中国农业农村问题，平常的行为中蕴含了老一代知识分子的情怀和坚守。冬日的阳光透过明亮的窗户照到他身上，温暖而和煦，当他读到这篇专文时，他由衷地欣喜，因为这次农业普查凝聚了他太多的心血与智慧。这场 20 世纪末全球最大的调查统计活动背后，刘宗鹤是一个绕不过去的名字，正是他在农业统计学、农业抽样调查、农业普查方面独树一帜的研究与实践，奠定了全国第一次农业普查的理论和方法基础，推动了中国农业普查制度的建立与完善。他是最早关注世界农业普查开展情况并将相关理论引入中国的学者之一。

农业普查作为一种全面收集农业经济资料的一种调查方法，在国际上已经被广泛采用，成为国家综合统计体系的重要组成部分，20 世纪 70 年代参与农业普查的国家和地区数就已经达到 102 个。改革开放的中国各项事业都需要一个全球化的视野，第一次农业普查也为中国农业建立与国际标准接轨的农村统计调查体系、参与世界农业发展事务打下了坚实的基础，也为中国加入 WTO 的农业谈判提供了可靠的保障。

实际上，早在改革开放初期，党和国家就着手看展摸清家底的工作，陆续进行了 1982 年的第三次人口普查、1986 年的第一次工业普查。但为什么最为基础的农业普查直到 10 多年之后的 1997 年才开展？事实上，在第一个中央一号文件发布的 1982 年，国家就开始对农业普查问题给予关注，既有农村改革背景的推动，也受到了世界农业普查工作开展的影响。

20 世纪 80 年代后期，随着农业社会经济结构的深刻变化，我国农村形成了以农户为主的新的经济单位，有力地推动了农村经济社会的巨大发展，农村管理方法发生了巨大的变革，也对中国农村统计工作带来严峻的挑战。此前的农业统计主要依据的是定期的报表与年报，据刘宗鹤的调研，各级各类农业报表数以百计，涉及的项目涵盖了世界农业普查中的主要指标，而且一年一次，在世界各国中也是少有的。这也是早期反对中国再专门搞全国农业普查的主要根据。但随着农村联产承包责任制的全面推开，小农户成为农业生产的基本单位，农村商品生产的活跃、统购统销制度的取消以及乡镇企业的崛起，原有获得数据的方式越来越不适应发展的需求，其全面性、准确性和有效性越来越成为问题，吸收世界农业普查方法和经验，开展中国的农业普查已经显得非常必要且十分紧迫。

相对于工业普查，农业普查面对的问题更为特殊、更为复杂。农业普查的起报单位分布的区域广泛、复杂，千差万别，一户多种产业，兼业经营极其普遍，数量要比工业普查多几百倍，一个起报单位的调查项目又比工业调查多出几百倍；对农业生产起显著作用的地理环境、作物生产的季节性、农业生产项目差异显著，在中国筹划农业普查的困难可想而知。进行怎样的设计、采用什么样的调查方法、如何有效地开展农业普查？这都是全新的课题。

古稀之年的刘宗鹤对这一课题发起了挑战。1987 年他写了《我国农业普查设计中的几个问题》，发表在《农村社会经济学刊》上，这是探讨中国农业普查问题的第一篇公开发表的论文，文章虽然不长，但已经包含了他对农业普查设计深入思考的主要方面。那段时间，他的研究生每次去拜访他，都能看见案头摊开的厚厚的英文书。当然，除了借鉴世界农业普查的经验，他的思考也与建立在深入调查基础上的，潜心研究抽样的理论与方法有着密切的关联。

1989 年，刘宗鹤承担了国家自然科学基金"全国农业普查项目和调查方法的研究"课题，指导青年教师和研究生多次深入基层，在北京、湖南、河北、河南等地开展调查，探索农村统计问题和农业资源情况，认真了解吉林、黑龙江、广东、广西、海南、深圳等不同地区的农业生产、农业经济、农业资源情况，不断完善他对中国农业普查设计的思考。

为验证对农业普查设计所作的各种设想，刘宗鹤把原本要在 1991 年结项的课题延期了一年，在 1992 年亲自带队赴河北省石家庄地区辛集市城东乡进行试点调查，以检验设想的可行性。多年之后，参与过调查的地方干部和村民们还清晰地记得，那年初夏时节那位身穿浅灰色中山装、脚踏一双圆口黑布鞋、白发稀疏却精神矍铄的老先生。当时的刘宗鹤已经年近八旬，他一次次核对数据，梳理分析，对有疑问的数据认真复查，一丝不苟的工作态度和科学精神，让参与试点调查的师生至今记忆犹新。

辛集的试点调查极大丰富和完善了课题的研究，经过反复的讨论和修改，《我国农业普查设计中的几个问题》的研究报告最终完成，这也是刘宗鹤一生中最长、最重要的一篇论文。报告中，刘宗鹤谦逊中带着自信地写下了这样的话："这次农业普查以乡镇为总体，进行抽样调查与全面调查相结合，这在我国还属创举，在国际上也是为数少见的。"这篇报告在1994年获得了农业部科技进步奖三等奖。1997年的全国第一次农业普查工作正是在这个研究报告的基础上开展。

通过农业普查，摸清了农业、农村经济和农民状况的家底，填补了基础性数据的空白，为党和政府制定和完善符合我国国情的基本国策以及农业、农村发展战略提供了依据，对于进入21世纪的中国农业、农村乃至整个国民经济的快速健康发展和人民生活改善，具有十分重要的价值，影响深远。

今天的我们无法想象，这样一项对国家发展作出重要贡献的研究成果，竟然完成于刘宗鹤退休之后。从古稀到耄耋，一个近十年的探索与实践，用己所长、尽己所学、为国奉献、为民解忧，正是这样的精神和情怀让一位本应含饴弄孙、安享晚年的老人迸发出惊人的力量。

实际上，像刘宗鹤先生一样老骥伏枥，志在千里的老专家，在农大还有很多，在国内外享有盛誉的应廉耕、安希伋就是其中的两位。

应廉耕（1904—1983年），浙江杭县（今余杭）人。农业经济学家、农业经济教育家。1938年被金陵大学聘为农学院教授兼农业经济系主任；1947年应北京大学校长胡适和农学院院长俞大绂延请，特聘为国立北京大学农学院教授兼农业经济学系主任。1949年后出任北京农业大学教授，并兼任农业经济学系主任。曾当选为第一、五、六届北京市政协委员。

作为世界著名农业经济学家卜凯的得意门生，无论新中国成立前抑或解放后，应廉耕对学问的追求都始终如一，他秉承实事求是的学术道德，希冀通过自己的知识为国家实现兴旺发达出谋划策。学生期间的应廉耕已开始系统地接受"三农"问题的调查和研究工作。1929年，作为金陵大学农经系即将毕业的学生，他参加了由卜凯教授主持的"中国土地利用"调查研究大型课题。此项课题抽样调查覆盖面极广，几乎达全国各省区。其中，22个省的16787个农家调查，21个省的2727个农家粮食调查，16个省的46601个农家人口调查，另有191份县调查和223份地方调查。从准备、试查、培训调查员，实地调查到完成统计分析，撰写成书，长达9年之久。应廉耕虽为学生，但仍作为一个调查区的区主任参加领导工作。其后又与他人主持"江西、湖北、河南与安徽四省的农村经济调查"和统计、分析与调查报告撰写工作；又负责完成"四川省土地分级调查"，4 年内完成 66 个县的土地分级工作，此项分级揭露了旧土地税收不切合各级土地的经济价值；接着又与人完成"四川省农业经济调查"。其中，他作为主要参与者，根据"中国土地利用"项目调查的资料，撰写了《中国土地利用》（共三卷）一书，由金陵大学以中、英文两种版本出版发行，并作为太平洋关系学会研究丛书之一。该书中文版曾获得当时国民政府出版局授予的"1937 年最佳出版卷著奖"。该书曾被中国共产党元老徐特立称为"难得的好书"，即使在爬雪山过草地的极其艰苦的万里长征中，徐老也没有将该书丢弃，直至将该书带到中华人民共和国。费正清主编的《剑桥中国史》中的近现代农村部分史料亦源于此。值得一提的另一件事是，美国作家，赛珍珠（Pearl Buck，1892—1973 年）撰写的享誉全球的名著《大地》中关于中国的资料也多是由应先生提供的。

新中国成立后，应廉耕在教学、工作之余，继续自己的科学研究。在调到北京农业大学后，除了教学外，仍以相当多的时间从事农业经济调查并带领不同层次的学生做理论与实际结合的实践工作。在粉碎"四人帮"后，应廉耕虽然已届古稀，但依旧笔耕不辍，1979—1983 年先后主编了《南斯拉夫农业经济》《中国社会主义农业》《农业经济选读》等图书。这些著作通过中西比较与借鉴，为新中国的农业建设提供了有益的经验。1983 年编撰出版的《台湾省农业经济》更是具有很强的学术价值与现实意义，填补了此一研究在当时的空白。该书共 15 章，以翔实的资料分别探讨了台湾省的历史背景、自然环境、农业人口、农地利用和家庭农场规模、两阶段的土地改革、农村组织、水利和肥料以及农业机械化、农产品贸易、农业结构与区划、粮食与经济作物、畜禽业、渔业、林业等，涵盖面之广即使是今天也很难有人能出其右。

长期担任系主任的应廉耕不仅想着农业经济的发展前途，还积极热情地处理系里的种种杂务，为教职员工排忧解难，未曾有过丝毫的怨气与不满。

新中国成立后，一批社会主义国家的专家、留学生进入北京农业大学学习交流，应廉耕积极为他们创造工作和学习的条件，得到了一致的称赞。1954 年，农经系开始与苏联基辅农学院进行教学协作，应先生与苏联专家布拉茨拉维茨教授之间保持了极为友好的友谊，常邀请专家全家到家中做客，颇受专家称道。20 世纪 50 年代，北京农业大学来了一批越南留学生，应廉耕努力为他们创造学习的环境，常常为他们细致地安排学习、辅导，其中一位后来成为越南农业部的高级官员，还有一位伊拉克留学生，回国后不久被任命为该国的农业部长。应廉耕严于律己、宽以待人的工作态度受到当时教职员工的交口称赞。

应廉耕先生始终存在一个巨大的遗憾：他再没有回到母校康奈尔大学。1980 年以后，虽然母校的农学院以各种形式多次邀请他去讲学和参加学术活动，但皆因种种缘由擦肩而过，未能成行。

安希伋，1916 年生于河南省汤阴县，1948 年赴美国华盛顿大学经济系进修经济学理论，1953 年奉教育部令调任北京农业大学教授，此后一直在北京农业大学从事农业经济教学和科研工作。1993 年被北京农业大学授予"农大人"称号。同年入选"剑桥国际名人录"，1994 年当选为国际农业经济学家协会荣誉终身会员，以表彰他对农业经济学与国际学术交流作出的贡献。

安希伋先生早在 20 世纪 80 年代就开始探讨世界粮食市场、农业对外贸易、国内粮食贸易、粮食价格和粮食政策、农业补贴、农业投资等重要问题，基于这些研究，他较早地从社会科学的角度提出了国家粮食安全问题，指出决定一个国家粮食战略的因素，绝不仅仅限于经济效益的大小，从理论上的比较利益原则到现实的经济决策，还有许多因素在起作用，其中包括一个国家的宏观经济政策、经济乃至政治上的安全、整个社会经济的发展进程以及国际经济环境；粮食安全虽不等于粮食完全自给，但是如果没有相当高的自给率，过分依赖国际市场，就会危及安全。这些认知、观点和判断直到今天仍是中国农业决策的重要思想资源。安希伋先生还是最早讨论市场经济条件下农业发展问题的学者之一，对市场对资源配置的优化、价值规律作用下中国农业结构调整、农业市场体系的建构和市场法规的制定与实行、农业政策（尤其是粮食生产保护政策）等都提出了自己的真知灼见。正是沿着他们这一代学者所开启的研究方向，柯炳生、何秀荣、谭向勇、田维明等一大批农大学者进行了深入研究并取得了突出的成绩，为国家相关决策提供了重要的参考。

安希伋先生也是早期思考进一步深化土地制度改革的学者之一，在 20 世纪 80 年代末他就意识到联产承包责任不能有效适应商品经济（市场经济）

发展的要求，提出土地国有永佃制度，土地所有权归国家，不需买卖或转让，土地使用权归农民，农民使用土地不受外来干扰，农民有取得经营成果的权利以及转让土地使用权的权利，试图从学理上探讨土地所有权、使用权和土地流转方面重要问题。近 20 年后，尤其是党的十九大之后，"三权分置"已成为我国新一轮农村土地制度改革的方向，回看历史，我们不能不为安先生的学术洞察力赞叹。"三权分置"土地制度改革的实施，是几个学术世代共同研究、建言献策积极推动的结果。

安希伋先生也是架起中西方农业经济桥梁的开创者之一。改革开放后，他利用专业理论和外语的优势，将西方国家市场经济运作的机制、经验与理论引入中国，为中国农业经济由计划经济向商品经济、社会主义市场经济转型作出了重要贡献。在 20 世纪 70 年代末到 90 年代中期，安希伋先生长期担任中国农业经济学会副理事长，主持国际学术交流工作，多次代表中国学界出国访问，不断地接待外国学者进行学术交流，中国的农业经济研究也是在他的努力下，进入了一个新的天地。他是国内这一领域最早向世界发出中国声音的学者，在国际学术会议上发表了 7 篇英文论文，介绍评述中国农村经济发展和体制改革的成果与经验，从而使我国农业经济政策引起国际社会广泛关注。

图 9-4 安希伋《转型经济与农民》（1978—2003）封面

1987年他组织、主持的农业经济国际学术研讨会在北京召开，这是我国首次举办这一领域的国际学术会议，英文版大会论文集以《中国奇迹》（*China's Miracle*）为名，彰显了国际农业经济学界对我国改革开放政策和所取得农业发展成就的高度赞赏，为中国社会科学尤其是农业经济研究赢得了国际同行的尊重。

值得农大社科人甚至中国的经济学人自豪的是，历代经管人承接安先生的事业，"以文会友"，推动中国农业经济研究的国际化进程。在中文期刊《中国农业经济评论》（前身是1988年创刊的《农村社会经济学刊》）的基础上，由国家农业农村发展研究院和经济管理学院主编的国际期刊《China Agricultural Economic Review》，2010年10月被国际两大重要检索系统社会科学文献索引指数SSCI和科学文献索引指数SCI（Expended）收录，成为中国经济管理领域第三本被SSCI收录的国际学术期刊。至今共出版42期，年平均投稿量达到200余篇，拒稿率达到80%，影响因子在2018年提升至1.050，得到业内专家和读者的广泛认可。自创刊以来，CAER一直秉持国际化视野，立足中国农业农村实际，讲述中国故事，传递中国声音，为农大建设"具有中国特色、农业特色的世界一流大学"注入了新的活力，成为国内外学者展示学术成果的重要平台，也是中国学术期刊国际化的重要标志之一。

为了进一步加强国内外农业经济领域的学术交流，CAER于每年10月举办国际学术会议，邀请全球农业经济知名学者与政策专家讨论最新的中国与全球农业经济热点问题。自2009年以来，CAER编辑部和国际食物政策研究所（IFPRI）共同联合举办了10次国际会议，会议规模平均为120人/次左右，会议投稿量达到年平均180篇左右，收录论文年平均60篇左右。

历届会议效果显著，直接提升了《中国农业经济评论》以及我国农业经济学科在全球相关领域的影响力，并为国内农业经济学者提供了与国际知名专家沟通交流的机会和平台，提高了我国农业经济学科在全球农业经济学领域的影响力，为我国农业发展、农村改革提出更有针对性、全局性的政策性建议。

老当益壮，宁移白首之心？穷且益坚，不坠青云之志。这是中国农业大学这所百年老校最值得珍视的精神传统。

二、农业经济和市场的探索者

1991 年，一篇名为《我国粮食市场上的价格信号问题》的论文发表在《中国农村经济》第六期上，论文指出粮食本身的自由市场价格才是影响农民种粮积极性的主要价格信号，这个价格具有高灵敏感性，粮食产量的微小变化都会引起粮食市场价格的大幅度变化。基于市场价格在反映供求变化上的放大性，论文判断，中国粮食市场价格具有很强的潜在的年际波动性。不能因为市场价格跌幅较大便认为粮食过剩很多，国家的宏观决策不能跟在市场变动的后面，频繁地调整市场与价格政策，粮食价格政策应建立在长期分析预测基础之上。论文提出的对策性结论对中国的粮食价格政策产生了影响，在当时无疑是"石破天惊"的观点。

论文发表不久即被《新华文摘》全文转载（1991 年第 8 期），一时间成为在农业经济学界的焦点话题。在 1990 年前后，处于多重价格体系的中国粮食市场上，对农民生产者的生产决策起主要制约作用的究竟是哪一个价格？生产者对其反应强度如何？这个价格在反映供求关系变化方面是否可靠？解决这些问题不仅有助于总结 1984 年以来中国农业经济发展的经验，更有助于为即将开始的社会主义市场经济建设中，农业经济如何发展提供了重要的经验借鉴。

论文的作者是来自北京农业大学的归国博士柯炳生。1982 年，作为恢复高考的第一届北大毕业生，柯炳生有很多路可以选择，但他却出人意料地选择了攻读农业经济的研究生。原本学地理专业的他来了之后就恶补经济学知识，当时正在编撰《经济大辞典·农业经济卷》的导师陈道先生的教学也是别具一格，他直接用外国的文献对柯炳生进行科研训练，他的第一篇公开发表的文章，就是和导师一起编译英文文献《综观世界粮食生产问题》，这对他一生的研究产生了深远的影响。研究生的第一个寒假，他参加了中央书记处农村政策研究室主任杜润生组织的农村调查，但在调查中发现了一个重要的问题——农村就业，并撰写了报告。报告送上去以后得到了杜老的肯定，发在了政研室内刊上，那可是中央领导都会看的对农村改革有着巨大影响的刊物。在报告的基础上扩展延伸，他完成了硕士学位论文，缩写后以"我国农村经济的发展与城市化"为题发表在 1985 年初的《农业经济问题》上，他提出将劳动力限制在农村系统内部，其发展活力是极其有限的。只有人口可以在城乡间自由流动，农村经济才会持续高速发展。在此后的研究生涯中，农民收入、农民权益保障、农业劳动力向非农业的转移始终是他阐释农业现代化问题的重要视角。20世纪80年代末在德国霍恩海姆大学农业政策与市场研究所获得博士学位之后，柯炳生毫不犹豫地选择回到祖国，回到母校，为改革开放和农业发展奉献才智。他是当时为数不多的回国服务的经济专业的博士，1992年获得了农业部"全国农业教育、科研系统优秀回国人员"的荣誉称号，受到了当时中央主要领导的接见。柯炳生还上了中央电视台《新闻联播》，直到今天，已经从中国农业大学校长职位上退休的他还清楚地记得当时的情景，"采访拍摄了多半天，我的几个学生也在央视露了脸，播出了三分多钟，是一个不短的新闻。"虽然手头没有视频资料，很多细节因为时间太长，他已经记不大清楚了，但有一点很确定，"那体现的是国家对我们这一代留学归国人员的重视和厚望！"

以粮食价格信号的放大理论为主要内容，柯炳生撰写的另一篇分析中国粮食市场的改革情况的文章成为当年国际农经学会全球征文中国大陆唯一一篇入选的论文，产生了较大的国际反响。在国内，为了回应学界对他的理论和观点的质疑，1992年他又发表了《再论我国粮食市场上的价格问题》，系统地阐释了他对中国粮食政策与市场价格、中国粮食价格和世界市场价格、粮食价格和其他农产品价格、价格与农民收入等一系列问题的认识，这些问题以及由这些问题延伸出的其他相关议题至今仍是影响农业农村发展的重要问题甚至是关键性问题。巧合的是，当年刊发这两篇文章的责任编辑韩俊，后来成为中央农村工作领导小组办公室主任、中央财经领导小组办公室副主任、农业农村部副部长，对中国农业农村政策的制定有着举足轻重的影响。

社会主义市场经济问题既是一个经济问题，又是一个重大的实践问题；农业市场的研究既关系农业生产与消费，更与农村社会生活有着密切关联。在不同的发展阶段，制定怎样的粮食政策，不仅关乎国家粮食安全，也关系人民生活的幸福。研究视角和方法和世界接轨，但研究的问题、立场和结论却始终是中国的。柯炳生在20世纪90年代进行的关于中国粮食市场与政策以及延伸的关于整个中国农业经济与政策的研究，都具有鲜明的中国特色，多次获得党和国家领导人的批示。90年代前半期，他多次发文讨论粮食市场与价格政策改革问题，产生了较大的影响；1998 年他全面梳理了关于中国粮食流通体制改革与市场体系改革的历程，并对继续深化粮食政策改革提出了自己的思考和建议，强调稳定生产才是稳定市场供给的前提，粮食作为特殊的商品是人类生存的必需之物，需要采取特殊的政策，对于中国这样的发展中大国、这样的社会主义国家而言，一定要处理好国家宏观调控与市场配置资源的关系，粮食安全与主权是中国农业政策一个头等重要的目标。这个时候，中国已经站在了 WTO 的门槛前。

大约从 2000 年开始，柯炳生成为 WTO 与中国农业的重要研究者。早在 20 世纪 90 年代初期，他就关注过当时的关贸总协定多边贸易谈判"乌拉圭回合"中关于农业问题的尖锐冲突，意识到农业在国际经济中的重要地位，并开始尝试探讨国内农业生产与国际市场的关系，这些研究对中国加入世界贸易组织农业方面的谈判具有很大的参考价值。当时已经调任农业部农村经济研究中心主任的柯炳生，不仅多次参加国家和农业部与谈判相关的重大会议，而且作为中国代表团的农业专家代表参与了日内瓦谈判。2001 年中国正式加入 WTO 后，他连续写文章分析加入 WTO 对中国农业发展的影响，引起学界和社会的普遍关注。

中国加入 WTO 之后，农业是受冲击和影响最快的部门，农民收入和生计问题更是必须直面的挑战。税收和补贴制度的改革，成为柯炳生关注的焦点，在 2002 年初发表的《加入 WTO 与我国农业发展》一文的"对策思考与政策建议"中，他就明确提出要对农民进行直接补贴，弥补粮食价格降低对农民收入的不利影响，其中"直接减免农业税"是重要的一条。2003 年，他连续发表《取消农业税势在必行》《取消农业税的重大意义和可能途径》等文章，为取消农业税鼓与呼，由于他当时担任农业部农村经济研究中心主任，是中央农业决策的智囊之一，受到中央领导的重视和直接批示。虽然这些问题不是柯炳生首先开拓的，但他确实对推动取消农业税的决策发挥过较大的作用。2006 年，中国废止《农业税条例》，实行了 2000 年的皇粮国税从此退出历史舞台。需要特别指出的是，最早提出取消农业税的人、被称为"农村税费改革的第一人"何开荫先生，也是农大的校友，1958 年毕业于北京农业大学农学系。

从 20 世纪 90 年代以来，作为国内一流的农业经济专家，柯炳生以其卓越的学术敏感和强烈的社会责任感长期保持对中国农业政策的较大影响力。进入新世纪后，他多次参加党中央和国务院领导主持的座谈会，2004年3月，他与中国农业大学的程序一起在中央政治局第11次集中学习会上做了有关"世界农业发展状况与我国农业发展"的汇报讲解工作。2007年之后柯炳生担任中国农业大学校长，2013年他又当选为十二届全国政协委员。在新的工作岗位上，他用自己的才智，不断为农业农村发展献策，从呼吁切实严格保护耕地、改革完善农业补贴政策，到建言加强科技创新与推广应用支持力度，再到重视农业科技人才培养和农业科技创新成果的知识产权保护，都对中国农业现代化建设和乡村振兴具有重要的参考价值。

党的十八大以来，中央一再重申深化经济体制改革，"核心问题是处理好政府与市场的关系，使市场在资源配置中起决定性作用和更好发挥政府的作用。"在柯炳生看来，改革开放后，自己的所有研究和政策建议最终都可以归纳到这两个方面，他和他们这一代农大人是中国走向世界、中国农业走向世界的见证者，更是推动者与参与者。

1990年柯炳生曾经写过一篇《美国的谷物期货市场》的论文，是国内较早介绍农产品期货的文章之一，这是他关注粮食价格和国际贸易的题中之义，关于期货，他此后并没有专门的研究和政策建议。2005年，比柯炳生更早从事期货研究的他的同龄人，中国期货市场的创始者、被称为"中国期货之父"的著名经济学家常清受聘于中国农业大学，担任经济管理学院教授，并创办中国期货与金融衍生品中心。常清受聘农大，是值得铭记的大事。此后的10余年间，中国农业大学不仅培养了大批优秀的期货人才，成为中国期货市场建设的主力军，也在期货和金融方面对国家战略决策产生了重要的影响。2017年9月，在常清的荣休会上，作为定价中心理论的提出者，他的发言充满了期望与憧憬，"作为我们这样的发展中国家，经济迅速崛起，面临人民币国际化的重要任务，需要明白，这一目标是需要有载体的，否则就是空谈。不解决定价问题，定价中心不在中国，就会变成GDP增长但国民财富大量流失，还留下许多环境、资源的问题。""一带一路"倡议为我国期货市场定价影响力的提升提供了难得的机遇，努力将中国期货市场建设成为国际大宗商品定价中心，这是一个可以期待的未来。

市场与价格、成本与收益、供求关系、生产与消费等西方经济学的名词和分析经济问题和现象的方法、视角，虽然在应廉耕、安希伋、陈道等老先生那里已经开始出现，但真正全面推开、彻底改变中国农业经济研究的面貌、形成新的研究范式、使其与世界重新接轨的无疑是以柯炳生为代表的这一代人。同他一起推动这一深刻转型的还有俞家宝、郑大豪、谭向勇、何秀荣、田维明、肖海峰、杨秋林、秦富等一大批农大学者。20 世纪90 年代中国农业已经发展到一个新的阶段，农产品的数量问题已经基本解决，农产品的市场问题越来越突出，正是在这样的背景下，1996 年，由柯炳生任主任、谭向勇和何秀荣任副主任的"中国农产品市场研究中心"成立，农大的学者从多个角度深入而持久地开展了对各类农产品市场的分析探索，这些开创性研究，对中国农业生产、销售和消费以及农村社会的发展发挥了深远影响，对社会主义市场经济体制的建立和完善也发挥了不可替代的重要作用。2017 年 11 月，由青年学者韩一军担任主任的"国家农业市场研究中心"在中国农业大学揭牌，柯炳生应邀担任中心的学术委员会主任。这个以国家级智库为目标的研究中心，将针对农业市场中存在的薄弱环节和突出问题，从农产品市场分析预警和调控、农业统计调查、农产品流通等方面开展系统研究，为国家制定农产品市场调控政策提供有效支撑。这是农大近 30 年关于农业市场研究的政策指向、学术理想和精神的延续。

三、农业农村改革的智囊

2016 年 8 月 17 日，中南海紫光阁华灯璀璨，流光溢彩，中国农业大学教授何秀荣从李克强总理手中接过了国务院参事的聘书，正式成为国务院参事室的一名参事，直接为国家建设出谋划策。国务院参事室是国务院直属的政府决策的智力支持机构，创建于 1949 年 11 月，是中国共产党吸收专家学者和知名人士智慧，提升治国理政能力的重要机构，是国家最高级的智库之一。参事室的主要职责是参政议政、建言献策、咨询国是、民主监督，受聘者需要有较大的社会影响力、较高的知名度，并且具有较强的参政咨询能力。新中国成立以来，各任总理先后共聘参事共 200 余位，现任的国务院参事有 50 余人，在受聘的专家学者中，各行业名流云集，何秀荣是唯一受聘的农大人。这是对他多年从事农业经济研究、积极建言献策的充分肯定，某种意义上，也是对中国农业大学对国家层面农业农村发展政策影响能力的认同。

任国务院参事后不久，何秀荣直接参与的"农业供给侧结构性改革"和"粮食最低收购价"两项政策建议都得了高度重视，当时参事室农业组共提出9项建议中7项获得了批复，是获批率最高的组。建言能直接出现在总理案头，这令他感到格外兴奋，也深感肩负责任之重大。

对于建言献策，何秀荣并不陌生。但以往多是在他的研究和调查成果先在学界和社会产生影响后，才引起中央决策部门的重视，最终推动了相关战略和政策的制定。

2000年底，中日之间爆发了激烈的贸易冲突，起因就是日本对中国的蔬菜实施紧急限制进口措施，当时的中国正处于加入WTO的最后关头。这次贸易战可以说是在入世之前应对贸易摩擦的一次预演，对中国如何按WTO规则处理贸易争端具有极为重要的意义。何秀荣在此后不久的2002年发表了《中日农产品贸易战的政治经济学分析》一文，深入分析了贸易战产生的背景和深层原因，对其影响和后果进行了探讨，并从WTO规则出发，提出了重要的战略性、政策性思考。2004年，该文得了首届"中国农村发展研究奖"。该奖项是由被誉为"中国农村改革之父"的杜润生先生倡议设立，是我国农业经济和农村发展研究领域最权威、社会影响最大的奖项。该奖项两年一次，迄今共评了八届，何秀荣先后四次获奖。

《中国大豆产业状况和观点的思考》是2016年第七届"中国农村发展研究奖"的获奖论文，同样是何秀荣在农产品国际贸易领域的重要研究成果。论文对国内流行的有关大豆产业误读的观点逐一进行批驳，指出中国大豆产业总体上处于历史发展的最好时期，而非社会舆论中流传的那样"岌岌可危"，并对其未来发展进行了冷静思考。他立足从全球化的农业观、战略观和风险观，指出在"谷物基本自给，口粮绝对安全"的前提下，充分合理利用国内国外两种资源和两个市场，才是中国现代农业发展之道。

中国是农业大国，但还不是农业强国，要在新中国成立100年时建成社会主义现代化强国，农业强起来必不可少。如何在复杂的国际环境中解决中国农业发展的困顿、实现农业现代化，是何秀荣研究工作的重心。2009年1月，围绕这一主题，他和时任国务院发展研究中心农村经济研究部部长的韩俊一起，以"中国特色农业现代化道路"为主题，为全体中央政治局委员做了讲解，他讲的部分正是"从历史与国际的层面认识农业现代化的问题"。

在何秀荣看来，中国的农村改革，不仅对农村、对农民，而且对整个国家乃至对整个世界都作出了巨大贡献，中国必须也一定能够走出一条不同于其他国家的农业现代化道路。近年来他撰写的关于土地流转、农业规模化经营、农业补贴、农民收入等方面的研究论著，在对农业农村发展中亟待解决的问题进行探析的同时，无不提出他的应对策略，希冀推动中国农业真正强起来。更可贵的是，何秀荣常站在朴素而现实的农民视角发声，他在多个场合讲过，政策研究要以确保农民收入增长和务农积极性为宗旨，不能想当然地定指标、下任务，"不从农民的视角来考虑农民的事情都是虚幻"，"地是农民种的，农民是讲生计的，现在是你在天上，我在水里，你却告诉我该怎样游泳。"广大农民对美好生活的向往是他研究农业农村问题的动力，这样的情怀使已经年过花甲的他仍活跃在用智力推动乡村振兴的最前沿。

智囊的形成也不是因为他具有天生的智慧，同样是经过了千锤百炼的。在何秀荣学术生涯成长的过程中，有两个故事令他记忆深刻。

在德国留学期间，他陪同出国考察访问的导师安希伋先生参观一个德国农场，安先生忽然问了农场主一个出人意料的问题，"你们的燃料供给系统是不是出现了问题？"农场主做了肯定的答复后，被中国专家敏锐的观察力和判断力所折服。回到宾馆，他问安先生怎么发现了这个问题？安先生笑着说："小何，学问不光是听人说、看书，更得要观察与思考。我看到墙角有好几个大柴油桶，心想德国这么发达，要准备这些干吗呢？要么就是价格便宜的时候买进，省点钱；要么就是燃油供给系统有问题，但我不敢判断是哪一个原因，所以我要问一下。"这件事对他触动非常大，之后，他更加注重实践与自己学术研究相结合，养成了细观察勤思考的习惯，从日常小事中探析"大"问题。

第二件事发生在20世纪90年代初，从德国回国不久的何秀荣作为专家参与山东潍坊一个现代农业科技园区的评估，带队的是农业部副部长洪绂曾。在考察后的讨论中，洪部长说："投钱不是主要问题，主要在于这个项目有没有复制价值。"这件事对何秀荣震动很大。他意识到，单纯从学术角度考虑特殊性的问题，与从农业战略与经济效益角度考虑普遍性的问题，是有很大区别的。思维方式的转变，成就了之后何秀荣做学问的大气象，也成就了他从纯粹的学者升华成为一个具有战略眼光的智囊。他曾组织完成了西气东输工程的大型土地评估工作，涉及土地用得合不合理，经济效果、社会效果、生态效果等很多政策问题，他始终站在国家发展的高度思考，带着团队一年走了全国十几个省，圆满完成了任务。在他看来，围绕目标精准地、全面地、辩证地探究农业农村问题，是他不断取得新成果的关键。这也是中国农业大学社会科学研究的特色所在。

在中国农业大学有一批像何秀荣一样的党外知识分子，积极为国家农业农村发展建言献策。2011年，中央统战部设立了12个建言献策专家咨询组，入选的专家都是有深厚专业造诣、热心议政建言的党外人士。农大校长孙其信是何秀荣所在的农业组的组长，副校长龚元石在教育组，资环学院李保国在生态组。人文与发展学院左停也在农业组，担任秘书长，作为人文社会科学领域的知名学者，近些年他提出的多项政策建议，都引起高层领导的关注，产生了较大政策影响。

做政策问题的研究是顶天立地的事，要把握国家发展的需求，也要脚踏实地的调研，要有科学理性的分析，也要有深切的人文关怀，这是左停多年坚持的理念。从事扶贫工作30年来，左停对基层情况了如指掌的他对中央政策的制定、实施都有自己独到的看法。早些年，他在云南的贫困县调研，第一天村子里还有红十字会帮扶的一头国外引进的奶牛，牛是小牛，养大了才会有效益，可第二天再去的时候牛就死了。这件事让他理解了中国扶贫工作的挑战和难度，有很多不可预知的问题，研究扶贫政策专家必须要有清醒认识。近年来，农村社会保障是他关注的重点，他认为对于那些地方差异性很大的问题，惠民政策绝对不能一刀切。比如农村养老保险，平均寿命相对较低的地方，这个政策就对他们没那么大的意义。

进入新世纪以来，开发式扶贫已经成为中国的一个名片，左停也是这一模式和理念的推动者和实践者。但近年来，结合对社会保障问题的思考，他发现单纯的开发式扶贫并不能完全解决农村的贫困问题，于是他提出了开发式扶贫与保障性扶贫相结合的学术观点。2018年由他牵头完成了《坚持开发式扶贫与综合保障性扶贫并重》专题研究报告，得到了全国政协主席汪洋的高度重视，不久坚持开发式扶贫和保障性扶贫相统筹就成为新的国家扶贫战略，增加对于弱劳动力和无劳动能力的弱势群体的综合保障性政策支持，充分发挥社会保障兜底扶贫的作用，成为今后脱贫攻坚战中的一项重要工作。2019 年，左停、何秀荣等撰写的《关于乡村振兴战略中产业扶贫问题的政策建议》获得中央领导批示，再次彰显了中国农大在扶贫政策方面的影响力。

中国农业大学还是中国农业法律、法规研究的重镇，新中国成立 70 年来，尤其是改革开放 40 多年以来，对中国的农业立法和相关工作作出的贡献，在国内是首屈一指的。用人文与发展学院法律系任大鹏的话来说，"从农业法律支撑和农业法律人才培养角度来讲，农大的贡献一定是超出其他任何机构的。"

1984 年，经济专业毕业的任大鹏留校任教，阴错阳差地选择了农业经济法这个当时非常偏门的方向，这令他成为中国农业立法过程的历史见证者和主要参与者。1985 年，年轻的任大鹏参加了在广州召开的全国第二次经济法理论工作会，当时农业经济发展是大家关注的重点，任大鹏有机会和一批法律界名教授一起讨论农业法律问题并受益匪浅。同年，农大举办了全国第一期农林高校经济法学培训班，这是中国农业法律史上开创性的举措。任大鹏既当学员，又当班主任，以极大的热情参与组织培训班的各项工作。当时，搞法律的不懂农业，搞农业的不懂法律，农业经济法几乎就是农大人在一片处女地上开辟出来的新天地。改革开放初期，国家对这方面的人才有强烈的需求，1987 年，又办了第二期，培养了中国第一批农业法律人才，这些人至今仍是这一领域的中坚力量。

中国农业大学关于农业法律问题的研究也是从 20 世纪 80 年代中期开始的。从《合同法》的角度厘清农产品统购统销制度取消后的农产品合同订购问题，这是任大鹏最早的研究课题。当时农大的法律研究，紧紧围绕农村改革的时代主题，较早地开始探讨土地制度变革中的法律问题。在农业部的支持下，农大先后组织过七八次土地制度的培训班和研讨会，主要围绕 1984 年颁布的《土地管理法》展开。那个时候土地管理干部从管理体制上来讲还在农业部门。可以说，农大在整个土地制度的沿革过程中也发挥了很大作用。

1991 年，任大鹏参加了中国第一部农业法的起草工作。1993 年 7 月《农业法》正式颁布实施，这是我国第一部关于农业工作的综合性法律，标志着我国农业工作开始纳入依法管理的轨道，在深化农村改革、发展农业生产力、推进农业现代化等方面发挥了巨大作用。以任大鹏为首的农大法律人对这项立法工作的贡献足以载入共和国的史册。同日颁布实施的《农业技术推广法》，以及这一时期先后颁布的《动物防疫法》《乡镇企业法》《基本农田保护条例》《种子管理条例》等一系列的农业法律法规也都凝聚着农大人的智慧和心血。

1999 年末至 2000 年初，《农业法》的修订工作开始，由全国人大农委专门负责，作为专家，任大鹏多次参加讨论，提供意见和建议。新农业法的起草过程是正处入世谈判的关键时期，他至今记得当时和入世谈判代表团负责人讨论"农业多功能性"如何写入法律条文的情形，也记得"农民权益保护"设立专门一章的字斟句酌的场景。此后，他曾完成多篇关于农权益保护的研究报告和论文，并牵头成立了中国农业大学农业与农村法制中心。

到 2000 年下半年，任大鹏又参与了《土地承包法》的起草工作。在内蒙古鄂尔多斯市调研过程中，有一件事对他的触动很大：当地花巨资从美国购买的最先进的喷灌机弃置在角落里生锈，主管农业的副市长无奈地对他解释，农民承包的土地分布细碎，种植的作物品种多、需水状况不同，这样的无差别大规模喷灌设备根本无法使用。副市长还说："目前的土地承包制度一定要变，否则会严重制约现代农业的发展。"在起草组讨论中，任大鹏讲了这个事例，引发了大家的思考，在土地承包权不变的情况下，通过流转的方式相对集中土地是非常有现实需要的。最终，《农村土地承包法》增加了第十条："国家保护承包方依法、自愿、有偿地进行土地承包经营权流转。"这是"土地流转"第一次出现在国家的法律中，毫无疑问，任大鹏的建议发挥了关键性的作用。"三权分置"土地制度改革的大背景下，《农村土地承包法》修订工作启动，土地流转和经营权问题是修法的重点，2018 年草案完成后，全国人大曾派人专程到农大征询意见，有不少修改建议被采纳，可见农大在农业立法方面的地位和影响。

在中国发展的历史进程中，正是像何秀荣、左停、任大鹏这样的农大教授担当了时代赋予他们责任和使命，他们能够成为农业农村发展的国家级智囊，中国农业大学的学术氛围和百年的精神传承，练就也成就了他们。

四、助力农业政策的高端智库

让我们慢慢揭开获得"国策奖"的农业智库——国家农业农村发展研究院（简称"国农院"）的神秘面纱，一起来回顾他们对中国农业农村政策制定所作出的努力。对国农院同仁来说，值得骄傲的成就有很多，比如为"一号文件"的制定建言献策，比如撰写的关于粮食消费、土地登记、农民工市民化以及农业补贴等方面的政策建议获得李克强、张高丽、汪洋、胡春华等党和国家领导人的批复，并被有关决策部门采纳；比如每年年初举办的中国农业发展新年论坛已成为探讨我国农业农村农民理论和政策问题的具有品牌性、标志性的重要活动，2018 年度更是入选了中国十大学术热点；再如主办的英文期刊《China Agricultural Economic Review》被 SSCI/SCIE 双收录，在国际经济学界建立了崇高的盛誉。如今，当你进入国农院的办公室，映入眼帘的是存放整齐的《政研要报》、学术著作、调研报告集、调查问卷，这些无声的资料正是国农院成立以来致力服务国计民生、建言献策的生动写照。是的，可以留存的、值得骄傲的工作有很多，但是，建院之初开展的那场轰轰烈烈的土地登记试点工作却是国农院同仁的记忆中最值得自豪的工作之一。

究竟是什么力量，在推动着中华民族不断走向一个又一个辉煌？是科技发明、文化传统，抑或是制度体系？也许，每个人都有答案。但毋庸置疑的是，所有的发展都离不开一个根本，即建立在土地基础上的农耕文化的支撑作用。耕者有其田，自古以来，这里的人们依土地而生，土地是农民长期赖以生存的命根子，为保证土地的效用，他们不断创新土地的耕作方式、分配制度、管理模式。100 多年前的 1909 年，美国农业部土壤局局长、威斯康星大学富兰克林·H. 金教授游历东亚三国时，为"四千年农夫"的智慧所折服，惊叹于中国农业的永续发展，但他决然不会预见到，新中国成立后，特别是改革开放以来，我们对土地的使用模式正在发生着翻天覆地的变化。土地联产承包责任制解放了生产力，中国农业取得了长足的发展，"稻米流脂粟米白，公私仓廪俱丰实"，盛世景象再现。改革是在不断探索中前行的，当我们的温饱问题已经解决，改革进行深水区的时候，我们发现，农民收入确实增长了，但增长幅度欠佳，城乡收入也在不断扩大，而这些仍旧与土地有着千丝万缕的联系。历史的发展将如何建立长期稳定的、可转让的土地权利，保障农民的土地权益提上了议事日程。

2004 年，在时任中央农村工作领导小组办公室主任陈锡文的倡导下，中国政府就开展农村土地登记制度试点工作与世界银行、联合国粮农组织等机构展开研究，探讨合作试点的可能性。2005 年，由联合国粮农组织资助的"中国农村土地登记制度试点项目"正式启动，项目的国家办公室设在了中国农业的最高学府——中国农业大学，当时的中国农村政策研究中心（现更名为"国家农业农村发展研究院"）承担了这一光荣的使命。

无数个夜晚，当时的中国农村政策研究中心所在地——圆明园西路二号院神内中心一楼灯火通明，项目的参与者们以通宵的不眠，贡献着推动中国农业发展的智慧。斗转星移，如今已经易址清华东路十七号院 5 号楼的国农院，孤傲的小楼里依旧存放着开展试点的照片、文件，路过的行人依旧会看到记载那块必将在中国土地改革重要历程留下光彩一页的"中国农村土地登记制度试点项目"的牌子，在 5 号楼的门口熠熠生辉，仿佛在诉说着那如火如荼的岁月。

是的，如火如荼。伟大的试验要选择伟大的地点。安徽，历来都是我国农村改革的缩影，观其一省，可见我国经济发展中存在的南北差异、东西差异和城乡差异，其耕地的地块分布、细碎程度、人均面积以及种植结构和产出效率在我国都具备极强的代表性。试点项目的负责人敏锐地把握住了这一点，他们选择了安徽省肥东县作为试点地区。2006 年 1 月 20—21日，由中国农村政策研究中心、联合国粮农组织以及世界银行共同举办的中国农村土地登记制度试点项目启动会议暨中国农村土地登记制度改革学术研讨会在中国农业大学举行，标志着本项目正式启动。一批在国内外有着极高影响力的专家学者、政府机构、科研单位参与进来，共同探索这项必将载入中国农村土地改革史史册的重要试验。

试点小组进行了有效的工作，在前期考察土地登记的国际经验、撰写土地登记操作手册、开发土地登记信息化系统的基础上，2008 年 9 月，中国农业大学经济管理学院组织人员，对试点地区进行了基线调查，并由中国农村政策研究中心组织专家对试点地区的相关人员进行了能力建设培训，来自南京农业大学的测量队伍在试点村开展了承包地的指界、测算、确权和登记资料的收集工作。为了准确地界定各家土地的位置和面积，确保农户的土地权利，试点项目综合运用地理信息系统（GIS）、遥感（RS）、全球定位系统（GPS）技术，建立了承包土地管理软件模型，保证了土地测量方法的先进性和登记成本的经济性，为安徽省乃至全国推进农村土地登记提供了宝贵经验。

前期工作是艰苦的，土地是农民的命根子，任何疏忽都可能引发与村民的矛盾与冲突。比如在资料收集过程中，常常会发现户籍、人口和经营权证书与事实不符，常常有群众担心会重新分地减少粮补，这些都需要根据政策一条条地解释，让村民安心，也让他们明白参与这项工作对他们将来生产生活的重要意义。

2008 年 12 月至 2009 年 1 月，肥东县相关人员对试点村的土地登记信息进行了最后审核，并录入登记软件系统，一个个农村土地登记证书由此快捷自动地生成了。参与试验的农户，在拿到新型农村土地承包经营证书的同时，会欣喜地发现自家的土地、田间小道，甚至地埂都能在遥感影像地图上清晰可见。

2009 年 1 月 18 日，国家项目办在北京召开了试点项目的总结会议。中国农业大学与联合国粮农组织、世界银行、加拿大 ESRI 公司、农业部、国土资源部、南京农业大学等单位相关人员参加了会议。会议认为完备的农村土地登记体系，对于保护农民土地权利，增加对农地的投资，推动农村信贷市场和土地市场的发育，减少土地纠纷等会起到良好的作用。

事实证明，这一预判是正确的，试点工作取得了显著的成效，在其后中央颁布的多个文件中都对土地登记提出了明确的要求，比如 2010 年中央1 号文件明确提出"扩大农村土地承包经营权登记试点范围"，农业部也会同多部门出台了《农村土地承包经营权登记试点工作指导意见》。如今，规模化经营已经全方位推进，明晰的土地登记制度无疑对土地流转起到了重要的保障作用，当边界清晰的新"鱼鳞图册"呈现出来时，土地纠纷与争议大大减少，农民的权益得到了最大程度保障。

2018 年，农村承包地确权登记颁证已经顺利结束。当我们回望土地登记试点工作时，我们应该记住那些艰苦付出的人，他们有国家农业政策的制定与参与者，有高校科研机构的学者，有行业翘楚，有国际专家，等等。参与的人还有很多，比如安徽肥东的基层干部，从他们身上看到了中国基层工作的艰苦与不易，看到了他们的扎实与耐劳。当然，最不应该忘记的是那些与土地朝夕相处的农民们，历史不应该忘记他们，历史应该感谢他们。正是他们的勤劳与智慧，推动了中国这个农业大国的行稳致远。

秉承服务国家农业农村发展的宗旨，国家农业农村发展研究院不忘初心，牢记使命，不断对我国农业农村发展过程中具有全局性、战略性的重大问题提供理论支持和决策咨询。2014年，《哪些农民工更愿意市民化？》《农民工对市民化最期盼什么？》《县城是农民工市民化的首选》等3篇研究报告，先后得到李克强总理、张高丽副总理和汪洋副总理的批示，中央农村工作领导小组《农村要情》全文刊发了报告，为国家加强县域基础设施建设和投融资体制改革方案的完善提供了重要的决策支撑。2016—2017年，结合我国玉米临储政策的取消，组织撰写的报告《当前东北玉米市场形势调研及政策建议》和《东北玉米备耕进度缓慢政策急需明确》均获得汪洋副总理批示，并批转相关部门加快出台相关政策。这样的例子还有很多很多……

一代一代的国农院人正是在这种精神的激励下，不断扬帆起航，深入乡间地头，扎实履行解民生之多艰的历史使命，为"三农"问题的破解寻找中国方案！

第三节　建言献智助振兴

一、农业科学家的建言议政之路

2013年3月，由九三学社提交的"关于加强绿色农业发展"的提案被列为全国政协十二届一次会议第0001号提案，该提案重点关注了我国农业发展存在的资源浪费和破坏、污染日趋显现、农业生产能源利用率低等问题，是党的十八大作出生态文明建设战略决策在农业发展领域的具体化建言。"发展绿色农业"涉及的不仅仅只是"农业"，甚至不仅仅是"绿色"，而是和粮食安全、食品安全、生态环境、政府监管等多项重要问题，彼此之间都有着千丝万缕的联系。从更高的角度看，绿色农业不仅仅只是一个农业产业问题，更是关乎未来农业发展路向的根本问题。

"我国耕地面积占全球耕地面积的8%左右，但是我们养活了全球超过21%的人，这是我们的成就。但是我们这不到10%的耕地，却耗掉全球化肥总量的三分之一，接近35%，前两年是32%—33%。"提案的主导者之一，中国科学院院士、全国政协常委、中国农业大学的武维华在接受《第一财经日报》记者采访时，不仅显示了作为一名科学家用数据说话的严谨态度，更饱含着他对中国发展的深情关切。"过去这几十年，尽管粮食一直在增收，但农业生态环境急剧恶化，已是一个不争的事实了。""我们必须采取有效措施，发展资源节约、环境友好的绿色农业。"

20多年前，哈佛大学生物学实验室的博士后武维华接到了父亲"希望在有生之年还能看到你们回国服务"的家书，这与他的理想不谋而合。于是，满怀为中国农业发展贡献自己一份力的使命感的他，毅然放弃了在美国的优厚待遇，回国从事基础性农业生物学研究。他不仅在科学研究上收获满满，更是被选为全国政协委员，为国家发展建言献策成为他的一种责任。

2013年，"有一种节约叫光盘，有一种公益叫光盘！""我光盘，我光荣！""拒绝舌尖上的浪费，光盘一族你我同行！"这样的标语和海报广为传播，"光盘行动"最为当年影响最大的社会公益行动，不仅成为新闻热点，甚至成为网络流行语，青年学子热衷追求的"时尚"。但很少有人知道，农大教授武维华是第一个建言倡议者。

一个偶然的机会，他看到了胡小松等人的调查数据，大学生倒掉的饭菜总量约为他们购买饭菜总量的三分之一，仅全国大学生们每年倒掉的食物就可养活大约1000万人！他敏锐地意识到：中国每年浪费的粮食量至少占全国粮食总产量的25%，足以养活2亿—3亿人口。这是一个令人触目惊心的数字！当农业科技工作者不遗余力、推动增加粮食产量的时候，却忽视了农民辛苦劳作增产的很大一部分粮食在最后的环节——餐桌上被浪费掉了。这让武维华如坐针毡，在他的记忆中，小时候只有在过生日时母亲才会给他一个鸡蛋吃。他会放在衣服口袋里，不舍得吃，不时摸一摸，直到不小心磕破了皮，才肯拿出来。"农业学大寨"时，姐姐曾给武维华送一小袋小米和红薯，当时他以为，那已经是人间至极美味。至今，在武维华办公室的小黑板上，仍贴着两行字，"一粥一饭当思来之不易，半丝半缕恒念物力维艰。"

从 2009 年起，他连续数年以全国政协提案或发言的方式建议在全国开展杜绝食物浪费的活动。2013 年初，习近平总书记作出重要批示，要求厉行节约、反对浪费。随后，一场杜绝"舌尖上的浪费"的"光盘行动"在全国轰轰烈烈地展开了。

2014 年下半年，武维华又组织了中国农业大学的 20 余名学生赴各类集体食堂、餐馆、家庭及农贸市场，对"光盘行动"的成果进行调查。调研结果显示，"'光盘行动'取得了良好效果，初步估算至少在集体食堂、餐馆等消费环节较 2013 年之前减少了约一半的食物浪费。""尤其是学校、企事业单位的集体食堂落实得较好，有 92% 的食堂食物浪费量在 10% 以下，较'光盘行动'实施前 20%—30% 的食物浪费量有了显著改善。"

2015 年两会期间，武维华又提交了"关于在全国继续推进'光盘行动'的建议"提案。因为在他看来，这场反对浪费的"战争"才刚刚开始，"一次还是要把一件事做到底、做好。""虽然'光盘行动'是以节约食物为切入点，但可以促进公众在日常生活的方方面面养成节约的习惯，这是一项意义重大、需长期坚持的工作。"这是一位科学家、一位有责任感的当代知识分子的执着。

在担任政协委员的十余年中，武维华的每一个提案、每一项建议，几乎都围绕"可持续发展"和"三农"问题发声。这些建议来自他对专业数据的分析，来自他对农业对土地的理解，更来自他对农业发展的深厚寄望。2018 年 3 月 17 日，武维华当选十三届全国人大常委会副委员长，成为新一届国家领导人。职位虽然变了，但深深融于他血液中的中国农业问题却不会变，仍将是他一生钟爱的事业。

作为中国农业院校的排头兵，还有很多人与武维华一样，在各级人大、政协尽职履责。连任三届的全国政协老委员，中国农业大学资环学院教授杨志福老先生即是其中一位。2007 年 3 月 4 日是一年一度的元宵佳节，在全国政协经济和农业联组会上，这位政协老委员的发言，感动了经济界、农业界的 100 多名政协委员，也感动了听取委员意见的温家宝总理。

没有人知道，杨志福多想抓住这次机会，把农民托付给他的话，当面告诉总理。今年是政协换届前的最后一年，已经71岁的杨志福知道再不说，就没机会了。按照惯例没有书面的提案，会上是不能发言的，作为老政协委员，他当然明白。可是因为白内障手术眼部受到感染，此时他的视力已经下降到不足0.1，根本没办法准备讲稿。

这个发言的机会是他递条子争取来的。会前，他给这次小组会的主持者、原农业部部长陈耀邦委员写了个条子，请他转交给温总理。他在纸条上写道：我是农业界15年的老委员，也是从事农业教学和研究50多年的老知识分子，请总理给我一次机会，在我离开政协以前，让我在联组会上讲一下我对农业的意见和建议，请总理给我最后一次发言的机会。温总理看了这个条子很感动，"无论如何要让杨委员讲。"

杨志福发言题目是，"敢问中国农业发展路在何方？"他讲述了我国贫瘠的耕地资源现状、水资源现状，讲述了传统农业向现代农业转变过程中的问题，更重点反映了农民对中央政策的期盼与担忧。发言中，他曾数次流泪。当讲到长江、黄河沿岸有2万多家化工厂，没有经过治理的污水一直在排放时，他动情地说："长江黄河是我们的母亲河，但现在母亲河里流的不仅是水，还有母亲的眼泪。"在场的每一个人无不为之动容。当讲到"农民对政策的喜与忧"时，他毫不讳言，直指由于农业政策失误带来农民生活之苦难与艰辛，在场的每一个人都被深深触动。虽然没有讲稿，但杨志福对每一组数字都烂熟于心，对每一个问题的分析都鞭辟入里，每一个建议都切中要害。这些既源于他长期的专业研究和教学，更源于他每年都要进行的农村调研，全国的农村除了西藏和台湾，他都去过。2004年之后，他的视力急剧下降，不能再外出调研了，但他的心仍时刻牵挂着农业与农村，同事、朋友、学生都是他的信息来源，他还经常通过电话倾听农民的意见，了解实际情况。

他是会上最后一位发言者，也是发言时间最长的一位，本应十几分钟的发言，他讲了近30分钟，发言结束后，大家都对他鼓掌致意。温总理动情地说："杨委员的话，饱含着一种对农民、对农业、对国家的情感，这种忧国忧民的忧患意识，我非常感动。我们一定要重视农业问题，对农民反映的问题要下大力气解决。"

参与那次会议的委员也深受触动。"您对'三农'问题有什么意见和看法？"当著名经济学家吴敬琏被记者问及此这个话题时，他婉言谢绝了，"你们去问杨志福委员，他讲得比我好，对农业的看法和观点比我们经济界的想得周到得多。"这一次的两会，杨志福享受了名人的待遇，被一群记者围着提问。由于媒体的报道，"为农民流眼泪的政协委员"的称号也广为人知。2007年底，他成为《南风窗》"2007为了公共利益年度榜"的年度公益人物。

也是在这次发言中，杨志福当着总理的面转述了来自坊间的顺口溜："村骗乡、乡骗县、一直骗到国务院。国务院下文件，一层一层往下念，念完文件进饭店，文件根本不兑现。"农民除了担忧政策变，还担忧好的政策贯彻不下去或者在贯彻的过程中走样。借这段顺口溜，杨志福把多年来对农村治理、惠农政策执行的观察和思考都毫无顾忌地讲了出来，让总理和每一位委员都陷入沉思。会后，有人专门对杨志福说："杨委员，你胆子可真大。好几个事从来没有人在中央领导面前直接提过。"他反问道："是事实，为什么不能说？"

实话实说，有胆气，肯担当，杨志福的故事还很多。20世纪70年代初期，农业大学搬到陕北，杨志福天天与农民打交道。当地有个老劳模，曾经见过毛主席。他跟杨志福说："杨老师，毛主席在陕北的时候，我家里还有一缸小米，还有酸菜，现在为啥连饭都不够吃了？我给毛主席写信，县里把我的信截住了，迫害我，开除了我的党籍。"老劳模请杨志福带封信回北京，他想跟毛主席说："这里跟他在的时候不一样了。"回京时，杨志福真揣着老劳模的信，寄给了国务院信访局，那时还是"文革"后期。那是杨志福第一次替农民向中央反映情况。

"三农"问题一直是党和国家工作的重中之重。每年全国两会期间，政协农业界和经济界的委员联组座谈，一般来参加的都是总理。每次安排委员发言，杨志福都会精心准备把握机会，因为他了解得越多，越觉得肩上的担子重，越希望自己反映的问题、提出的建议能转化为国家的决策，让农业、农民受惠。三届政协委员，三任总理他都当面发过言。1993年，当选全国政协委员不久的杨志福，就把地方官员拿扶贫款给农民强买肥料、让外国公司大赚中国农民钱的事情反映到国务院有关部门，在第二年全国

"两会"政协联组座谈会上，"抢到"发言机会的他点名道姓地讲了肥料事件，为农民争取权益。20世纪90年代中期，中央提出了科教兴国、科教兴农战略。他就讲"科教兴农，谁兴科教？"他说基层农业科技推广人员待遇太差，现在的农大毕业生，谁愿意种地？谁会种地？连农民都不愿意，在农村种地的都是"386199部队"，当时李鹏总理没听懂，问他"386199部队"是什么意思，杨志福说就是"女人、孩子和老人"。这恐怕是中央领导层第一次听到关于留守的农村社会问题，虽然这并不是杨志福要反映的主要内容。2000年初，朱镕基总理来的那次，杨志福讲的是粮食安全问题，指出中央重视，地方不重视；内地粮食大省重视，沿海省份不重视；粮食减产时重视，丰收时不重视——中国历来是粮食一丰收，粮价马上下来了，而国外的粮价不受粮食丰收的影响。2006年，杨志福还当面对胡锦涛总书记提出农村户籍改革的问题。

在15年的政协委员生涯中，杨志福一直都为农业、为农民疾呼，用他的专业研究、实地调研发现问题、提出建议，参与了关于耕地红线、农业税取消、农业补贴、农村医保、农技推广、农业科技创新等诸多"三农"问题的政策讨论。虽然很多政策的推出是一批学者专家共同推动的结果，有些反映的问题可能在此后才能逐渐被解决。"正其义不计其利，明其道不计其功"，中国农业的大发展，才是杨志福这样默默为中国农业发展奉献才智的人最好纪念。

改革开放后，农大的专家教授中担任两会代表的有数十位，石元春、毛达如、瞿振元、陈章良、柯炳生、孙其信、靳晋、邓乃扬、常近时、张沅、韩鲁佳……

他们都用自己的智慧和担当，为中国农业的现代化、为中国农民的福祉、为中国乡村再现生机与活力、为中华民族的伟大复兴作出了重要的贡献。

二、农村发展"中国经验"的实践者和传播者

2014年底，李小云第一次来河边村调研时，村子里的情况深深触动了他。没有一处像样的房子，人畜混居随处可见，孩子们光着脚在冬日冰冷的地面上行走和玩耍。更让他揪心的是，在这个人均年可支配收入仅为4000元左右的村子里，人均年支出超过5000元，几乎家家负债！他决定就

选这个最贫困、最偏僻的村落做试点开展他的扶贫实验。4 年过去了，昔日的原始破败的边陲瑶寨焕发了生机，一栋栋瑶族木楼拔地而起，村内和村外基础设施全部建成，电商平台也成功搭建，依托自然景观资源和瑶族文化资源，发展高端会议休闲为主导产业、特色农产品为辅助性产业以及种养业为基础性产业的复合型产业体系的设想已经基本实现。

1987 年，作为北京农业大学改革开放后第一个答辩的农学专业的博士，年仅 26 岁的李小云获得了作物生态学博士学位。在原中央书记处农村政策研究室工作两年后，李小云在 1989 年又回到母校，开始了他农村发展与扶贫研究的人生之旅。1994 年，李小云和他的团队在国内首次提出了参与式扶贫的理念，并将这一理念应用到中国的扶贫战略研究与实践中，形成了村级扶贫和整村推进的理论和方法。他主持完成了多个扶贫项目的设计、规划、实施，足迹踏遍了全国所有省份的乡村。受国务院扶贫办委托开展了新世纪第一个十年农村扶贫开发战略的政策研究，中共中央、国务院在《中国农村扶贫开发纲要》中采纳了他的参与式扶贫村级规划方法，在全国 27 个省开始试验性推广，2002 年按此技术系统确定了约 14.8 万个贫困村，并完成约 9 万个贫困村的村级规划。他将"参与式"理念和工作方法贯穿在具体工作中，充分发挥贫困人口在扶贫中的"决策作用"，尊重群众意愿，激发群众参与的积极性，这是我国扶贫实践中的一大创新。

与此同时，有着丰富的国际发展援助经验的李小云，也将他的扶贫理论与实践带到了非洲。新世纪初，《联合国千年宣言》发布，"我们能够消除贫穷"成为包括中国在内的 189 个国家的庄严承诺。2004 年 5 月，由世界银行、中国政府共同举办的"世界扶贫大会"签署并发表《上海共识》，在中国的扶贫工作深入开展的同时，中国就开始承担大国的责任。李小云作为特邀嘉宾参加了这次大会。2009 年初，李小云又受邀参加了在坦桑尼亚达累斯萨拉姆举行的"中国—非洲发展与减贫：经验分享与国际合作"研讨会，作为国务院扶贫办的首席专家做了关于中国发展经验的主题报告。他深信中国可以为非洲农业的发展和减贫提供可借鉴的经验，并很快付诸行动。

2010 年，他主持完成了"中国与非洲国家农业发展比较"填补了国内外相关研究的空白，为他的非洲脱贫实践提供了理论基础。2010 年起，李小云在世界银行和中国国际扶贫中心支持下，以世界银行聘请专家身份研究坦桑尼亚农业现状。2012 年 7 月，坦桑尼亚莫罗戈罗省佩雅佩雅村，在富有浓郁非洲风情的音乐声中，中国国际扶贫中心在非洲的第一个村级减贫学习中心正式挂牌成立。主持这一农村社区发展示范项目的正是李小云。项目借鉴和采用了中国农业发展经验，通过促进小农户农业发展实现了粮食增产和减贫目的，让中国的农业减贫经验第一次在非洲落地生根、开花结果。佩雅佩雅村减贫中心的成功，开创了高校与政府在减贫领域开展国际合作的新模式，在非洲和国际减贫界产生了积极的影响，对提升中国在非洲的国家形象作出巨大的贡献。2017 年 12 月，中国农业大学发起成立的"一带一路农业合作学院"以及与西北农林科技大学共同发起成立的"中国南南农业合作学院"，致力于推动促进中国"一带一路"倡议和农业领域新型南南合作的落实。李小云担任名誉院长，把中国的扶贫开发农业发展的"故事"更好地分享给发展中国家。

中国的发展给世界带来什么？"中国是全球转型发展最重要的驱动力量，中国发展带来新的经验和视角。"这是李小云的回答。怎样总结中国的发展经验、把中国的发展故事更好地分享给发展中国家，也是他近年来一直思考的问题。要避免总结中国发展经验时陷入西方话语权的解释陷阱，"中国故事"的核心是按照自己的国情，选择适合本国经济条件、基础资源、政治制度的发展道路。在他看来，在与发展中国家分享中国经验的过程中，一方面应避免将中国自己的特色普世化和避免带着发展优越感进行交流，要和受援国建立平等的伙伴式的关系；另一方面，在提供资本、技术和发展框架的同时，要传播中国的发展理念和文化价值观念，中国经验背后是中国智慧。

三、关注弱者、倾听弱者、讲述弱者的社会学家

"我们家有三口人，爷爷、奶奶和我。"在一次乡村调查中，一个孩子的话深深触动了叶敬忠，亲生父母竟然不在留守儿童的家庭概念里，这是怎样残酷的现实！他决心探究留守儿童的真实生活世界，于是就有了 2005 年《关注农村留守儿童》的出版。这是最早的社会学意义上留守人口的研究专著，"留守儿童"随即成为 2006 年、2007 年全国"两会"期间的热词。留守人口系列专著的出版，呈现了全面的农村留守图景，基于社会现象的

"留守"概念在全国范围被广泛接受和讨论，成为学界、社会和政府共同关注的重要议题。将留守人口问题推向学术和社会关注的前沿，中国农业大学的贡献无可置疑。

从20世纪90年代开始，农村最年轻、最有活力的劳动力开始大量流入城市，这个打破世界纪录的巨大的流动就业人群，在20世纪之交被称为农民工的群体引起了学界的广泛关注，而由于城乡二元结构的存在，进城务工者很难实现家庭的整体迁移，随之衍生出农村留守儿童、留守妇女和留守老人群体一直少人关注。直到2008年，中国农业大学的三部专著——《别样童年》《阡陌独舞》《静寞夕阳》出版，才成为学界和社会的焦点。从留守人口的视角探究农村与农民所承受的发展的代价，具有重要的学术价值和现实意义。充满诗意的书名背后，也是无数的农村家庭为国家发展、城市建设作出的悲壮而隐忍的牺牲，以及对这种牺牲的深切关注与救济探寻。2013年4月，三部系列专著，获得了高校人文社科研究优秀成果一等奖，这是国内人文社会科学领域的最高奖项。

叶敬忠出生在一个农民家庭，对生于斯、长于斯的农村有着深厚情感。1984年，受农村改革大潮带来的巨大变化激荡的他，抱着以身许农的志向报考了北京农业大学，后来又出国读了博士、成了教授，但近30年的研究和教学始终与农业、农村、农民相关。中国的发展，农村担负了很多，农民的利益也牺牲了很多，自觉站在农村、农民的立场思考问题，是叶敬忠从事社会科学研究的底色。

2005年底，中央提出了建设社会主义新农村的目标，新农村建设一时成为学术界和媒体关注的焦点。官员和学者成了新农村建设的代言人，而农民在这场关乎家园建设和自身利益的讨论中集体失语了。当时，叶敬忠眼见耳闻的都是外部人员在谈论千里之外的农村应该怎样建设。他产生了疑惑，到底农村的人怎么想？他们怎样看待这些政策？他们怀着怎样的期望？遭遇到些什么问题？作为行动主义者的他决定组织团队到农村去调查个究竟。

这是一个"出于责任和兴趣"的研究，没有任何课题资金支持的前提下，从2006年2月开始，叶敬忠和他的团队投入了10个月无一刻间断的调查和研究之中，那年暑假，课题组成员没有一人休息，大家聚在一起，朝夕相对，集体修改、讨论，再修改、再讨论，每夜必至凌晨两三点钟。叶敬忠回忆那段时间说："真的可以算是夜以继日。"当年 11 月，《农民视角的新农村建设》出版，把农民对新农村建设的期望和需求真实地展现出来。"农民视角"引起了很大的社会反响，更多的国内学者、媒体报道开始关注并转向这一视角。《南风窗》年终特刊评出的"2006 为了公共利益年度榜"的"组织奖"，中国农业大学人文与发展学院赫然在列，理由是：做农民的传声筒。

在这一研究基础上，叶敬忠和其他 4 位老师总结了新农村建设过程中的九大问题，将应对举措和建议一同联名致信中央，先后得到温家宝总理和回良玉副总理的批示，他们的很多分析和建议，直接体现在第二年中央农村工作会议对相关工作的部署中。

叶敬忠始终认为，社会科学研究除了要在理论建构方面进行创新，对国家的政策制定作出贡献和通过媒体讨论与传播实现社会意识的建立也很重要。他的每一项研究都具备了这三个方面的特征。

2019 年，国内顶级学术期刊《中国社会科学》第二期发表了《基于小农户生产的扶贫实践与理论探索》的长篇论文，这是叶敬忠团队的又一个重要研究成果，是中国农业大学人文社会科学研究的又一次重大突破。论文在肯定以市场为导向的产业扶贫方式在我国的精准扶贫工作中发挥了重要作用的基础上，指出产业扶贫在解决深度贫困过程中遇到的瓶颈和困难，以"巢状市场小农扶贫试验"为例，探索了能够将贫困小农户的生产与现代社会需求联结起来的多元扶贫新机制，为如何化解当前的扶贫困境提供了一种新思路。

"巢状市场"是一个新的市场形式的概念，是叶敬忠与荷兰学者范德普勒格、巴西学者施奈德在 2010 年共同提出的针对小农发展的新概念，也是他和他的团队在河北省易县桑岗村持续了 9 年的农村发展与扶贫实验。"我们就是把乡村的生产者跟城市的消费者对接在一起，就相当于在现在这个无限大市场里筑了一个鸟巢，让这些生产者和消费者能够连接起来。"这是叶敬忠对"巢状市场"最通俗生动的解释。实验非常成功，通过对接与互动，"巢状市场"重建了生产者与消费者的信任关系，很多城里人都成为稳定的消费者，享受到了安全健康的农产品，老乡们也成功地将生计资源转化为可观的收入，实现了可持续脱贫，也彰显了创新、协调、绿色开放、共享的发展理念。与 2010 年以来国内各种新的扶贫和农村发展实践探索相比，基于"巢状市场"实验提出的"小农扶贫"的理念和方式具有高度的可行性和稳定性，不仅引起了较大的社会关注，也对国家相关政策产生了积极影响。

2018 年，叶敬忠团队围绕"巢状市场小农扶贫试验"撰写的政策建议《衔接小农生产和城市消费、实现稳定脱贫》获得了全国政协主席汪洋同志的重要批示，国务院扶贫办为此专门召开座谈会，叶敬忠详细汇报了其团队探索实施的"小农扶贫"模式。《人民日报》也于 2018 年 7 月 4 日对该扶贫模式进行了公开报道。2018 年底，国务院发布了《关于促进消费扶贫、助力贫脱贫攻坚的意见》，2019 年初，中办、国办发布了《关于促进小农户生产与现代农业发展有机衔接的意见》，两个文件中重要的政策阐释就包含了 2010 年以来"巢状市场"一直在进行的小农户怎么样对接市场试验的内容。可以说，"巢状市场"和"小农扶贫"是中国农业大学对中央关于扶贫工作和小农户发展的理念的实践化和理论深化。

紧密围绕国家重大发展战略和关系国计民生的重大主题开展学术研究，是中国农业大学人文社会科学发展的根本出发点。党的十九大报告提出乡村振兴战略后，叶敬忠充分统合已有研究主题、资源和力量，策划了人文与发展学院全面投身乡村振兴战略的"四个系列"行动。2018 年暑假，在他的统筹协调下，学院 139 名师生奔赴全国 22 个省（自治区、直辖市）的乡村一线，开展了规模空前的乡村振兴实地调研活动，60 余万字的调研成果以《中国乡村振兴调研报告（2018—2019 年）》的书名出版。在深入乡村调研的时候，叶敬忠撰写的政策建议《乡村振兴亟待避免七种错误倾向》再次被《人民日报内参》采用，并获得习近平总书记和国务院副总理胡春华的重要批示。

叶敬忠还是中国社会学界具有国际学术话语权的著名学者之一。近年来，他的团队关于农村社会与农政变迁的成果频频在国际学术刊物上发表，并产生了广泛影响。正是在他的努力下，"农政问题"成为国内外学者开展交流的重要学术概念和研究场域，对人文社会科学研究的发展作出了独特的贡献。他主持的"农政与发展系列讲座"已经成为国内外知名的学术品牌，他和国外学者共同策划的农政与发展系列图书"小书新作大思想"在国际学术界也产生了较大影响。改变中国在世界社会科学学术研究领域的弱者地位，增强中国软实力，中国农业大学已成为一支不可忽略的力量。

关注发展现实，为弱者代言，做"接地气"的学术研究，提"切实际"的政策建议，参与引导"扬正气"的媒体与社会讨论，这就是中国农业大学人文社会科学的品格和风范。

在漫漫的历史长河中，70年不过是短暂一瞬，但对于共和国、对于中华民族、对于中国人民来说，却是一段艰辛与奇迹共生、奋斗与辉煌相随的不平凡的历程。在这一历程中，农大人通过研究探索、建言献策直接或者间接地影响或推动了国家诸多重大涉农决策；在国家决策出台之后，通过研究、实践和行动，为中国"三农"事业的发展作出了诸多重要的贡献。这两个过程不是相互彼此分离的，而是相互颉颃、交错影响、彼此促进的，我们能够清楚地感受到这一点。中国农业大学也正是在这样的过程中得以升华，从而为建设中国特色、农业特色的世界一流大学夯实了根基。

不可否认，我们的回望与讲述，只是往事中极少的部分，农大社科人的精彩、卓绝远不止此，我们只是选取了一些代表者，还有很多重要的人、重要的贡献未被我们提及，他们同样应该被载入农大与共和国同行70年的史册。

新中国成立初期，一批著名农业经济学家被抽调到农大，农经系（当时唯一的文科系）名师荟萃、盛况空前，应廉耕、韩德章、王毓瑚、王金铭、孟庆彭、刘宗鹤、安希伋、肖鸿麟、曹锡光、陈道十大教授多学贯中西，新中国成立前就在农业经济、农村社会研究领域就取得过突出成绩。由于经济学当时被视为资产阶级学科，"文革"结束之前近30年时间里，他们虽心怀爱国之志，但用己所学奉献国家和人民的机会并不多。改革开放后，他们或像我们前面讲述过的那样老骥伏枥为中国农业发展作出了重要贡献，或通过培养优秀人才实现他们强国兴农的学术夙愿，我们前面讲述过柯炳生、何秀荣等多位学者，都是在他们谆谆教诲、无私提携下，最终成为"三农"研究领域的中坚力量。沿着前辈们的道路，不断与时俱进、创新开拓，目前的经济管理学院在农业经济、农产品市场、农村金融与投资、国际农产品贸易、粮食安全政策与战略、食品安全与消费、农业模型与预测等领域有着强大的实力，为国家农业经济政策和农业农村发展提供大量的智力成果。国家农业农村发展研究院已成为国内知名的农业智库，在国家政策咨询方面发挥着重要的智囊作用。

进入新世纪，人文与发展学院作为中国农业大学人文社会科学研究的力量迅速崛起，他们研究坚持扎根乡村，紧扣农业、农村和农民重大主题，探寻国家发展和乡村变迁的道路和轨迹。学院在发展研究、发展理论、农政转型、精准扶贫、农业文化、生态补偿、农村法治、留守人口、乡村社会、乡村传播等方面取得了丰硕的学术成果，产生了广泛的社会影响。近年来，他们的政策建议也频频引起高层领导的关注与肯定性批示，为中国农村社会发展助力，为弱者发声，建立涉农社会科学研究的学术话语权，站在中国立场研究全球性问题、积极拓展中国经验的国际传播。

很多时候人文社会科学的研究并不能直接转化推动国家决策，但他们的真知灼见经过一段时间的积累、发酵，经过一批学者的反复探讨、辩驳，经过实地调研与深入一线的实践，最终成为国家战略，成为推动国家发展的巨大动力。这也是我们梳理新中国成立 70 年来，中国农业大学的人文社会科学研究究竟为国家决策与发展作出了哪些突出贡献时，面临的最大困扰。因为我们不仅无法厘清，究竟是谁第一个提出这样的观点，更需要在几代农大学者心血写就的海量文字中探寻哪些可能被遮蔽的思想光芒。因而，我们所能提到和讲述的只是 70 年中的吉光片羽，但也足以彰显农大的学术研究的厚重品格和对家国责任的深切担当。

20 世纪 90 年代以来，中央的重要决策出台之前都会召开座谈会听取各方面意见，也经常委托中办、中央政策研究室、中央财经小组等单位拟定一些重大研究题目，布置给全国比较有代表性的研究机构，农业领域的重大决策也大多有这样过程和做法。中国农业大学地处北京，拥有国内超一流的研究实力，与其他农业大学相比，农大的专家学者有更多的机会参与国家涉农决策的咨询活动、承担或者参与国家委托的重大研究项目。重要的涉农政策（如中央一号文件）制定前和制定过程中，往往要派出很多人到基层调研，基本都有农大人参与其中，很多意见和建议被吸纳其中；重要的涉农政策发布以后，农大也经常为落实政策而组织人员去做调研，然后形成报告，促进各项政策的有效实施，也从中发现一些问题，提出新的意见和建议。如果我们不纠缠于具体哪位学者的观点影响了哪项政策的制定，而将农大视为一个整体来考察的话，农大人的才智贡献，或许更加难以估量。农大默默无闻的奉献者非常多，即使我们讲到的学者，看到的也仅是他们奉献"三农"的冰山一角。

当然，人文社会科学研究者的贡献并非农大对国家发展的建言献策全部。70年来，自然科学领域的专家学者对中国农业科技政策、农业生产体系的影响举足轻重，关于粮食安全、食品安全、环境保护、生态文明等诸多政策建议也对国家农业决策甚至国家决策产生了重要而深远的影响。

我们就曾讲述过担任人大代表、政协委员的农大学者将政策建议传递给决策层的故事，他们大多是自然科学领域的专家。中国农业大学先后有4位学者被邀请到中南海为中共中央政治局讲课，程序和罗云波两位教授是自然科学领域的专家，他们讲的关于中外现代农业的比较和食品安全问题对中央的农业决策有着重要的参考意义。

石元春2003年担任国家中长期科技发展规划农业组组长，直接组织编制了《农业科技发展规划（2006—2020年）》，规划了新世纪15年的中国农业科技发展的方向。作为参加国家农业科技政策制定的副产品，在他的呼吁下，生物质能源2007年被列入国家《可再生能源中长期发展规划》之中，在大力推进生态文明建设的当下，发展生物质能源已经成为国家能源战略的重要内容。近日，2021—2035年国家中长期科技发展规划战略研究已经正式启动，农业农村专题组组长正是现任中国农业大学校长孙其信。无论是过去，还是可预见的将来，农大都将都是影响中国农业科技政策制定的重要力量。

回望过去，展望未来，中国的发展离不开农业的发展，民族的伟大复兴需要乡村的真正振兴。扎根本土，探索乡村社会文化变迁中的真问题，为社会进步担当责任；放眼世界，研究大国"三农"发展中的新现象，为国家崛起奉献才智。不忘初心，不断从中国的制度和文化的深厚土壤中汲取营养，中国农业大学将演绎更为精彩的故事。

第十章　青春无悔　砥砺前行

　　2019 年 6 月 25 日，在中国农业大学东区奥运会摔跤场馆中，5138 名毕业生一次又一次把学位帽扔到空中，高喊："我们毕业了！"春华秋实、寒暑四载，转眼间，这些优秀毕业生通过自己的努力顺利完成学业，即将成为社会的栋梁之材。回首历史长河，中国农业大学的发展之路，就是数代农大人为实现中国人千百年来的温饱和富庶之梦不遗余力的奋斗之路。而这条奋斗之路，最终要靠扎根中国大地办大学，为国家、为人民培育更多优秀人才。

图 10-1　2019 年届毕业生毕业典礼在学校体育馆隆重举行

114 年，或许只是河床上的一粒沙尘，但已经历沧海桑田。中国农大从清末皇帝手上薄薄的一纸政令到现在拥有两万余师生的综合研究型大学。她见证了社会的深刻变迁，留下了踏实的足印，而农大的育人之路也走过了从无到有、从学科单一到种类多样、从寥寥无几到百花齐放的百年历程。

70 年，光辉岁月弹指一挥间，中华大地沧桑巨变。身为共和国农业高等教育的"长子"，自新中国诞生之日起，中国农大即以振兴农业为己任，坚定不移地迈出了自强不息的奋斗步伐。70 年来，中国农大与祖国共起点，紧跟国家发展步伐，无论是革命考验，还是曲折探索，抑或改革春风，始终和国家站在一起；70 年来，中国农大与祖国共命运，见证了新中国建设和发展取得的巨大成就，从建立新中国到开启新时期，从跨越新世纪到进入新时代，无数师生参与了这一伟大进程，与祖国共奋进。

"雨侵坏甃新苔绿，秋入横林数叶红"。每年金秋时节，中国农大这片经历过历史沉淀的土地，都会迎来新鲜的血液。接下来的 4 年时光里，中国农大将用她古朴的底蕴为新时代农大人驰骋思想打开自由的天空，为新时代农大人实践创新搭建广阔的舞台，为新时代农大人塑造人生提供丰富的机遇，为新时代农大人建功立业创造良好的氛围。同时，他们将用虔诚

图 10-2 中国农业大学 2018 年新生开学典礼在学校体育馆隆重举行

的心境品读农大这部历史杰作，用激昂的热情彰显新时代青年的个性与内涵。他们将秉承先辈遗志，站在时代的潮头，与国家的命运紧密相连。他们崇尚科学，挺立潮头，敢为人先，从勇往直前的橄榄球队到成功将奥运圣火送上登珠穆朗玛峰，从奥运会志愿者到迎接新中国成立60周年，用自己的实际行动兑现"承百年报国宏志，做世纪栋梁之材"的铮铮誓言。

第一节　橄榄球运动的拓荒者

2006年12月12日，当地时间凌晨两点，鲜艳的五星红旗冉冉升起。当晚，在第十五届多哈亚运会橄榄球比赛中，中国橄榄球队以19∶12战胜中国台北队，以四战三胜一负的成绩为中国代表团夺得一枚铜牌，在亚运会橄榄球赛场上首次升起鲜艳的五星红旗，实现了中国橄榄球运动的历史性突破。

亚运会开赛前夕，全国人民都期待着中国运动健儿再创辉煌，而许多农大人更为关注的是中国橄榄球队在本次亚运会期间的表现，因为出征本次亚运会的中国橄榄球队的总教练、教练和大部分队员均来自中国农业大学男、女橄榄球队。

一、掀开第一支中国橄榄球队的神秘面纱

1871年，英格兰正式成立了第一个橄榄球运动组织——英格兰橄榄球联合会（Rugby Football Union）。由于当时英国海权极为强盛，橄榄球运动随着英国海军向外拓展至属地、殖民地，随后再渐渐推广至其他各国，成为一种世界性的运动。然而，直到100余年以后的1989年，由日本友人资助的第一个橄榄球裁判学习班在北京农业大学诞生，橄榄球运动真正来到了中国。第二年的12月15日，中国大陆的第一支橄榄球队"北京农业大学橄榄球队"成立，这一年也成为中国橄榄球运动的元年。在很长一段时间内，提到中国橄榄球，就会让人想起中国农业大学，甚至二者中间几乎

能画上等号。

　　这支全部由农大学子组成的橄榄球队从建立伊始便贯彻严格管理和艰苦奋斗的精神。20世纪90年代，建设具有中国特色的橄榄球队，将这项百姓并不熟悉的运动在国内推广开来，是一件需要首创精神、拼搏精神的事情，他们要克服的困难实在是太多了。没有专业领队和教练怎么办？农大老师自己上。当时北京农业大学体育部主任曹锡璜担任领队，出身于田径跳远项目的体育老师郑红军成了第一任主教练。没有专业的运动员怎么办？学校便在学生中选拔篮球和田径的业余爱好者组建了队伍。由于教练和队员都不是专业出身，球队能够学习掌握的技能也受到了限制，最初大家只能靠观看视频来学习，就连教练传授的许多技巧也是通过视频学习掌握的。除了人员的问题，橄榄球队组建之初，还面临经费困难。曹锡璜多方奔走，争取上级支持，千方百计筹措建队资金，保证橄榄球队正常运转。同时，训练场地问题也一直困扰着他们。橄榄球队员对此有着深刻的印象，"操场的跑道由炉灰渣铺设而成，中间场地是光秃秃的，满是大小石头的泥土地。每次训练之前，教练、队员都要一字排开，蹲在地上捡石头。后来条件稍好，就借来十几把大扫把清扫。尽管如此，还是无法清理表层土下浅埋的石块。每到春秋两季逢大风天气，队员们训练的同时，还要和漫天的黄土作斗争，浓重的土腥味包裹全身，眼泪和唾液都和着小泥巴；而夏天的雨后，场地又变成大泥塘，训练比赛之后，队员们全身泥水，几乎不能辨认谁是谁，只有眼睛可以看清楚。"即使在这样艰苦的条件下，教练要求队员们"只要不下刀子，就要训练"。全体队员们把困难当作考验，把挑战当机遇，变被动为主动。困难是一道坎，跳过去就是一片新天地。

　　凭着不怕吃苦的精神，学校橄榄球队逐步崭露头角，成为国内橄榄球队的一支标杆。1992年3月，在广州华南农业大学，中国农业大学橄榄球队同香港六个队伍进行了6场友谊比赛。这是新中国成立以来国内首次举行橄榄球比赛。在比赛中，中国农大橄榄球队以12∶4比分战胜香港警察队，初尝胜利果实。此后，中国农大的橄榄球队成为国家橄榄球队的班底，代表国家参加各级赛事，为学校、国家取得了大学生七人制橄榄球锦标赛冠军、香港举办的触碰式橄榄球赛盘级冠军等在内的多项重要奖项。

图 10-3　训练中的农大橄榄球运动员

为了支持国内橄榄球运动的开展，香港橄榄球协会多次向大陆高校球队捐赠衣物等价值 10 万元人民币，台湾橄榄球协会秘书长林镇岱先生等向大陆高校赞助款项达 2 万元美金。与此同时，这项活动还得到了国家教委、国家体委、农业部、北京市的支持。被称作"中国橄榄球运动之父"的曹锡璜在回顾橄榄球运动发轫之时，他说起的却是当时给予橄榄球发展以支持的日本友人、台湾同胞以及校内领导与老师，"我们今天取得了这样的成绩，不能忘记他们，中国有句古话'吃水不忘打井人'，橄榄球队要以成绩回报他们"。

二、以拼搏精神引领辉煌时代

《兵经》有云："事不可以径成者，必以巧。"橄榄球运动虽然看上去粗鲁、野蛮，但实际上极富技巧，整个比赛过程始终贯穿一个"巧"字。同时，它需要投掷运动员的力量、足球的脚感、篮球的手感、短跑的速度、中长跑的耐力，再加上一个清楚的头脑。它要求运动员有吃苦耐劳的意志、勇往直前的拼搏精神和协调配合的集体主义。农大橄榄球队成立后，为了让这项运动走进百姓的视野，先后组织了一系列活动。1991 年举办国内首次橄榄球教练员培训班，北京地区的 9 所学校近 20 名体育教师和来自四川、贵州、新疆、广州等 12 个省自治区直辖市近 30 个单位的代表参加了培训。中国农大橄榄球队是名副其实的中国橄榄球运动"拓荒者"和"报春人"：

1992 年，北京市高校橄榄球协会在北京农业大学成立；

1994 年，中国大学生橄榄球协会在北京农业大学成立；

1996 年，中国橄榄球协会成立；

1997 年，国际橄榄球理事会正式接纳中国为会员国；

2009 年，橄榄球运动陆续在上海、沈阳、广州等城市展开；

……

这些成就的取得离不开中国农大，离不开中国农大橄榄球队。中国农大已经成为中国橄榄球的发源地、人才培养的摇篮和大本营。在这里成长起来的橄榄球队员技术过硬，经验丰富，成为各省市队纷纷争夺的对象。他们曾用自己的拼搏精神，引领了橄榄球的辉煌时代，成为学校乃至整个中国的一张"国际名片"。

农大橄榄球队作为国家橄榄球队的班底，从成立之日起，橄榄球队员们取得了优异的成绩：

1992 年至 1996 年，连续 5 年夺得北京高校橄榄球联赛冠军；

1998 年至 2001 年，连续获得全国橄榄球锦标赛冠军；

2004 年至 2008 年，连续获得全国男女七人制橄榄球赛冠军；

2009 年至 2010 年，世界大学生七人制橄榄球锦标赛男子组季军；

2009 年，首次战胜亚洲橄榄球水平最高的日本国家队；

2014 年，第二届中国大学生橄榄球锦标赛，男队实现卫冕；

2016 年，全国大学生七人制橄榄球锦标赛卫冕冠军；

2019 年，首都高等学校春季触式橄榄球比赛甲组冠军。

当今在亚洲橄榄球界，中国橄榄球队的水平与日本队、韩国队和中国香港队等一流团队水平旗鼓相当。与中国足球相比，中国的橄榄球运动的发展历史如此之短，且在经费不足的情况下能取得如此的成就实属不易。

他们的成功既得益于农大精神的熏陶，更得益于科学的训练、严格的管理和艰苦奋斗的精神。如果从 1989 年算起，中国橄榄球运动已走过了 30 年的历程。过去的 30 年，中国农业大学橄榄球从无到有，从小到大，从弱到强的漫漫征程，一直得到了国家和学校的大力支持。她不仅是中国大陆此项运动的拓荒者，也为橄榄球运动在国内的普及提高作出了重要贡献。可以说，如今各省市橄榄球俱乐部和球队的教练大多是原中国农业大学橄榄球队的队员，其中还有多名球员加盟或被租借到英国、澳大利亚、日本、中国香港、新加坡等著名橄榄球俱乐部。中国农业大学橄榄球队不仅是以成绩、同样是以素质赢得了世界的尊重。

三、橄榄球是学校的骄傲和自豪

中国农业大学橄榄球队发展的 30 年，是队员们艰苦奋斗、努力拼搏、敢于胜利的 30 年，也是中国橄榄球事业不断进步、取得辉煌成绩的 30 年。30 年来新老队员坚持拼搏精神，发扬农大传统，代表学校和国家参加各种赛事，为学校、为国家赢得了很多荣誉。队员的付出和成绩将铭记在中国农业大学光辉历史上，学校绝不会忘记。

图 10-4　2004 年，首届世界大学生七人制橄榄球比赛在农大举行

当今，大学生橄榄球的存在是学校的骄傲和自豪，橄榄球队也成为学校人才培养中值得称道的亮点。橄榄球运动不仅是体育竞技，更是磨砺大学生拼搏精神的战场、培养大学生合作精神的摇篮、培养大学生规矩和规则意识的平台。纵观橄榄球和各类体育竞赛，任何项目都离不开拼搏、离不开合作、离不开规则。通过在橄榄球场上的摸爬滚打，在烈日下、在雨水下甚至在雪水下挥洒汗水与泪水，展现了自身的力量、胆量以及度量。队员们之间统一意志、统一认识、统一行动，协调配合。比赛虽对抗激烈，但是在文明中进行对抗，绝不是粗野的对抗，双方球员都是以一种斗智激昂的心态去奋力拼搏，在身体冲撞当中也要求运动严格遵守比赛规则。

运动，生命之美。美丽的赛场上，运动将生命之美体现得淋漓尽致。

经过通过 30 年潜移默化的熏陶，在不断强调大学生综合素质的今天，橄榄球运动中的拼搏、团结、规矩精神，已是流淌在无数农大学子血脉中的共同基因。

第二节　将青春之志融入家国建设

"读了你们热情洋溢的信，看到你们为农民编写的一种种科普读物，心里非常高兴。你们在校期间就能想到和做到用自己所学知识为农民服务，确实体现了农大学子情系乡土回报乡亲的赤子情怀。我从你们身上看到了当代大学生的希望。"这是 2005 年，时任国务院总理温家宝给中国农大师生的回信。一时间，校园里的师生们都在为温家宝总理给 34 名为农民朋友编写科

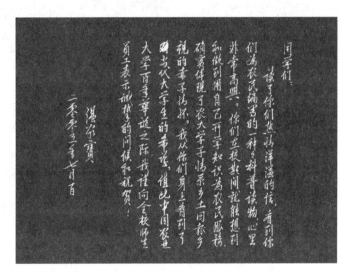

图 10-5　2005 年 7 月 1 日，
温家宝总理复信鼓励农大学子情系乡土回报乡亲

普读物的同学们复信而高兴。那么，是什么触动了让这些农大学子编写科普读物的冲动呢？他们写的书农民朋友能看得懂吗？

一、做科普，农大一直很用心

70 年来，中国农业大学结合专业特点，以培养大学生成才为目标，以广袤的田野为课堂，立足服务"三农"，引导大学生到农村受教育、长才干、

做贡献。同时，学校积极探索和开拓大学生社会实践渠道，大力开展"红色1+1"科技行动，让大学生在深入农村为农民和农业服务的过程中受到教育。2005年，农村发展研究会的34名同学一直在思索着怎么才能结合专业特长为父老乡亲们做点实事。他们先后组织了两届"我为家乡送信息"、三届"中国农业人才论坛"、两届"全校大学生暑期社会实践活动"等活动，举办近40场学术讲座和学术讨论会。他们还利用假期到江苏、山西、河北、河南等5个省的农村进行社会实践。

图10-6　2016年10月16日，
资环学院师生赴昌平区崔村镇八家村开展"红色1+1"党支部共建活动

偶然的机会，他们看到内蒙古自治区固阳县农村一位职业高中老师编写的一本《奶牛受精》小册子，这本书虽然只有十几页，但通俗易懂，很受农民欢迎。可是回到农大后，他们发现很多书店写给农民的科普书籍，其中的一些内容连学农业专业的他们都看不懂。同学们深受启发，为什么不编一套农民看得懂、用得上的书呢？于是，他们决定编写一套科普图书。

有同学半开玩笑地说，"要用'土得掉渣'的文字来写，只有这样生动、平民化的语言，才能让农民朋友愿意看，才能让他们看得懂"。通过广泛查阅资料、采访、自行写作等形式，他们着手准备编写这套"三农"科普丛书。

二、把科普图书送到田间地头

2005年4月中旬，作为中国农大农村发展研究会成员的杨峥和赵翼在校内发出编写"三农"科普丛书的倡议，广泛招募作者。这在校园引起强烈反响，两天内就有近100名同学报名，很多学生为了得到这次机会，写了好几页自荐信。经过反复挑选，他们最后确定了34名志愿者。这34名同学绝大多数来自农村，都有过参加农村社会实践的经历。就这样，34名原本不相识的同学聚集在了一起。

图10-7　正在编写图书的农大学子们

不久，大家开始分头搜集资料、查阅数据、联系采访，开始了紧张的编写工作。因为编写的原则是要让农民朋友愿意看、看得懂，因此必须尽量用"土得掉渣"的文字来写，这成了这群大学生作者面临的一大挑战。为了确保丛书的质量，他们在八达岭国防教育基地进行封闭写作。有的同学回忆说："每天早晨6点半就起床，吃了早饭就开工，中间很少休息，编写、讨论、修改、再讨论、再修改……我们每天都要写到夜里一两点钟，连夜给指导老师看，第二天一大早就在一起再讨论。大家集中在一起，对资料的每一个字、每一句话进行加工，尽量用最白话的语体来写。"为什么要反复讨论，反复修改呢？只有用生动、平民化的语言，才能让农民朋友都愿意看，才能让他们看得懂。

为了让农民愿意读，这群大学生还专门前往北京打工子弟学校，请老师和学生根据内容给丛书画插图，这是因为"老师和学生都来自农村，画出来的漫画，更容易让农民接受"。如今这套丛书中的插图全部是由农民朋友和农民工子弟学校的孩子们创作。为了让农民读得懂，大学生们还经常与学校的食堂清洁工、保安和建筑工交流，看看这些来自农村的打工者能不能读得懂，并且常打电话给家在农村的父母，打听他们在生产生活中遇到的困难和麻烦。

这套丛书的读者是具有初中文化程度以上的农民朋友。因此，在编写过程中，作者"跳出了农业技术的写作，主要在于传播一些科学理念"。最开始，他们认为农民子女教育存在很多问题，不是短时间能够解决的，他们想写得大而全。但是通过讨论，再加上支教时的亲身经历，他们将大纲做了重要修改。开篇先谈的一个问题就是"知识改变命运"，其次再讨论"谁说女子不如男""留守子女""流动子女"等突出问题，附录中还搜集了相关法规和子女如何办理上学手续等实用知识，为农民提出了不少实际建议。

经过三个多月的紧张工作，带着浓郁乡土气息、浸透着这群大学生家国情怀，用辛勤汗水编写的《乡里乡亲》丛书终于完成。全书共计6本，包括《农民进城务工指南》《农民子女教育》《农村疾病预防与控制》《农村食品安全与营养》《农民奋斗成功案例》和《农民增收实用范例》。这套丛书：

是一套表达农大学子"情系乡土、回报乡亲"赤子情怀的图书；

图10-8 《乡里乡亲》科普丛书

是一套为"解民生之多艰"校训作了最好诠释的图书；

是一套经校内外众多专家学者精心指导的图书；

是一套中央及地方媒体纷纷报道的图书；

更是一套温家宝总理亲笔回信高度关注的图书。

书中所有选题都来自同学们的社会调查和经历，其题材来源于农村，内容广泛，新颖实用。同时，作者也选取了一些成功的农民代表，这既能为农民朋友提供一些事业发展的途径，也能够启发和激励更多的农民朋友通过努力获得成功，在实现人生价值的道路上生活得更加精彩。农大学子把知识转化为对农民有用的东西，第一次让他们感觉除了读书以外，还有一份沉甸甸的社会责任。

当丛书完成的时候，同学们想起了长期关心和关注中国"三农"问题，一向对农大寄予高度期望和深切关怀的温家宝总理。怀着年轻人的懵懂勇气和一腔为"三农"服务的热情，同学们决定向总理汇报他们的学习生活情况和感想感受，信中说："现在是和平建设年代，不需要我们投笔从戎，但我们可以学以致用，拿起手中的笔，为农民朋友做点科普，推动农民教育事业发展，这些我们能做，而且能够做好。"表达出他们服务"三农"、报效祖国的强烈愿望。

农大学子给农民写科普书的事，经《人民日报》、《光明日报》、新华社、央视新闻联播节目、《经济日报》、《光明日报》、《中国青年报》及各大网络媒体纷纷报道后，受到了社会更为广泛的关注。与此同时，共和国总理的亲笔回信更是激励着农大学子为祖国的繁荣富强而努力奋斗，激励着农大学子用实际行动生动诠释当代大学生勇于承担社会责任的时代担当。

三、一片丹心为"三农"

这套"三农"科普丛书所有选题都来自大学生们的社会调查和实践经历。这些农大学子倾注所有心血编写这套书，就是想为父老乡亲做点事情。100多个日夜，他们走过的每一步记忆犹新；100多个日夜，他们喜悦、悲伤、困惑、惆怅、欢乐，尝遍人生百味，这些蕴含了酸、甜、苦、辣的回忆成为他们人生经历中最浓重的一笔；100多个日夜，他们因为共同理想而凝结的友谊厚重而绵长。

新中国成立以来，党中央高度重视"三农"工作，多次强调"三农"问题是关系国计民生的根本性问题。党的十九大明确提出"坚持农业农村优先发展，实施乡村振兴战略"，首次把"大力实施乡村振兴"提高到战略高度。这是党中央全面建成小康社会作出的重大战略部署，为新时代中国农业农村改革发展指明了方向。围绕振兴农业战略，中国农大进一步明确自己的职责，注重引导学生要把自己的理想和国家的前途、把自己的人生同民族的命运紧密联系在一起，让自己的青春在国家建设中闪光。

第三节　迎接北京奥运会的农大人

2008 年 8 月 8 日，举世瞩目的第二十九届奥林匹克运动会开幕式在国家体育馆隆重举行。具有 2000 多年历史的奥林匹克运动与有 5000 多年灿烂历史的中华文明交相辉映，共同谱写人类文明气势恢宏的新篇章。奥运会是时代赋予中华民族的光荣使命和历史机遇，也让农大又一次以独特的方式诠释了自己与国家、民族的休戚与共。如此重要的国家盛世，农大学子必然会怀着热切的心情贡献青春和力量。

一、将农大精神带到雪域之巅

一道耀眼的光环，照亮古老的日晷。在国家体育场中央，随着一声声强劲有力的击打，2008 尊中国古代打击乐器缶发出动人心魄的声音，缶上白色灯光依次闪亮，组合出倒计时数字。在雷鸣般的击缶声中，全场观众随着数字的变换一起大声呼喊：10、9、8、7、6、5、4、3、2、1……在一片欢呼声中，承载着悠悠华夏文明的历史画卷缓缓向着未来展开，一个全世界瞩目的伟大时刻到来了。这一刻中国人民等待了一百年，期盼了一百年。20 时整，2008 名乐手击缶而歌，高声吟诵"有朋自远方来，不亦乐乎"。中国人民以具有浓郁中华文化内涵的方式，热烈地欢迎来自全世界的八方宾朋！当体操王子李宁点燃国家体育馆主火炬的时候，农大校园沸腾了，全中国沸腾了，全世界都沸腾了。圣火辉映下，无数张笑脸尽情绽放，无数颗心灵同奥林匹克深情相拥。奥林匹克圣火承载着光荣与梦想，寄托着中华民族的期盼与希望。回望祥云"飘过"地球村的一个个精彩瞬间，同样留下了让农大人自豪、激动的画面。

2008 年 5 月 8 日 9 点 17 分，奥运火炬成功登顶 8844.43 米的世界最高峰——珠穆朗玛峰，向全世界昭示 2008 奥运圣火攀登珠穆朗玛峰圆满成功，兑现了 2001 年中国申奥成功时承诺的奥运圣火要在珠峰进行传递的诺言！中国农业大学本科生黄春贵是火炬传递第四棒队员。9 点 15 分，火炬在他的手中燃起，这个出生在云南的憨厚小伙双手紧握火炬，双眼紧盯"祥云"上明亮的火苗，用矫健的步伐完成了传递。在这次火炬

图 10-9 2008 年奥运圣火成功登顶珠穆朗玛峰

传递中，除黄春贵外，还有两名中国农业大学学生苏子霞、周鹏也进入了传递队员名单，一路护送火炬和国旗登上世界之巅，中国农业大学也成为入选人数最多的高校。

黄春贵，可能大家都不熟悉，但就是这个来自云南腾冲的小伙在 2008 年与奥运圣火一起成功登顶珠峰。2004 年，他考取中国农大的第一个学期就进入了学校的峰云社，在峰云社前后担任过装备部长和副会长。从 2004 年到 2008 年，他成功登顶海拔 5454 米的四姑娘山二峰、海拔 6206 米的西藏启孜峰、海拔 8201 米的世界第六高峰卓奥友峰、海拔 6178 米的玉珠峰。短短的 4 年间能够创造如此的辉煌，除了平时的艰苦训练外，浓厚的兴趣、坚强的意志也是他数次成功登顶的保证。

正是许多辉煌的经历，让他鼓足勇气参加 2007 年 3 月至 5 月珠峰大本

营奥运火炬手的选拔培训，并成功入选北京奥运会珠峰火炬手。火炬传递成功后，他获得了"全国奥运火炬传递勇攀珠峰优秀大学生"荣誉称号。面对各种赞誉，黄春贵十分淡然，他说："这不是我个人的功劳，荣誉属于中国农大、属于祖国。"

奥运火炬顺利登顶珠峰创造了奥林匹克运动史上的伟大奇迹，弘扬了"和平、友谊、进步"的奥林匹克理念和"更快、更高、更强"的奥林匹克精神，为北京奥运会的隆重开幕献上了一份厚礼。农大学子顽强拼搏、团结协作、甘于奉献、勇攀高峰、不畏艰险参与奥运火炬珠峰传递，充分展示了他们不畏艰险、顽强拼搏、排除万难的奋斗精神。他们热爱祖国、心系奥运，他们勇攀高峰、拼搏进取，他们吃苦耐劳、敢于胜利。这种登山精神正指引学校向着世界一流农业大学的珠穆朗玛奋勇攀登。

参与珠峰火炬传递是农大学子服务奥运赛事、传承奥运精神的代表，更多的同学则以志愿者的身份直接参与赛事服务。

二、亮出北京最好的名片

北京奥运会是令人印象深刻的。深刻的不仅是那雄伟壮观而又不失现代感的奥运场馆、开闭幕式上精彩的文艺表演、中国体育健儿们优异的表现，更重要的是中国的"鸟巢一代"和百万志愿者用微笑亮出的"北京最好的名片"。这其中，包含了中国农大学子的贡献。他们不辱使命、不负重托，积极投身奥运志愿者工作，用自己的爱心服务和真诚微笑为北京奥运会的成功举办贡献力量。

街道上的指路人，场馆外的翻译官，人群聚集处的疏导员，赛事中的后勤队，奥运健儿的应援团，他们都有一个共同的名字：奥运志愿者。在这一年，共有2000余名农大师生在各大比赛场馆参与赛事服务，其中，城市志愿者1500余人，分别服务在东、西区校门口以及上庄、凤凰岭等7个站点，约500人为赛会志愿者，服务在场馆团队观众服务、物流、技术业务等16个业务口。在东校区校园内摔跤比赛馆1150余名志愿者中，就有将近一半是农大学子。8天的摔跤比赛，59个国家和地区的选手，以及包括国际奥委会主席罗格、10余位国家元首在内的国际贵宾1800余人次、来访中外记者近2000人次，中外观众近7万人次来到摔跤场馆。农大志愿者以饱满

图 10-10　北京奥运会农大志愿者

的精神状态，为他们提供了全程服务，保障了赛事顺利进行。

　　"赠人玫瑰，手有余香"，爱出者爱返，福往者福来，给予本身是无与伦比的欢乐。2008 年，农大志愿者以强烈的责任感和主人翁意识，投身于奥运场馆运行保障服务工作，真正实现了奥运会和残奥会赛事的"零失误"；这一年，学校全体工作人员全力以赴为奥运赛馆提供动力保障，为武警战士、安保人员、志愿者等提供住宿和餐饮保障，实现了"零事故"；这一年，460 名场馆志愿者用热情和微笑征服了所有的参赛人员，展现了崇高的志愿者精神和农大学子的良好风貌，实现了"零投诉"；这一年，体育与艺术教学部的老师和选派的 210 名学生顶着酷暑、刻苦训练，顺利完成了奥运会开幕式"万张笑脸"和闭幕式"狂欢圈舞"的表演，为全世界奉献了精彩纷呈、震撼心灵的开闭幕式盛典。

　　在北京奥运会、残奥会期间，千余名农大奥运会志愿者坚守各自的工作岗位，牢记祖国和人民的嘱托，在赛场内外的各个岗位上，出色地完成了各项志愿服务工作，得到了国内外观众、运动员、技术官员和场馆运行

图 10-11　2008 年北京奥运会农大志愿者

团队的广泛赞誉：国际奥委会主席罗格、挪威国王哈拉尔五世、阿塞拜疆总统伊尔哈姆·阿利耶夫、拉脱维亚总统瓦尔季斯·扎特莱尔斯、亚美尼亚总统科恰良、匈牙利总理久尔恰尼等纷纷在场馆的留言簿上写道："志愿者的热情友好和礼貌有加让我很感动，谢谢你们！""我爱所有的志愿者，他们总是那么友好，他们是合格的奥林匹克工作者！"国际摔跤联合会主席拉·马丁内蒂说："北京奥运会摔跤比赛是我 40 年来参加的 10 届奥运会中最好的一届。"国际摔跤联合会副主席马里奥·萨勒特尼格称中国农大场馆志愿者们是一支"Wonderful group"。

奥运会结束后，中国农大体育馆团队被中共中央、国务院授予"北京奥运会残奥会全国先进集体"荣誉称号；中国农大体育馆团队和保卫处被北京市委、市政府、奥组委授予"北京市先进集体"荣誉称号；黄春贵同学被国家体育总局授予"体育运动荣誉奖章"；3 位同学被教育部授予"全国奥运火炬传递勇攀珠峰优秀大学生"荣誉称号；5 名同学被授予"北京奥运会残奥会北京市优秀志愿者"，62 名同学被授予"北京市志愿者先进个人"荣誉称号，22 名同学被授予"北京市优秀城市志愿者"荣誉称号。

这些荣誉是农大奥运志愿者用热情真诚良好的服务换来的，既为国家爱赢得了尊严和友谊，也为农大增添了新的光彩。

百年奥运梦想的成功实现，是时代赋予中华民族的光荣使命和历史机遇，是实现中华民族伟大复兴征程上的又一次历史性跨越，为农大百年来爱国主义传统注入了新的时代内涵，增强了农大人民族自尊心和自豪感。中国农大得到了鲜花、奖牌、赞誉，更收获了一笔丰厚的物质精神财富。

孔子在《论语·颜渊篇》中说到一句话："居之无倦，行之以忠。"意思是说，只要做到敬业才能充分发挥自己的价值，忠于岗位、激情工作，就不会因为工作繁忙而感到厌倦。我想，这正是农大学子都愿意成为一名志愿者的最初愿望吧！他们想去感动自己，同时也感召别人，让奉献、友爱、互助、进步的志愿精神在整个社会传扬！

三、奥运场馆中的农大元素

中国农大在中国近现代的历史进程中，始终挺立在时代潮头，将自身的发展与国家的前途与命运紧密联系。北京奥运会的一大创新是将部分比赛场馆迁入大学校园，这一亮点源自农大、源自于农大人的爱校情怀。

早在 2002 年举国上下正沉浸在获得 2008 年奥运会举办权的这样一个热潮当中，中国农业大学就主动向国家申请承担建设比赛场馆的重任。这一请求得到了党和政府的高度重视。不久，国际奥委会、国际摔跤联合会、北京奥组委通知中国农大获准建设体育馆。至此，北京奥运会的体育场馆建设中的大学区锁定为北京大学、中国农业大学、北京科技大学、北京工业大学 4 所高校。届时，摔跤比赛将在中国农业大学体育馆进行。

你知道体育馆与北京奥运会的故事吗？现在，就让我们重温一下农大体育馆的诞生与发展历程：

2002 年 7 月 13 日，学校正式向国务院科教领导小组提出申请，请求将部分奥运场馆建在大学校园里；

2002 年 11 月 7 日，国务院同意在 4 所大学新建奥运比赛场馆；

2004 年 3 月 14 日，北京奥运摔跤比赛馆建筑设计方案以竞赛形式面向全球招标；

2005 年 6 月 28 日，作为北京奥运会 4 个新建在大学校园的比赛场馆，农大摔跤馆首个开工建设；

2007 年 8 月 18 日，体育馆以承办世界青年摔跤锦标赛惊艳亮相，成为首都高校中第一个建成完工的奥运会比赛场馆；

2007年，中国农大体育馆首次向公众敞开大门；

每年盛夏有一批批的学子从这里走向世界，开创未来；

每年金秋有一批批的学子从祖国的四面八方走进这里；

……

灰蓝色充满质感的建筑外墙、层层叠叠酷似老式相机镜头的顶部设计以及宽敞开阔的馆前广场，使农大体育馆看上去既低调内敛，又显得别致精巧、新颖大气、富有个性。它是北京室内场地最大的体育馆之一，采用门式钢架结构，不仅造型新颖别致，而且还能实现自然采光和通风，成为北京高校新建奥运场馆中造价最节省的体育馆。

走进体育馆，现代简约的通道只是经过了简单装修，既没有华丽的吊顶也没有多余的装饰，看上去干净整齐。顺着通道步入体育馆主馆，不禁让人眼前一亮，在场馆射灯没有开启的情况下，完全依靠自然采光的主馆内依然光线充足。场馆顶端高低错落分层排列的玻璃窗吹进的自然风，使整个场馆真正成为一座可以自

图10-12　北京奥运会农大摔跤比赛场馆

由"呼吸"的绿色场馆，置身其中让人感觉清爽舒适。

时任国际摔跤联合会主席马丁内蒂称赞："我个人认为这是我见过的最漂亮的摔跤场地，它完全符合我挑选场馆的三点要求——舒适、节俭、便于赛后利用。"他还多次表示，农大体育馆能给学校留下一笔宝贵的奥运遗产，这是弘扬奥林匹克精神最好的方式。

"现在的场地已经全部满了，今天的羽毛球馆只有三点到四点有空。"中国农业大学体育馆的前台工作人员对前来预订场地的大学生说。中国农大奥运场馆弥补了之前校园里没有大型体育馆的缺憾，是一件"利校、利教、利学"的好事。奥运会之后，奥运场馆成为开学典礼、毕业典礼、毕业晚会以及全国农民春节联欢晚会、北京电视台的春节联欢晚会、元宵晚会以及中央电视台的五四晚会"筑梦新时代"等大型学生活动的场地。同时，学校将主馆改造成了羽毛球馆，将奥运期间400平方米的文字记者间改造成了"文化艺术馆"，不定期举办书画、摄影展览。在北京奥运会结束后的十年里，在保证学生教学和锻炼的前提下，场馆保持了较高的使用率。可以说，中国农业大学体育馆实现了最"科学"的蜕变。

第四节　以青春之名，与祖国同行

沙河训练场的黎明，总是陪着呼号声、步伐声一起到来。然而这一天的黎明却格外宁静，只能从灯光下那些闪动的身影里，捕捉到一丝不寻常的气息。就在这个黎明，农大师生迎来了共和国的60岁生日。2009年10月1日，必将成为未来岁月里一个醒目的坐标。这一天，新中国迎来她生命历程中的第一个甲子；这一天，在北京天安门广场举行了新世纪首次国庆盛大阅兵；这一天，农大师生纷纷行动起来用不同的方式表达对祖国的美好祝愿。

一、祖国，今天是你的生日

2009年10月1日，当金水桥畔轰鸣的礼炮声响彻云霄，当五星红旗伴随着庄严的义勇军进行曲在中华大地上冉冉升起，当曾被英国女王伊丽莎白二世称为"纪律严明，作风过硬、举世无双"的三军仪仗队以飒爽英姿向世界展现中华民族的巍巍雄风时，祖国母亲迎来了她60岁的生日。

10时整，威武挺拔的旗手在2名护旗手的护卫下，走过天安门金水桥，拉开了国庆60周年大阅兵的序幕。"轰！轰！轰！……"新型94式礼炮齐鸣60响，军乐团高奏国歌。此时，一辆黑色的敞篷"大红旗"轿车驶到金水桥头。长安街上受阅部队官兵整齐地站立，广场上人们也静静地站立，人们屏住了呼吸，一动不动地注视着这一庄严的历史画面。

同志们好！首长好！

同志们辛苦了！为人民服务！

胡锦涛同志乘坐红旗轿车检阅了庄严列队的三军部队。紧随其后的是分列式，在鲜红的八一军旗引领下，绿色的陆军方队、雪白的海军方队、蔚蓝的空军方队、威武雄壮的14个徒步方阵，迈着整齐划一的步伐，昂首阔步走向主席台。徒步方队之后，30个装备方队以排山倒海之势隆隆驶来。在天空，由151架战机组成12个空中梯队呼啸而过，经过天安门广场时，拉出了五彩的烟带。

二、游行队伍中的农大身影

国庆节群众游行是国庆庆典活动中最引人注目、最热烈欢快的活动。这一年的群众游行以"我与祖国共奋进"为主题，分别为奋斗创业、改革开放、世纪跨越、科学发展、辉煌成就、锦绣中华、美好未来8个部分，共计36个方队和6个行进式文艺表演，集中展现了改革开放30多年的艰苦历程。

在第三分指挥部的整体部署下，代表着全国8亿农民的第十六方阵为"农业发展"方阵。这个方阵由中国农业大学、北京林业大学、平谷区政府、怀柔区政府四个大队组成。其中，中国农业大学大队1049人（后备31人），北京林业大学1062人（后备32人），怀柔区106人（后备3人），平谷区106人（后备3人）。方阵彩车为"农业成就"彩车，长约15米，宽约7米，高约10米，游行群众手持"麦穗"道具。方阵队形规格为46排57路，

图 10-13 国庆 60 周年农业发展方针

长 45 米，宽 45 米，通过劳动人民文化宫西墙至中山公园东墙的时间为 7 分 49 秒。同时，在国庆当天的天安门广场中央，还有 80 名农大师生与 1500 名军乐团成员共同完成 26 首歌曲的演唱工作；在国庆联欢晚会上，40 名农大师生参与广场联欢，55 名农大师生与中央领导人一起在中心舞台上载歌载舞，共同庆祝新中国 60 华诞。

当这些学子举着硕大的麦穗花，穿着新时代农民的新服装，雄赳赳、气昂昂地走过天安门广场时，那种欣喜、那种骄傲、那种自豪无以言状。然而为了取得这一最后的胜利，在筹备期间，他们付出了常人难以想象的辛勤的汗水。2009 年 7 月中旬开始，参与游行的农大师生秉承"祖国荣誉高于一切"的信念，昼夜兼程、连续作战，相继前往良乡、怀柔、沙河等基地参加全封闭训练。在高温酷暑下，他们顶着烈日，吹着烈风，一天要进行长达约 10 个小时的训练，汗水湿透了衣服，骄阳晒红了脸庞。不仅如此，按照指挥部要求，游行队伍要在 7 分 49 秒内通过天安门，行进时间误差在 5% 以内，以近乎苛刻的严谨态度追求完美。

几天紧张的训练下来，学生们刚开始的那种新鲜感早已全部退去，剩下来的是纯净的爱国之心和满腔的热血之情。他们的坚持不再是为了消磨时间，而是发自内心的责任；他们的坚持不再是为了满足一时的新鲜，而是

图 10-14　中国农业大学国庆 60 周年庆祝活动表彰大会暨电影招待会

作为农大人应尽的义务；他们的坚持不再是为了自我的虚荣，而是在为祖国的荣誉。2009 年 7 月底，各大队又分别在各自的训练场组织开展基本动作强化训练，重点进行横排面训练并将手持物表演动作融入其中。虽然每天训练时间长达 8 小时，但同学们不怕苦，不怕累，以顽强的毅力完成了训练任务。不到 3 天，他们就基本做到了横排面整齐、动作规范、节奏一致、步幅步速准确。在验收当天，群众游行总指挥部第三分指挥部的领导对方阵的出色表现赞不绝口。参与广场合唱、广场联欢和中心舞台表演的同学们均按照指挥部要求的时间提前返校，并在第一时间参与到集训当中，常常连续演唱 4 小时不休息或连续做舞蹈动作 1 个半小时不休息。几个月来，农大师生参与的方阵和表演取得的成绩一次比一次出色，受到分指和总指的多次表扬。这些无不体现了农大师生"祖国利益高于一切"的高昂爱国热情和忘我无私的奉献精神。

　　10 月 1 日，当清晨第一道阳光刺破黑暗，将温暖和光明带给中华大地的时候，中华民族沸腾了。这天属于训练了整整两个月甚至更长的所有参与国庆游行的人员，属于中国人，属于伟大的中国，属于千千万万为祖国60年从建立到发展献出自己青春和生命的人。10时整，当国歌的声音在北京饭店队伍集结地响起时，同学们的眼眶湿润了。当农大学子用最高昂的声音喊出"农业兴旺，富足安康！农业兴旺，富足安康！"口号时，越发为是一个农大人而自豪，为祖国农业长足的发展而骄傲。

三、祖国荣誉高于一切

北京奥运会，是农大"80后"的一次美丽的亮相。他们用志愿者的热情感动了全世界，向祖国人民表达了青年人的爱国与图强。而2009年的国庆活动中，大批的农大"90后"加入了游行的队伍。他们的实际行动也再次证明了"90后"的同学们也是值得农大骄傲的一代。每一次前进，每一次踏步，都是与祖国共同前进的节拍。这些略显青涩的"90后"在国庆阅兵中撒下充满激情的汗水，用热情书写拼搏与担当。大雨突至，同学们穿上雨衣，继续踏步；烈日当头，同学们继续前行，没有一个人退缩；闷热难耐，同学们汗流浃背，仍加紧练习。烈日下有他们的身影，跑道上有他们的脚印，为了庆祝新中国的生日，同学们再苦再累也愿意。从那时起，自强不息的农大学子传承着"解民生之多艰，育天下之英才"的精神，用整齐划一的动作和完美无瑕的表演献给新中国60华诞，他们用实际行动证明"祖国荣誉高于一切"。

第五节　为乡村振兴扎根祖国基层

"我种了一辈子粮食，还是第一次当状元。"在河北省邯郸曲周县王庄村举办的"庆丰收晚会"上，村民王新礼高兴得合不拢嘴。他以小麦平均亩产1427斤的高产夺得本村的"状元"。有人问："你的秘诀是啥啊？"王新礼自豪的回答："用了'小院'老师的高产高效技术呗！"获得第二名的李卯臣在乡亲面前也当起了"专家"，说："去年在地里做了深耕、宽幅播种，都按'小院'老师的要求做的。"王新礼和李卯臣所说的"小院"就是中国农业大学建设在农村一线的"科技小院"。这个"小院"是集农业科技创新、示范推广和人才培养于一体的基层科技服务平台。

进入新世纪以来，中国农业面临着保障国家粮食安全与提高资源利用效率、保护生态环境的多重挑战。而农业科研与实践脱节、农业科技人才培养与社会需求错位、技术人员远离农村实践等问题严重制约科技创新、成果转化和"三农"发展，"科技小院"应运而生。

一、科技小院蕴含"大"智慧

有这样一组令人沉思的数据：每年中国农业科技成果有6000多项，其中在农业上使用的只有40%，而能够产生效益的仅有16%。这意味着，超八成的成果并没有被利用起来。那么，如何解决这个问题？有何新途径才能使这些科技成果真正用在农民的田间呢？中国农业大学张福锁院士率领研究团队自2006年开始，转变以往以实验室研究为主的科研和研究生培养模式，带领研究生深入农业生产第一线，开展科技创新工作。

2009年，农大师生进驻河北省曲周县白寨乡农家小院，零距离开展科研和社会服务工作，群众亲切地称这个农家小院为"科技小院"。从此，中国第一个科技小院由此诞生。经过10年发展，"科技小院"已经走出曲周，走向了广东、广西、四川、东北、北京，在全国20多个省、自治区、直辖市的20多个作物生产体系建立了100多个"科技小院"。"科技小院"已经成为融人才培养、社会服务和科技创新于一体的创新平台。

图10-15　曲周县白寨乡科技小院墙上的中国农业大学校训

"科技小院"建在村里甚至

农民家中，研究生每年会有超过 10 个月的时间驻守在科技小院。他们深入基层、身先士卒，扎根于农业，扎根在农村，扎根为农民。经过小院历练之后，学生们一个个都是生龙活虎、充满阳光、充满自信。在科技创新方面，"科技小院"把在生产实践中得到的结果发表在国际顶级期刊《自然》杂志上，得到了国际学术界的认可，这是"真正的从大地上获得了顶尖的论文"。

在"科技小院"里，师生们共同生活、共同学习、共同工作。他们一边开展高产高效技术研究，一边进行社会服务。周围农民朋友有任何问题都可以随时随地找到他们进行咨询。这样一来，不仅缩短了与农民群众的距离，解决服务"三农"的"最后一公里"问题，同时他们也可以及时了解生产动态，为群众提供最直接的指导。

"科技小院"突破了国家农业技术推广体系注重推广单项成熟技术和企业推广单一产品技术的传统做法，建立了一套从种到收、从整地到施肥灌水、病虫害防治、全生育期管理，一直到最后收获整个过程的系统的服务推广新模式，受到广大农民的欢迎和应用。2009 年到 2015 年的

图 10-16　"科技小院"举行农业技术田间观摩后，农大师生和农民们合影留念

7年间，曲周的小麦、玉米产量分别提高了28.2%和41.5%，农民增收2亿元以上。

有人曾生动地评价农大地"科技小院"："校园无栏天为墙，田间变成大课堂。育人本领天天长，解愁分忧大栋梁。"的确如此，"科技小院"把人才培养、社会服务和科技创新三方面有机结合起来，做到了实实在在的综合创新。中央电视台、《人民日报（海外版）》《光明日报》《中国教育报》《科技日报》《农民日报》等多家中央和省级媒体先后70多次到访"科技小院"，报道"科技小院"的先进事迹。其中，中央电视台河北记者站连续7次对"科技小院"进行跟踪报道，《人民日报》以"河北曲周县破解农技推广难题——科技小院作用大"为题对"科技小院"开展的农业技术服务情况进行了详细报道。《中国青年报》也在头版以"中国农业大学曲周'双高'基地：将论文写在大地上"为题，对这一独创的研究生培养模式进行了报道。不仅在国内，"科技小院"的成就也得到了国际的高度认可，先后有美国、德国、加拿大、澳大利亚、英国、日本等13个国家27批次专家前来考察和学习。

二、科技小院写出"大"论文

立夏时节，在吉林省四平市梨树县四棵树乡三棵树村农民专业合作社百亩试验田里，一批身穿白大褂的农业"小专家"正在指导农民田间播种。这些"小专家"们讲解时认真细致，俨然成为农民们离不开的科技"智囊团"。提起这些农业"小专家"，当地农民非常熟悉。他们就是在这里进行科学实验的"科技小院"研究生们。

"科技小院"自建立以来，始终致力于新技术的创新和引进，以及先进农业技术的推广传播。在农作物种植生产过程中，从春种到秋收、从取土化验提出高产施肥配方、从选择品种到抗旱、玉米螟防治，"科技小院"的师生们为农民提供全程科技指导。不仅如此，为了及时掌握种植情况，研究生们在整个玉米生育期里都住在"科技小院"，帮助当地村民及时发现并解决生产过程中所遇到的问题。实践证明，"科技小院"师生们直接参与和指导的田地增产效果非常明显，产量与普通地块相比，增产效果达到15%以上。这些都与"科技小院"小专家手把手的技术指导密不可分。

历经10年的探索实践，“科技小院”培养了一批又一批懂农业、知农村、爱农民，且掌握一定的农业科技理论和实践技能，具有家国情怀的研究生。原来生活工作在象牙塔里的教授、学生，开始一批一批地在“科技小院”里生活、学习、工作，融入农民群众之中，成为农民的朋友。他们开设“田间学校”对农民集中培训，组织农民进行“田间观摩”等展开农业生产技术服务。据不完全统计，10年来，累计419名研究生进入“科技小院”开展工作，先后获得各项奖励543次，其中国家级奖励29次，省市校级奖励433次，地方政府贡献奖励81次。这期间，学生累计发表了278篇论文，其中SCI收录论文50篇。2016年9月25日，由中国农业大学等单位的14名研究员经过8年合作研究完成的论文《科技小院让中国农民实现增产增效》（Closing yield gaps in China by empowering smallholder farmers）在国际顶级刊物《自然》上发表，这是“科技小院”在该杂志发表的第4篇论文。论文围绕农业可持续集约化发展道路问题，从理论、技术体系、解决途径和实现改变等方面进行了系统深入探索。

美国科学院院士、斯坦福大学教授Vitousek和Matson认为“科技小院”模式非常重要，提供了农民与科学家交流、农民创新、不同服务主体协作的平台。国际小农户可持续发展研究专家Giller教授对“科技小院”这种扎根农村助推农户增产增效的创新模式感到无比兴奋，他认为这是迄今为止国际上关于大面积推动小农户增产增效的典型成功案例，是全球提高粮食产

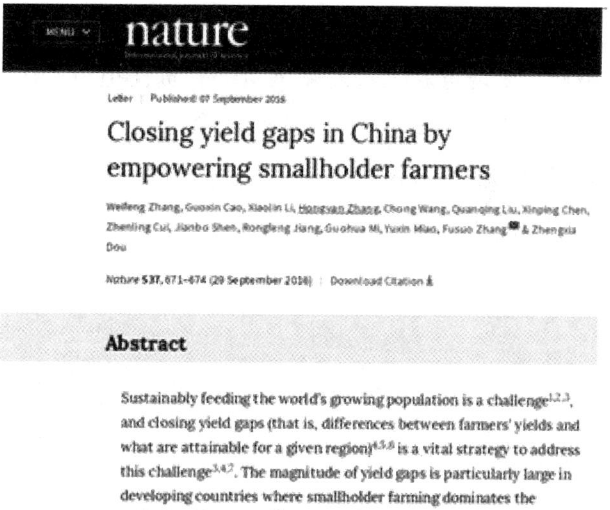
MENU ∨ nature

Letter | Published: 07 September 2016

Closing yield gaps in China by empowering smallholder farmers

Weifeng Zhang, Guoxin Cao, Xiaolin Li, Hongyan Zhang, Chong Wang, Quanqing Liu, Xinping Chen, Zhenling Cui, Jianbo Shen, Rongfeng Jiang, Guohua Mi, Yuxin Miao, Fusuo Zhang & Zhengxia Dou

Nature 537, 671–674 (29 September 2016) | Download Citation

Abstract

Sustainably feeding the world's growing population is a challenge[1,2,3], and closing yield gaps (that is, differences between farmers' yields and what are attainable for a given region)[4,5,6] is a vital strategy to address this challenge[3,4,7]. The magnitude of yield gaps is particularly large in developing countries where smallholder farming dominates the agricultural landscape[4,7]. Many factors and constraints interact to limit yields[3,4,5,6,8,9,10], and progress in problem-solving to bring about changes at the ground level is rare. Here we present an innovative approach for

图10–17　中国农业大学等单位14名研究生在国际顶级刊物上发表的《科技小院让中国农民实现增产增效》论文

量、减少环境污染的重要途径。

三、科技小院传承"大"精神

"我国农村天地广阔，我希望将来能投身农业技术研发工作，将所学应用于农业产业一线，为农民解决问题，让更多农民受惠，也让自己的人生更有价值。"这是"科技小院"研究生们共同心声。"科技小院"把研究生放在基层一线培养，学生在"小院"里既是学生，又是教师、农民。他们在曲周与农民同吃、同住、同劳动，了解老一辈农大人"改土治碱"的创业史和深入人心的"曲周精神"，提升自己"学农爱农、献身农业、服务三农"的情怀。他们几乎天天都泡在田间地头，骑着三轮车走访村民，和果农一起给果树施肥剪枝、打药防病，和同学一起做农作物减肥增效试验。晚上还要写工作日志，记录一天的学习、生活。有的同学以前怕虫子，现在看到蜈蚣都不在乎了，有的同学不爱吃青椒，现在却可以吃得精光。在"科技小院"，学生们完成了人生许多新尝试：第一次自己做饭、第一次给农民上课、第一次教农民识字跳舞……"科技小院"丰富多彩的生活使他们很快忘却了条件的艰苦，完全融入农民中。

"科技小院"的师生用自己的行动生动诠释着"解民生之多艰"的校训精神，展现着农大人的家国情怀和责任担当。在这里，不仅看到了他们在吃苦耐劳、家国情怀、创新实践能力等方面的很多收获，更重要的是感受到了他们的精神风貌。他们是那样的充满激情，那样的阳光快乐，那样的自信满满！

第六节　一颗颗璀璨的创新之星

创新是一个民族进步的灵魂，是国家兴旺发达的不竭动力。美国创造学家泰勒说过："那些最懂得如何在他的人民中认识、培养和鼓励创造潜力的国家，就会发现在一般社会中，他们自己正处于十分有利的地位。"当代著名物理学家李政道博士也曾说："培养人才最重要的是培养创造能力。"在激烈竞争的信息社会里，不创新意味着消亡。

随着信息和知识经济的快速发展，科技创新已经成为支撑和引领经济发展和社会进步的决定性因素。一个国家、一个民族要在激烈的国际竞争中取胜，必须提高全民族的创新意识和创新能力，必须注重自主创新，必须进行科技创新。因此，依靠科技创新提高国家的综合国力和核心竞争力已经成为越来越多国家的战略选择。在中国加快建设创新型国家的历史进程中，迫切需要千千万万具有强烈创新意识和创新能力的高素质人才，而高等学校又是培养高层次创新人才的"大本营"。因此，学校必须站在实现中华民族伟大复兴的高度来提升对大学生的创新教育。

一、勇当科技创新的生力军

爱因斯坦曾说过："想象力比知识更重要，因为知识是有限的，而想象力概括着世界上的一切，推动着进步，并且是知识起步的源泉。"在当今社会，知识的老化期大为缩短，人的技能也正以前所未有的速度被迅速淘汰。随着知识经济时代的不断发展，这种情况将会愈演愈烈。面对如此难以预测的未来社会，迫切需要人们自我发现、自我思考、自我判断，不断掌握解决问题的素质和能力，而这在很大程度上取决于一个人的创新精神和创新能力。

"适应国家和社会发展需要，遵循教育规律和人才成长规律，深化教育教学改革，创新教育教学方法，探索多种培养方式，形成各类人才辈出、拔尖创新人才不断涌现的局面"。这是国家对未来人才队伍建设的重要指示。作为农业创新人才培养的中国农大改变过去那种统一教学、统一教材、统一学制、统一管理的整齐划一的人才培养模式，采取灵活多样的培养方式，实现培养模式多样化、培养方案个性化。在传授和学习已有知识的基础上，注意培养、实现知识创新，重点培养学生具有运用自如的创新能力以及解决实际问题的能力。此外，学校整合教师、社会各方面的力量形成协同育人的机制，实现全员育人、全过程育人、全方位育人。同时，鼓励学生们积极参加各类大学生创新大赛，达到"以赛促学、以赛促教、以赛促创"的目的，培养造就科技创新的生力军。

二、追逐创新之梦

识别、采摘、甄选、剔除……一台形态结构灵巧的"苹果"收获机器人正在场地上自主作业。它精准自动采摘成熟的苹果，移除腐烂的，保留未成熟的。激烈的比赛现场，掌声阵阵、高潮迭起，这是农大学子的创新作品在底特律市举办的美国农业与生物工程师协会（ASABE）第12届机器人大赛上的精彩表现。

图 10-18 微生物培养液自动抽取喷涂机获得首届
全国大学生机械创新设计比赛一等奖（2004 年）

一直以来，中国农大秉承"德才兼备、全面发展、通专平衡、追求卓越"的人才培养理念，依托各类科技创新大赛，努力培养具有深厚的人文与自然科学基础、扎实的专业知识与实践技能、富有创新精神与能力的创新人才。在过去的几年里，农大学子们多次在"挑战杯"全国大学生课外学术科技作品竞赛、"创青春"中国大学生创业计划竞赛、全国电子设计大赛、全国机械创新设计大赛、全国大学生数学建模与计算机应用竞赛等赛事中取得优异成绩。

国际大学生数学建模竞赛，又称美国大学生数学建模竞赛，由美国

图 10-19 农大学生作品获得第八届
挑战杯全国大学生科技作品一等奖（2002 年）

数学及其应用联合会（COMAP）举办。这是当前世界上唯一的国际性数学建模竞赛，已成为评价大学生创新能力、实践能力、科研能力综合素质的重要指标。比赛之前，指导老师对参赛队员进行了历年真题模拟比赛，从竞赛准备、建立模型、写作论文等方面进行了集中培训。在整个比赛期间，各位指导老师全程跟进、指导答疑，同学们以对建模的无限热爱，以超强的耐力、体力和优秀的团结协作精神，高质量地完成了论文，获得佳绩。中国农大自 2010 年开始参与本项竞赛，均取得了较好成绩，2010 年，农大 3 支队伍获得国际一等奖，1 支队伍获二等奖；2011 年，4 支队伍夺得一等奖、9 支队伍获二等奖；2013 年，7 支队伍获得一等奖、6 支队伍获二等奖；2014 年，4 支队伍获得一等奖、15 支队伍获二等奖。中国农业大学的学生与国内和国际高校学生同台竞技，展现出了较强的竞争力。

美国大学生机器人设计竞赛（ASABE）是国际农业工程领域的顶级赛事，旨在提高大学生在机器人系统、电子及传感器技术方面的技能。备战期间，农大学子夜以继日，熬过了一个个不眠之夜，指导教师的专业素养和敬业精神深深地影响着参赛学生。2017 年，信息与电气工程学院学生参赛作品获得冠军。孙其信校长得知后，通过信电学院院领导向参赛同学表示祝贺，并感谢信电学院参赛团队为学校赢得的荣誉。2018 年，经历了无数次不眠之夜，工学院学子同样横扫美国 ASABE 机器人大赛，参赛作品实现了农业工程、机电、机制、工业设计、农业机械化 5 个专业融合创新。同学们的精彩表现和创新能力产生了重要的国际影响。ASABE 网站首页以"CAU Sweeps ASABE Robotics Competition"为标题进行了详细报道。美国佛罗里达大学 Michael Gutierrez 教授在推文上写道："中国农业大学的 CAU Dream 队在比赛中提出了一个大胆的创新设计，一次覆盖两条车道并完美地采摘苹果。"大赛特邀嘉宾、Institute of Food Technologists 临时主席 Andrew Kennedy 在随后召开的 ASABE 智慧农业论坛的大会报告中盛赞道："中国农业大学设计的机器人是针对问题的创新设计，一次行进采摘数行，棒极啦！"

再回到国内赛场，农大学子亦表现不俗。2015 年，水利与土木工程学院作品"特定水质污染实时监测无线预警船"获得第四届全国大学生水利创新设计大赛特等奖。不久，"奶牛生理与行为参数感知脚环设计"与"无人驾驶水貂双排饲喂车"斩获"龙正杯"第四届全国大学生农业建筑环境与能源工程相关专业创新设计竞赛大赛两项特等奖。2018 年 12 月 8 日，"东方红"杯第四届全国大学生智能农业装备创新大赛决赛开战，经过初赛和复赛的激烈角逐，工学院学子设计的"精准去除荔枝果皮的智能装置""自主采摘番茄的机器人"等作品在科技发明制作 A 类、田间播种机器人竞技 B 类荣获 2 项特等奖、3 项一等奖、4 项二等奖，载誉而归。

这些优秀学子在国家、国际创新大赛中的优异表现，充分展示了农大培养创新人才的成效。同学们克服时间短、学业任务重、经验不足等诸多困难，经历了无数次不眠之夜，实现了创新竞赛的历史性突破。据统计，2008 年以来，本科生在各类创新项目支持下，共发表高水平学术论文 469 篇，其中 SCI 论文 353 篇（其中《Science》1 篇），EI 论文 86 篇，ISTP 论文 7 篇，CSCD 论文 23 篇；学生申请专利以及软件著作权 303 项，其中发明专利 195 项，实用新型专利 77 项，外观设计专利 11 项，软件著作权 20 项；学生获省部级及以上学科竞赛奖励 2007 项；总计有 23 篇博士学位论文入选"全国优秀博士学位论文"，在全国高校中位居前列。2019 年 5000 余名毕业生在校期间积极参加"挑战杯"、全国数学建模、人工智能创新、电子设计、生命科学、中国农业机器人大赛、全国农林研究生学术科技作品竞赛等 40 余项竞赛，827 人次获得省部级及以上级别竞赛奖励 482 项，其中包含全国竞赛奖 174 项，省部级竞赛奖 308 项。在保持传统优势学科佳绩的基础上，其他领域赛事中也不断取得新突破。

三、打造创新人才的"黄埔军校"

建设一流高等农业教育是中国农业大学的历史担当，更新人才培养理念和培养模式，领航高等农业教育的发展是中国农业大学义不容辞的责任。在创新人才培养上，学校对标一流，追求一流，成为一流本科、研究生人才培养模式的创新者和涉农专业标准的制定者。实践证明，大学生科技创新与实践能力竞赛，为大学生提供了宝贵的锻炼机会，开拓了大学生的视野，增强了他们的自信心，成为培养大学生科技创新意识、提高其科技运用能力的重要途径。新时期新阶段，农大学子发扬唯实求真、追求真理的精神，在自然科学和人文社会科学领域不断进行新的创新研究过程中，使自己具备了可贵的创新品质、坚韧的创新意志与敏锐的创新观察力。

农大学子具有可贵的创新品质。创新人才正以前所未有的时代需求承载着推进国家自主创新，实现中华民族伟大复兴的历史使命。农大学子有理想、有抱负，具备坚定的献身精神和进取意识、强烈的事业心和历史责任感等可贵的创新品质，拥有了追求真知和敢闯、敢试、敢冒风险的大无畏勇气。

农大学子具有坚韧的创新意志。创新是探索未知领域和对已知领域进行破旧立新的过程，充满各种阻力和风险，可能会遇到难以想象的困难、挫折。对于每一个创新活动，农大学子拥有持久而专一的热情与百折不挠锲而不舍的毅力和不达目标绝不罢休的决心，"不管风吹浪打，胜似闲庭信步"。

农大学子具有敏锐的创新观察力。历史上重大科学发现和技术突破，无一不是创新的结果。创新就是突破性的发现。农大学子们通过敏锐的观察能力、深刻的洞察能力、见微知著的直觉能力和一触即发的灵感和顿悟，发现事物的真谛，善于在寻常中求不寻常。

如今，学校以培养国际一流的研究型、复合型人才为目标，创新人才培养体系，全面提升本科教育教学质量，激发学生创新精神。为此，学校先后制定《国家大学生创新性实验计划实施办法》《本科生科研训练训练计划（URP）实施办法》《学生学科竞赛管理规定》《大学生科技创新和学术实践成果奖励办法》等一系列鼓励学生参与科技创新活动的规章制度。同时，建设了大学生科技创新实验室，积极扶持了学生科协、计算机协会、未来工程师协会、电子协会、数学与数学建模协会等12个科技类学生社团，为大学生科技创新活动的开展提供了必要条件和组织保障。

梁启超在《少年中国说》提到："少年智则国智，少年富则国富，少年强则国强。"教育是国之大计、党之大计。习近平总书记曾这样讲道："我们要树立强烈的人才意识，寻觅人才求贤若渴，发现人才如获至宝，举荐人才不拘一格，使用人才各尽其能。"站在新时代的新起点上，学校坚持社会主义办学方向，坚持立德树人，创新教育模式，营造有利于创新的良好环境，让人才尤其是青年人才如雨后春笋竞相成长、脱颖而出、各展其能。

70年来，中国农大与祖国共奋进。她先后培养本科生88000多名，专科生近9000名，硕士研究生31000多名，博士研究生近10000名。近15

万优秀学子砥砺强国之志、实践报国之行，将满怀忠诚倾注到实现伟大梦想的坚实步伐中。他们中有功绩勋著的知名院士，有砥砺奋进的全国劳模，有潜心科研的科学家，有投身国家经济发展的企业家，更有许多默默奉献的普通劳动者。他们怀揣满腔的爱国热情和社会责任感，投身到祖国建设的滚滚浪潮中，将自己的青春投入到祖国发展的伟大革命征程中；他们深入一线助力精准扶贫，在实施乡村振兴战略的征程中用青春和热血为国家书写了一个个辉煌。

后 记

　　曾经激动人心的时刻，被一幅幅照片定格为永恒瞬间！

　　那段激情似火的岁月，被一行行文字书写成不朽记忆！

　　这里展示的是农大人的奋斗和拼搏！

　　这里描绘的是农大人的奉献和成就！

　　这里凝聚的是农大人的风骨和精神！

　　2019 年是新中国 70 华诞，这 70 年来，祖国发展日新月异。在新中国 70 年描绘的动人画卷中，中国农大人用自己的聪明才智添上了浓墨重彩的一笔。为了传承农大精神，鼓舞师生干劲，以更加昂扬奋进的精神推动"双一流"建设，2018 年 12 月，学校成立了由王秀清教授担任主编的《念兹在兹：中国农大强农兴农的十个篇章》编写组，希望通过梳理中国农大在共和国 70 年历史变迁中发挥的重要作用和取得的伟大成就，展现农大人在社会主义事业的伟大征程中踏出的坚实脚步，以此增强全校师生的凝聚力，坚定为中华民族伟大复兴努力奉献、积极工作的信念，既献礼中国农业大学建校 114 周年，更献礼新中国 70 诞辰。

　　智者创物，能者述焉，本书为团队合力之作。在本书的编写过程中，自始至终得到了学校领导的关心与鼓励。编写组先后召开了 10 余次专题研讨会，确立了总体框架和篇章结构。

　　图书编写工作正式启动后，王秀清、李军、谢彦明、赵竹村、桂银生、隋熠、杨家福、郭晓旭、陈卫国、安文军、赵瑞娇、张远帆、韩晓燕、王勇、李冬梅等同志分工合作，顺利完成了初稿的编写。初稿完成后，在征求各学院意见的基础上，由李军、谢彦明负责修改和统稿，王秀清教授负责定稿。需要指出的是，本书有别于校史类书籍，所选十个篇章梳理的是中国农大在共和国70年历史变迁中取得的部分成就，并不代表农大的全部。各编写者为能按时完成编撰任务，不辞辛劳地奔波于图书馆、档案馆，全心投入到爬梳整理和钩稽考订材料的工作中。大家本着对学校负责和对历史负责的精神，冒着严寒，顶着酷暑，认真阅读和抄写相关资料。可以说，这本书汇集了各位编写者的智慧和思想，也凝聚着他们的辛劳和心血。

在编写本书的过程中，借鉴并吸收了原校史的成果和精华，参考和吸收了许多学者已有的研究成果。在成书和出版过程中，我们得到了党委研究室、党委宣传部、党委学生工作部、党委研究生工作部、本科生院、研究生院、人事处、人才工作办公室、图书馆、档案与校史馆等部门以及各学院的大力支持，他们提供了大量的文字、图片和历史文献资料，并对书稿进行了认真审定；王华、段伟、何红中、胡鹏、周国长等校外学者对书稿的修订做了大量工作；人民出版社为此书的出版付出了辛勤的劳动，在此向他们表示感谢！编写组成员自知责任重大，虽然奋蹄躬耕，尽心尽力，但水平和能力有限，加之时间跨度大、资料收集困难、编撰时间紧迫，难免有疏漏之处。因此，我们恳切希望全校师生不吝赐教，提出宝贵建议，所留缺憾者，容修订时再加以完善。

最后，编写组全体成员对关心和支持本书编撰和出版的所有同志们致以衷心的感谢！祝中国农业大学发展日益壮大！祝中国农业大学的明天更加灿烂辉煌。

本书编写组

2019 年 8 月

参考文献

一、学术著作

［1］北京农业大学校史资料征集小组.北京农业大学校史（1905-1949）.北京农业大学出版社.1990.

［2］北京农业大学新闻选辑编委.北京农业大学新闻选辑（1977-1990）.北京农业大学信息中心.1990.

［3］北京农业工程大学四十年编写组.北京农业工程大学四十年.北京邮电学院出版社.1992.

［4］北京农业大学校史资料征集小组.北京农业大学校史（1949-1987）.北京农业大学出版社.1995.

［5］曹国鑫等.我和科技小院的故事——中国农业大学12名研究生基层成长之路.科学出版社.2013.

［6］常州市档案馆编.蔡旭纪念文集.中国农业大学出版社.2018.

［7］郭沛，张瑞海.90年风雨行——中国农业大学经济管理学院.中国农业出版社.2015

［8］何志勇.科学人生·中国农业大学院士风采录.中国农业大学出版社.2009.

［9］胡小松.树.中国青年出版社.2008.

［10］胡小松.路.中国青年出版社.2012.

［11］胡小松.家.中国青年出版社.2019.

［12］贾大林，石元春.黄淮海平原旱涝盐碱综合治理区划.北京农业大学出版社.1986.

［13］科学家传记大辞典编辑组编辑.中国现代科学家传记（第1、2集）.科学出版社.1991.

［14］科学家传记大辞典编辑组.中国现代科学家传记（第4集）.科学出版社.1992.

［15］雷延武，王伟.理想的耕耘者——我们的导师曾德超.中国农业大学出版社.2013.

［16］刘建平，苏雅澄，王玉斌.不曾忘却——中国农业大学先贤风范.中国农业大学出版社.2015.

［17］刘永功.中国农业高等教育体制改革与农村发展.中国农业大学出版社.2005.

［18］宁秋娅，吴文良.媒体记录——奋进中的中国农业大学（2003-2007）.中国农业大学出版社.2007.

［19］庆兆坤.青春与祖国同行——国庆60周年中国农业大学庆典活动纪实.中国农业大学出版社.2009.

［20］瞿振元，柯炳生.重托·使命，胡锦涛总书记视察中国农业大学.中国农业大学出版社.2009.

［21］瞿振元.当代后稷——中国农业大学名师风采.中国广播电视出版社.2014.

［22］石元春.20世纪中国知名科学家学术成就概览（农学卷）.科学出版社.2013.

［23］石元春.战役记——纪念黄淮海科技战役40周年.中国农业大学出版社.2013

［24］宋毅，夏明，张桃英.汪懋华传——中国工程院院士传记.中国农业出版社.2017.

［25］孙其信，龚元石.中国农业大学百年科技成果.中国农业大学出版社.2005.

［26］谭向勇，王涛.中国农业大学研究生教育研究与探索.中国农业大学出版社.2004.

［27］汪懋华文集编选委员会．汪懋华文集．中国农业大学出版社．2012．

［28］王步峥，杨滔．中国农业大学史料汇编（1905—1949）．中国农业大学出版社．2005．

［29］吴汝焯等．忆恩师．中国农业大学出版社．2010．

［30］张笛梅，杨陵康．中国高等学校中的中国科学院院士传略．高等教育出版社．1998．

［31］张福锁，张宏彦，吕世华．科技小院之三农．中国农业大学出版社．2016．

［32］张福锁，张宏彦．中国现代农业科技小院．中国农业大学出版社．2016．

［33］张宏彦．科技小院——破解"三农"难题的曲周探索．中国农业大学出版社．2013．

［34］张远帆，尹北直．老科学家学术成长资料采集工程丛书——阡陌舞者，曾德超传．中国科学技术出版社．上海交通大学出版社．2016．

［35］张仲葛．中国近代高等农业教育的发祥：北京农业大学创业史实录（1905—1949）．北京农业大学出版社．1992．

［36］朱启臻．守望与回望——中国农业大学社会学系口述历史．社会科学文献出版社．2015．

［37］朱启臻．我的社会学记忆——纪念中国农业大学社会学系建系20周年．中国农业大学出版社．2015．

［38］左文革，李茂茂，李冬梅．基于ESI的中国农业大学学科发展研究．中国农业大学出版社．2016．

［39］中国农业大学百年校庆丛书编委会．百年掠影（1905-2005）．中国农业大学出版社．2005．

［40］中国农业大学百年校庆丛书编委会．百年人物（1905-2005）．中国农业大学出版社．2005．

［41］中国农业大学百年校庆丛书编委会．百年纪事（1905-2005）．中国农业大学出版社．2005．

［42］中国农业大学百年校庆丛书编委会．百年回眸（1905-2005）．中国农业大学出版社．2005．

［43］中国农业大学农村发展研究会.百年感动岁月农大真情怀想录.中国经济出版社.2005.

［44］中国农业百科全书总编辑委员会农业气象卷编辑委员会.中国农业百科全书编辑部.中国农业百科全书（农业气象卷）.农业出版社.1986.

［45］中国农业百科全书总编辑委员会昆虫卷编辑委员会.中国农业百科全书编辑部.中国农业百科全书（昆虫卷）.农业出版社.1990.

［46］中国农业百科全书总编辑委员会农业经济卷编辑委员会.中国农业百科全书编辑部.中国农业百科全书（农业经济卷）.农业出版社.1991.

［47］中国农业百科全书总编辑委员会生物学卷编辑委员会.中国农业百科全书编辑部.中国农业百科全书（生物学卷）.农业出版社.1991.

［48］中国农业百科全书总编辑委员会中兽医卷编辑委员会，中国农业百科全书编辑部.中国农业百科全书（中兽医卷）.农业出版社.1991.

［49］中国农业百科全书总编辑委员会农药卷编辑委员会.中国农业百科全书编辑部.中国农业百科全书（农药卷）.农业出版社.1993.

［50］中国农业百科全书总编辑委员会农业工程卷编辑委员会.中国农业百科全书编辑部.中国农业百科全书（农业工程卷）.农业出版社.1994.

［51］中国农业百科全书总编辑委员会观赏园艺卷编辑委员会.中国农业百科全书编辑部.中国农业百科全书（观赏园艺卷）.农业出版社.1996.

［52］中国农业百科全书总编辑委员会土壤卷编辑委员会.中国农业百科全书编辑部.中国农业百科全书（土壤卷）.农业出版社.1996.

［53］中国农业百科全书总编辑委员会植物病理学卷编辑委员会.中国农业百科全书编辑部.中国农业百科全书（植物病理学卷）.农业出版社.1996.

二、新闻报道

［1］才杰.陈文新：发现"中华根瘤菌"第一人.科技日报.2002.3.4

［2］艾子.许启凤教授和他的"农大108".中国教育报.2003.5.14.

［3］张于牧，陈磊.武维华：与农业结缘一辈子.科技日报.2011.2.9.

［4］丁少义等.科技小院作用大——河北曲周县破解农技推广难题.人民日报.2012.10.21.

［5］中国农大顶尖成果受国际称赞.科技日报.2013.10.21.

［6］自然杂志著文称赞：中国为世界农业科技发展提供了重要借鉴．科技日报．2013.5.4.

［7］奶协专家直揭乳业安全难题．中华工商时报．2013.3.22.

［8］武维华．中国不到世界10%的耕地，耗掉全球化肥总量1/3．第一财经日报．2013.3.15.

［9］40年还不够，要做百年实验站．人民日报．2014.2.24.

［10］2013，那些振奋人心的农大故事．中国教育报．2014.1.6.

［11］才杰．北农大创建小麦节水高产栽培新技术体系．中国教育报．1995.6.7.

［12］绽放在盐碱地上的青春——记中国农业大学近半世纪扎根河北曲周播撒科技星火．中国青年报．2019.5.31

［13］46年，从盐碱地到米粮川——来自河北省邯郸市曲周县的蹲点调研．人民日报．2019.5.31

［14］何志勇．蔡旭：守望麦田，把生命交给土地．北京教育（高教版）．2019.6.

本书参考与借鉴的内容已经在参考文献中列出，对所有这些文献的作者表示衷心感谢。但因篇幅有限，所列的参考文献难免有所遗漏，希望相关作者及时与我们联系，待修订时加以完善。

责任编辑：邵永忠
封面设计：胡欣欣
责任校对：吕　飞

图书在版编目（CIP）数据

念兹在兹：中国农大强农兴农的十个篇章 /《念兹在兹：中国农大强农兴农的十个
篇章》编写组 编著 . —北京：人民出版社，2019.9
ISBN 978-7-01-021328-6

Ⅰ . ①念… 　Ⅱ . ①念… 　Ⅲ . ①中国农业大学—概况— 1949–2019 　Ⅳ . ① S-40

中国版本图书馆 CIP 数据核字（2019）第 202772 号

念兹在兹：中国农大强农兴农的十个篇章

NIANZI ZAIZI ZHONGGUO NONGDA QIANGNONG XINGNONG DE SHIGE PIANZHANG

本书编写组　编著

人 民 出 版 社出版发行

（100706　北京市东城区隆福寺街 99 号金隆基大厦）

北京久佳印刷有限公司印刷　新华书店经销

2019 年 9 月第 1 版　2019 年 9 月第 1 次印刷
开本：710 毫米 × 1000 毫米　1/16　印张：23　字数：360 千字
ISBN 978-7-01-021328-6　定价：40.00 元　印数：00,001–31,000 册

邮购地址　100706　北京市东城区隆福寺街 99 号
网址：http://www.peoplepress.net
人民东方图书销售中心　电话（010）65250042　65289539